Führerschein-Handbuch Klasse A, A1, A2

Führerschein-Handbuch Klasse A, A1, A2

Markt+Technik

Autor Matthias Otto, Fahrlehrer & Sicherheitstrainer
Produktmanagement Christian Braun, Burkhardt Lühr
Korrektorat Alexandra Müller
Herstellung Jutta Brunemann
Covergestaltung David Haberkamp
Coverfotos © David Haberkamp; Joshua Reddekopp – unsplash.com; auremar, yotrakbutda – stock.adobe.com
Satz inpunkt[w]o, Haiger (www.inpunktwo.de)
Druck mediaprint solutions GmbH, Paderborn
Printed in Germany

8. Geschwindigkeit und Abstand 179

9. Verhalten bei Fahrmanövern und Verkehrsbeobachtung 201

Liebe Fahrschülerin, lieber Fahrschüler,

vielen Dank für den Kauf unseres Führerschein-Handbuches Klasse A, A1, A2.

Dieses Werk ist nicht nur für alle Fahrschülerinnen und Fahrschüler, die sich gerade intensiv auf ihre Führerscheinprüfung vorbereiten. Es ist auch ein handliches und übersichtliches Nachschlagewerk für alle Themen rund um den Straßenverkehr und mit speziellen Kapiteln auf die Anforderungen aller Motorradfahrer abgestimmt. Der Inhalt basiert auf den offiziellen Prüfungsvorgaben von TÜV | DEKRA und kann somit ergänzend zu allen Lehrmaterialien eingesetzt werden, die auch in der Fahrschule Anwendung finden.

Besonders wichtig war uns, dass dieses Buch auch im täglichen Straßenverkehr von Nutzen ist. Denn neben den übersichtlichen und verständlich geschriebenen Erklärungen aller wichtigen Vorschriften, Regeln und technischen Gegebenheiten enthält es auch eine detaillierte Zusammenstellung aller wichtigen Verkehrszeichen und zeigt anhand praxisnaher Beispiele, wie du dich in den jeweiligen Situationen verhalten solltest. Damit ist es sowohl für Vielfahrer als auch für Wiedereinsteiger zum Auffrischen und Ergänzen von länger zurückliegendem oder unterbrochenem Theorieunterricht geeignet.

Eine perfekte Ergänzung zu diesem Buch sind unsere Führerscheinbögen mit allen amtlichen Prüfungsfragen.

ISBN: 978-3-95982-213-8, 24,95 €

Sie basieren damit auf dem gleichen Stand wie dieses Buch und sind zusammen mit den Erklärungen in diesem Buch die optimale Vorbereitung auf deine Motorrad-Führerscheinprüfung oder auch zur Selbstkontrolle, wie aktuell der eigene Wissensstand noch ist.

Wir wünschen allen Fahrschülern, Fahranfängern und wissbegierigen Motorradfahrern allzeit gute Fahrt!

Euer Team von Markt+Technik

1. Persönliche Voraussetzungen

Wenn du im Straßenverkehr ein Kraftfahrzeug führen willst, musst du bestimmte persönliche Voraussetzungen erfüllen, damit du dein Fahrzeug auch sicher – ohne dich oder andere zu gefährden – führen kannst.

1.1 Körperliche Fähigkeiten

Im Straßenverkehr ist es unerlässlich, auf die jeweilige Verkehrssituation richtig und angemessen reagieren zu können. Dabei spielt unsere Wahrnehmung eine wichtige Rolle. Während der Fahrt muss der Fahrer eine Reihe von Sinnesinformationen sammeln und auswerten. Damit dir dies sicher gelingt, musst du vor allem fit und gesund sein.

Sehen

Unser wichtigstes Sinnesorgan für das Autofahren sind die Augen, denn damit kannst du vorausschauend fahren, eine mögliche Gefahr rechtzeitig erahnen und entsprechend reagieren.

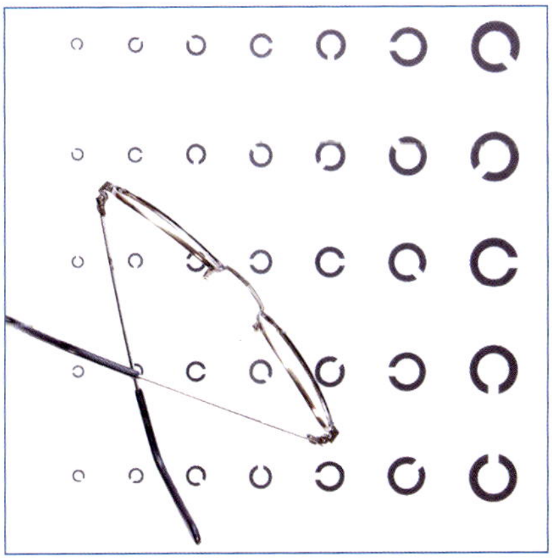

Daher wird bei der Führerschein-Antragstellung von der Fahrerlaubnisbehörde ein Sehtest verlangt. Diesen Sehtest kannst du bei einem Optiker oder Augenarzt machen lassen oder auch bei der Prüfstelle.

Natürlich kannst du dabei auch eine Brille oder Kontaktlinsen nutzen, was dann allerdings im Führerschein steht. In diesem Fall musst du Brille bzw. Kontaktlinsen beim Autofahren immer tragen.

Da dein Sehvermögen so entscheidend dafür ist, dass du dein Fahrzeug sicher durch den Verkehr bringst, ohne dich oder andere zu gefährden, musst du dich aufmerksam beobachten und, falls du eine Verschlechterung bemerkst, direkt zu einem Optiker oder Augenarzt gehen. Du kannst dir aber auch angewöhnen, einfach regelmäßig zum Sehtest zu gehen, damit du dein Fahrzeug wirklich immer sicher fährst!

Hören

Ebenso wichtig zum Autofahren sind deine weiteren Sinne wie das Fühlen, Riechen sowie Hören.

Dein Gehör liefert dir weitere Informationen, die während der Fahrt wichtig für dich sind. Dein Fahrzeug spricht eine eigene Sprache, die du lernen musst zu verstehen, wie beispielsweise das Abrollgeräusch deiner Reifen oder das »Blinkergeräusch«, ja, du wirst irgendwann quasi hören, wann du schalten musst.

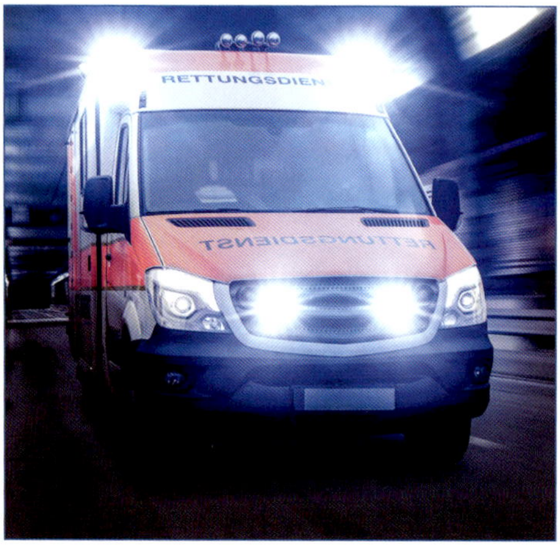

Des Weiteren gibt dir dein Gehör Auskunft über sich nähernde Fahrzeuge wie Einsatzfahrzeuge mit Blaulicht und Martinshorn oder Züge, die sich durch Pfeifen ankündigen. Höre deshalb nicht zu laut Radio und trage auch keine Kopfhörer, denn sonst entgehen dir sehr wichtige Informationen durch Geräusche im Straßenverkehr.

Ein weiterer Punkt ist ferner, dass es andere Verkehrsteilnehmer irritieren kann, wenn man deine Musik sehr laut außerhalb deines Autos hört. Zum Beispiel einen Blinden, der sich mithilfe seines Gehörs orientiert und dann eventuell für ihn wichtige Informationen wie das »Klickgeräusch« einer Fußgängerampel nicht mehr wahrnehmen kann.

Fühlen

Während der Fahrt ist auch das Fühlen eine gute Informationsquelle, auf die du als Fahrer zurückgreifen musst. Ein Fahrer ohne Gefühl tut sich beim Fahren schwer, denn du fühlst während der Fahrt verschiedene physikalische Kräfte auf dich wirken wie zum Beispiel die Fliehkraft bei einer Kurvenfahrt oder Bremskräfte und Antriebskräfte, die dich aus dem Sitz heben oder in ihn hineinpressen. Des Weiteren erhältst du auch Rückmeldungen über dein Lenkrad, beispielsweise Flattern oder Vibrationen, die während der Fahrt auftreten.

Riechen

Das Riechen gibt dir Aufschluss über undichte Kraftstoffleitungen, Abgase oder schmorende Kabel.

Zusammenspiel der Sinne

Deine Sinne arbeiten immer im Team und lassen dadurch dein Handeln entstehen. Wie sieht so etwas in der Praxis aus? Hier ein Beispiel:

»Woran merke ich, dass ich schalten muss?«

- **Sehen:** Anhand der Drehzahl siehst du, dass der nächste Gang eingelegt werden muss. Eventuell hat dein Auto auch eine Anzeige, die dir den besten Gang empfiehlt.
- **Hören:** Je höher die Drehzahl, desto lauter wird der Motor. Mit einer gewissen Routine, die du im Laufe der Zeit entwickelst, wirst du wissen, wie sich das Geräusch deines Motors in etwa bei den entsprechenden Drehzahlen anhört.
- **Fühlen:** Über das Lenkrad und den Sitz nimmst du auch Vibrationen wahr. Diese Vibrationen verändern bzw. verstärken sich mit steigender Drehzahl.

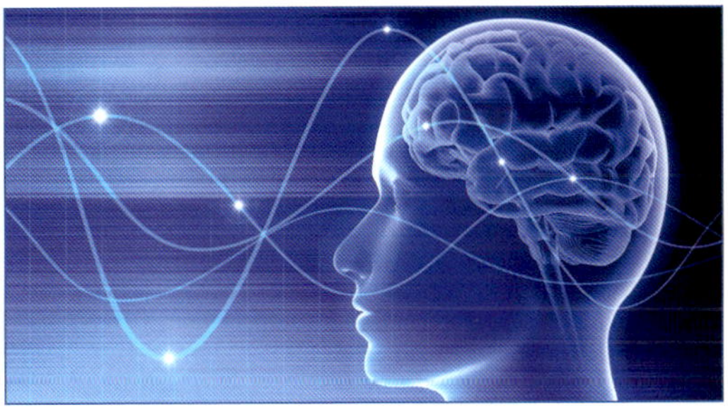

Doch Vorsicht, die Fahrerlaubnis-Verordnung (FeV) schreibt vor, dass ein Kraftfahrzeugführer fahrtüchtig sein muss. Wenn du also schlecht siehst oder schlecht hörst bzw. in anderer Form nicht fit genug bist, um zu fahren, fährst du mit einem schlechten Gefühl Auto und agierst nicht nur unsicher oder ängstlich im Verkehr, sondern riskierst auch ein Bußgeld oder Fahrverbot sowie Punkte im Fahreignungsregister, vielleicht sogar empfindliche Geldstrafen.

1.2 Einschränkung der körperlichen Fähigkeiten

Um ein Kraftfahrzeug sicher zu führen, musst du fit und gesund sein. Auch solltest du nicht übermüdet, sondern ausgeruht sein und eine bequeme Sitzhaltung einnehmen. Ebenso solltest du auf geeignetes Schuhwerk sowie ausreichende Frischluftzufuhr achten.

Einschränkung durch Krankheiten

Deine Fahrtüchtigkeit wird maßgeblich durch deine Gesundheit beeinflusst. Wenn man nicht gesund ist, sollte man davon absehen, ein Kraftfahrzeug im Straßenverkehr zu führen. Du würdest ja auch keinen Sport machen oder zur Arbeit gehen, wenn du krank bist. Hierbei muss unterschieden werden, ob es sich bei deiner Erkrankung um etwas Kurz- oder Längerfristiges handelt.

Längerfristige Einschränkungen:
- Herzrhythmusstörungen,
- chronische Schmerzen,
- Epilepsie,
- Gehbehinderung.

Bei vielen längerfristigen Erkrankungen oder Behinderungen können spezielle Einbauten oder Einrichtungen am Fahrzeug Hilfe bringen, etwa Handgas/-bremse, Lenkknauf oder Linksgas. In Einzelfällen entscheidet die Fahrerlaubnisbehörde.

Kurzfristige Einschränkungen:
- Erkältung, Bronchitis, Grippe,
- eingegipste/bandagierte Arme oder Beine,
- starke Schmerzen, Kopfschmerzen, Migräne,
- Allergien, etwa Heuschnupfen.

Bei kurzfristigen Erkrankungen entscheidest du selbst über deine Fahrtüchtigkeit. Aber bedenke immer: Wenn du selbst zweifelst, dann Hände weg vom Steuer!

Übermüdung

Wenn du zum Beispiel längere Strecken fährst, solltest du dich stets aufmerksam beobachten, ob eventuell Anzeichen von Ermüdung zu erkennen sind. Denn Müdigkeit, während du fährst, ist gefährlich, vor allem dann, wenn du die Vorboten nicht erkennst oder sogar ignorierst.

Anzeichen für Müdigkeit sind:
- verstärktes Gähnen,
- schwere Augenlider,
- Frösteln/Frieren,
- Brennen in den Augen.

Folgen der Müdigkeit:
- mangelnde Konzentration,
- doppelt sehen,
- verzögerte Reaktionen und Fahrfehler,
- Sekundenschlaf.

Diese Folgen der Müdigkeit können ein fatales Ende der Fahrt bedeuten, wenn die vorangegangenen Anzeichen nicht beherzigt werden. Hier muss unbedingt auf die Fitness beim Fahren geachtet werden! Aber Vorsicht! Nicht alles, was gern zum »Wachmachen« genommen wird, eignet sich auch wirklich dazu! Weil vieles dich nur kurzfristig aufputscht, aber dabei nur deine letzten Kraftreserven mobilisiert und verbraucht werden.

Ungeeignet zur Wiederherstellung der Fahrtüchtigkeit:
- Kaffee,
- Tee,
- Energydrinks,
- Aufputschmittel.

Geeignet zur Wiederherstellung der Fahrtüchtigkeit:
- regelmäßige Fahrpausen,
- Frischluft tanken,
- Bewegung,
- Schlafen/Powernapping.

Schlaf ist ideal zum Wiederherstellen deiner Fahrtüchtigkeit.

Aufmerksamkeit und Konzentration

In der Straßenverkehrs-Ordnung (StVO) heißt es in § 1, Grundregeln, Absatz 1: *»Die Teilnahme am Straßenverkehr erfordert ständige Vorsicht und gegenseitige Rücksicht.«*

Wenn du ständig vorsichtig fahren willst, musst du immer aufmerksam und konzentriert sein. Nur so klappt es, deine Entscheidungen im Straßenverkehr richtig und in kürzester Zeit zu treffen und somit sicher durch den Verkehr zu kommen.

Allerdings lauern zahlreiche Ablenkungen auf dich, die deine Aufmerksamkeit und Konzentration stören könnten, zum Beispiel:
- eine angeregte Unterhaltung,
- die Clique,
- das Smartphone,
- die schöne Aussicht,
- quengelnde Kinder,
- Rumspielen am Radio,
- Zigarette anzünden.

Eine große Rolle in puncto Ablenkung während der Fahrt spielen Geräte zur Kommunikation, Information oder Organisation. Diese Geräte dürfen vom Fahrzeugführer während der Fahrt nur benutzt werden, wenn:

- das Gerät nicht in die Hand genommen wird und
- entweder nur eine Sprachsteuerung oder Vorlesefunktion genutzt wird oder nur eine kurze Blickabwendung vom Verkehrsgeschehen erfolgt.
- Ein Head-up-Display (Sichtfeldprojektion) darf für fahrtbegleitende Informationen genutzt werden.

Welche Geräte sind das zum Beispiel?

- Mobil-/Autotelefone,
- Tablets,
- Fernseher,
- Laptops,
- VR-Brillen (Videobrillen),
- Navigationsgeräte,
- Funkgeräte (diese dürfen noch bis zum 30.06.2020 aufgenommen und in der Hand gehalten werden).

Wann darf ich elektronische Geräte bedienen bzw. mit dem Handy telefonieren?

Wenn du während der Fahrt telefonieren musst, ist dies mit einer Freisprecheinrichtung oder einem Headset erlaubt. Die StVO (§ 23, Absatz 1b) schreibt zum Telefonieren mit dem Handy in der Hand oder zum Bedienen elektronischer Geräte Folgendes vor:

»Man muss an einer geeigneten Stelle anhalten, den Motor ausschalten und dann darf das Gerät bedient werden.«

Warum den Motor ausschalten? Dies hat nicht nur umweltschonende Hintergründe, sondern beinhaltet auch einen wichtigen Sicherheitsaspekt. Der Autofahrer ist es gewohnt, sobald der Motor im Stand läuft, einfach ohne Verkehrsabsicherung nach hinten wieder anzufahren. Muss der Motor jedoch neu gestartet werden, wird im Normalfall abgesichert, bevor wieder weitergefahren wird.

> Beachte: Der Motor muss vollständig ausgeschaltet sein oder dein Motor lässt sich nur durch eine atemalkoholgesteuerte Wegfahrsperre starten! Ein Abschalten des Motors durch eine Start/Stopp-Funktion ist nicht zulässig!

Aber bedenke immer, Telefonieren während der Fahrt kann trotz Freisprecheinrichtung deine Aufmerksamkeit sehr beeinflussen, da du dich auf deinen Gesprächspartner konzentrierst und während des Telefonats starke Emotionen ausgelöst werden können und somit die Unfallgefahr steigt.

Alkohol

Wochenende – Freunde treffen – weggehen – feiern! Wer macht das nicht gern? Aber dabei wird auch sehr oft Alkohol getrunken, und dann kann es schnell zu einer Alkoholfahrt kommen.

Alkohol verändert schon in kleinen Mengen unser Urteilsvermögen, er bewirkt, dass wir uns sehr leicht selbst überschätzen und wir nicht mehr objektiv die eigene Fahrtüchtigkeit beurteilen können. Die Fahrtüchtigkeit wird durch das Konsumieren von Alkohol sehr stark beeinträchtigt und macht sich beispielsweise durch das falsche Einschätzen von Entfernungen und Geschwindigkeiten, durch Selbstüberschätzung, verlangsamte Reaktionszeit, Tunnelblick und Enthemmung bemerkbar.

Daher solltest du bei Anlässen, zu denen Alkohol getrunken wird, vorher entscheiden, ob du mit dem Auto fahren oder lieber trinken willst! Halte dich bitte immer an dieses Motto:

Wer trinken will, fährt nicht, und wer fahren will, trinkt nicht!

Wie der Alkohol auf dich und deinen Körper wirkt, kann nicht durch irgendwelche Promillerechner berechnet werden, denn das ist sehr individuell und verschieden. Bitte gib auch nichts auf irgendwelche Tipps, die dich »trinkfester« machen sollen. Das Einzige, was bei uns allen fast gleich ist, ist, wie schnell der Alkohol im Körper wieder abgebaut wird. Es gilt die Faustregel:

Durchschnittlich 0,1 Promille in der Stunde.

Und dieser Abbau kann nicht beschleunigt werden, weder durch Schlafen, Kaffeekonsum noch Sport. Man fühlt sich zwar vielleicht wieder einigermaßen fit, nachdem man ein paar Stunden geschlafen hat, aber der Restalkohol in unserem Blut spricht eine ganz andere Sprache. Hier ein paar Beispiele:

	Alkohol nach dem Trinken		Restalkohol in Promille
um 23:00 Uhr	0,8 Promille	um 5:00 Uhr	0,2 Promille
um 24:00 Uhr	1,3 Promille	um 7:00 Uhr	0,6 Promille
um 1:00 Uhr	1,5 Promille	um 8:00 Uhr	0,8 Promille

Hier sieht man sehr gut, dass ein paar Werte noch im problematischen Bereich, bis zu dem man ein Kraftfahrzeug führen darf, liegen und es bei einer Verkehrskontrolle zur Fahrtüchtigkeit durchaus zu Schwierigkeiten kommen könnte.

Ahndung von Fahren unter Alkoholeinfluss

Wie eine Alkoholfahrt geahndet wird, ist in § 24a des StVG festgelegt. Grundsätzlich gilt in Deutschland eine Grenze von 0,5 Promille, bis zu der man noch ein Kraftfahrzeug führen darf.

Doch Vorsicht! Dies heißt nicht, dass man bis zu dieser Grenze straffrei ausgeht, wenn man fährt. Denn wie schon erwähnt, wirkt der Alkohol sehr individuell auf den Menschen. Es kommt bei der Grenze und dem Strafmaß auch darauf an, ob man bei einer Kontrolle alkoholbedingte Ausfälle zeigt oder nicht.

Bei einem alkoholbedingten Ausfall spricht man von einer relativen Fahruntüchtigkeit, und dies ist eine Straftat. Von einer absoluten Fahruntüchtigkeit spricht man ab einem Promillewert von 1,1, und dies ist immer eine Straftat, auch wenn man keinen alkoholbedingten Ausfall zeigt.

Promillewert	**mit alkoholbedingtem Ausfall**	**Ahndung**	**ohne alkoholbedingten Ausfall**	**Ahndung**
ab 0,3 Promille	relativ fahruntüchtig	Straftat	------------------	-------------
ab 0,5 Promille	relativ fahruntüchtig	Straftat	Ordnungswidrigkeit	Geldbuße Punkte Fahrverbot
ab 1,1 Promille	absolut fahruntüchtig	Straftat	absolut fahruntüchtig	Straftat

Alkoholverbot für Fahranfänger

Seit dem 01. August 2007 gibt es das Alkoholverbot für Fahranfänger, das in § 24c des StVG neu aufgenommen wurde.

Das »Null-Promille-Gesetz« gilt für Fahranfänger in der Probezeit sowie für junge Fahrer/Fahrerinnen bis zum vollendeten 21. Lebensjahr. Das heißt für Fahrer, die das Begleitete Fahren machen, schon ab 17, und für Fahrer, die nach ihrem 21. Lebensjahr den Führerschein machen, solange ihre Probezeit dauert.

Fahranfänger, die gegen diese Null-Promille-Grenze verstoßen, müssen mit schweren Strafen rechnen. Das Bußgeld beträgt in der Regel 250 Euro, es gibt einen Punkt im Fahreignungsregister in Flensburg und, falls sich der Fahranfänger noch in der Probezeit befindet, eine Anordnung für ein Aufbauseminar (ASF) sowie die Verlängerung der Probezeit um weitere zwei Jahre.

Denke immer daran, es bringt nichts, wenn du erst dann beim Fahren keinen Alkohol mehr trinkst, wenn du einen Unfall verursacht hast! Erstens bist du bei einem Unfall mit Personenschaden deinen Führerschein los, zweitens darfst du nicht den psychologischen Aspekt außer Acht lassen, wenn etwa ein Kind verletzt vor deinem Auto liegt und du genau weißt, dass es deine Schuld war. Nimm das also nicht auf die leichte Schulter!

Illegale Drogen

Neben den legalen Drogen, wie etwa Alkohol und Nikotin, gibt es eine große Zahl illegaler Drogen. Zu den am häufigsten konsumierten Drogen zählen:

- Kokain,
- Drogen aus der Gruppe der Amphetamine,
- Ecstasy,
- LSD,
- Heroin,
- Haschisch/Marihuana (Cannabis).

Selbst der Konsum geringer Mengen kann schon bei einmaligem Genuss zur Fahruntüchtigkeit führen. Besonders bei Cannabis ist der Abbau im Körper, im Gegensatz zu Alkohol, ungleichmäßig, und somit ist es sehr problematisch, nach dem Konsum ein Fahrzeug im Straßenverkehr zu führen.

Der Nachweis des wichtigsten psychoaktiven Wirkstoffs von Cannabis, das Tetrahydrocannabinol (THC), ist bei einmaligem Konsum im Urin etwa zwei bis drei Tage und bei regelmäßigem Konsum sogar mehrere Wochen bis Monate möglich.

Ähnlich wie Alkohol haben Drogen beim Fahren folgende Auswirkungen:
- abnehmendes Gefahrenbewusstsein,
- Selbstüberschätzung,
- Fehleinschätzung von Entfernungen,
- Fehleinschätzung von Geschwindigkeiten,
- Nachlassen von Aufmerksamkeit und Konzentration,
- Herabsetzung des Reaktionsvermögens,
- Sinnestäuschungen,
- Verwirrtheit und
- Depression.

Ahndung illegaler Drogen

Da die Wirkungsdauer von Drogen zeitlich unberechenbar ist, wird man nicht nur nach dem unmittelbaren Genuss der berauschenden Mittel als fahruntüchtig eingestuft, sondern vielmehr gilt jeder, der regelmäßig Drogen konsumiert, als ungeeignet zum Führen eines Kraftfahrzeugs. Wenn man unter Drogeneinfluss beim Fahren erwischt wird, muss zur Wiedererlangung der Fahrerlaubnis durch Blut- und Urintests sowie eine medizinisch-psychologische Untersuchung (MPU) nachgewiesen werden, dass man drogenfrei ist. Wird während der Fahrausbildung das Konsumieren von Drogen nachgewiesen, führt das zur sofortigen Unterbrechung der Fahrausbildung.

Wird man in einer allgemeinen Verkehrskontrolle mit Drogen im Blut erwischt, muss man mit folgenden Konsequenzen rechnen:
- Bußgeld,
- Punkte im Fahreignungsregister,
- Fahrverbot,
- Geld- oder Freiheitsstrafe,
- Entzug der Fahrerlaubnis,
- Teilnahme an einem besonderen Aufbauseminar,
- Verlängerung der Probezeit.

Medikamente

Winterzeit ist Schnupfenzeit, da wird gern mal in die Hausapotheke gegriffen oder ein Rezept beim Arzt geholt. Auch bei anderen Erkrankungen müssen Medikamente eingenommen werden, aber viele Medikamente können unsere Fahrtüchtigkeit in erheblichem Maße einschränken. Daher sollte der Beipackzettel immer genau

gelesen werden, um zu erfahren, ob das jeweilige Medikament – eventuell auch in Kombination mit anderen Medikamenten – unsere Fahrtüchtigkeit einschränkt oder nicht.

Ganz besonders schlimm werden die negativen Auswirkungen, wenn das Arzneimittel in Kombination mit Alkohol eingenommen wird. Dieser macht neben seinen negativen Auswirkungen auf die Fahrtüchtigkeit die Wirkung des Medikaments auf unseren Körper unberechenbar.

Denk bitte immer daran, wenn du Medikamente einnimmst und fahren musst:

Zu Risiken und Nebenwirkungen lies die Packungsbeilage oder frage deinen Arzt oder Apotheker!

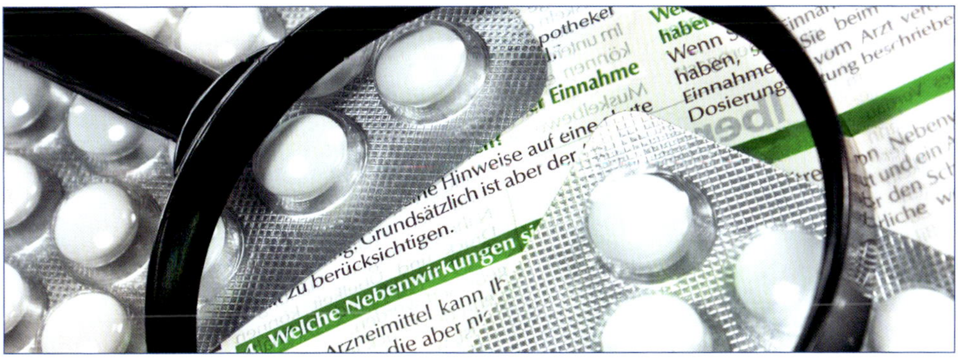

Psychische und soziale Voraussetzungen

Du musst als Kraftfahrer nicht nur körperlich fit sein, um alles richtig wahrnehmen und reagieren zu können, sondern du musst auch die psychische, soziale und charakterliche Eignung zum Führen eines Kraftfahrzeugs haben.

Wertschätzung gegenüber Kfz und Verkehrspartnern

Autofahren beginnt schon, bevor du überhaupt ins Auto steigst. Denn schon vor Beginn ist deine Fahrt von deiner Einstellung, deinem Charakter und deinem Verhalten gegenüber deiner Umwelt geprägt.

Bist du eher jemand, der Spaß am schnellen Autofahren hat, dies ungezügelt auslebt und somit ein hohes Risiko für sich selbst und seine Umwelt darstellt, oder bist du eher jemand, der zwar Spaß am Fahren hat, aber trotzdem besonnen mit dem Fahrzeug und der Welt um sich herum umgeht?

Der Straßenverkehr ist mehr als nur Regeln und Autofahren. Er ist ein komplexes System aus Verkehrsregeln, dem eigenen Spaß am Fahren, aber auch dem rücksichtsvollen Umgang mit seiner Umwelt und den anderen Verkehrsteilnehmern.

Es ist in der heutigen Zeit nicht immer einfach, sich permanent in der Schule oder im Beruf mit anderen zu messen, sich durchsetzen zu müssen, sich ständig im Konkurrenzkampf zu befinden und dann beim Autofahren plötzlich aus diesem »Kampfmodus« herauszukommen. Da kommen schnell Gedanken auf wie »Warum fährt der denn so nah auf?«, »Muss der mich jetzt überholen?«, »Der fährt ganz schön aggressiv!«, »Muss der da vor mir so schleichen?«.

Aber wenn man sich einmal die Zeit nimmt und sich in die Lage der anderen Verkehrsteilnehmer versetzt, dann kann man vielleicht auch die Beweggründe des anderen für dessen Verhalten einschätzen und verstehen. Es ist im Straßenverkehr nicht so, dass uns die anderen nur »Böses« wollen, sondern durch die Anonymität im Fahrzeug und die Hektik des Alltags sind viele Autofahrer viel zu sehr auf die negative Sicht der anderen Verkehrsteilnehmer fokussiert.

Vielleicht ist ja derjenige, der zu nah auffährt, nur in Gedanken, weil er einen anstrengenden Tag hinter sich hat und noch nicht ganz abschalten kann? Daher ist es wichtig, nicht jedes Fehlverhalten eines anderen Fahrzeuglenkers als böse Absicht auf sich selbst zu beziehen, sondern auch mal umzudenken und solche Fehler einfach als menschlich anzusehen. Auch mal entspannt zu reagieren, wenn dir jemand mit erschrockenem Gesicht die Vorfahrt nimmt. Wir müssen auch die Personen sehen, die hinter den Fehlern stecken, was in ihnen vorgeht, und deren Fehlverhalten nicht sofort persönlich nehmen. Nur dann können wir uns im Straßenverkehr partnerschaftlich verhalten. Daher:

TIPP

Öfter mal lächeln beim Fahren und den anderen als Verkehrspartner sehen!

2. Risikofaktor Mensch

In unserer heutigen Zeit ist es oft schwer, durch den Verkehr zu kommen. Es treffen so viele unterschiedliche Menschen und Faktoren aufeinander. Jeder Mensch hat andere Charaktereigenschaften, Einstellungen und Wertvorstellungen, sodass hier ein großes Reibungspotenzial gegeben ist.

2.1 Was beeinflusst unser Verkehrsverhalten?

Unser Verkehrsverhalten kann durch mehrere Faktoren beeinflusst werden. Im Speziellen spricht man hier von drei Bereichen.

Erstens dem **psychomotorischen Bereich**, der alles umfasst, was mit unseren Bewegungsabläufen und unserer Wahrnehmung zusammenhängt.

Zweitens dem **kognitiven Bereich**. Hiermit ist unser Wissen über den Straßenverkehr – zum Beispiel Verkehrsregeln, fahrphysikalische Zusammenhänge und Gefahren – gemeint. Habe ich über die Jahre eventuell Verkehrsregeln vergessen oder mir neue Regeln nicht angeeignet, wird mein Verhalten nicht den Regeln entsprechen.

Und drittens vom **affektiven Bereich**. Dieser Bereich hat mit unseren Einstellungen, Emotionen und Wertvorstellungen zu tun. Der affektive Bereich beeinflusst uns am meisten und auf die unterschiedlichsten Arten.

Der Faktor Emotionen

Unsere Emotionen sind ganz oft sehr schlechte Beifahrer. Sie beeinflussen in erheblichem Maße unser Fahrverhalten. Emotionen kommen in den unterschiedlichsten Formen vor: Stress, Angst, Wut oder Aggression, aber natürlich auch Glück, Freude oder Spaß sind beispielsweise Gefühle, die während der Fahrt auftreten können.

Je heftiger deine Emotionen sind, desto stärker musst du mit ihnen ringen und umso mehr kann sich das auf dein Fahrverhalten auswirken.

Im Fahrzeug können auch schnell Nichtigkeiten zu heftigen emotionalen Reaktionen führen, da im Verkehr eine gewisse Anonymität herrscht und du dadurch leicht zu negativen Reaktionen verleitet werden kannst. Sehr gefährlich ist es, wenn du diese Reaktionen dann mit deinem Fahrzeug auslebst.

Stress

Stress ist heutzutage ein weitverbreiteter Begriff, der immer gerne dann genutzt wird, wenn wir uns starken Belastungssituationen ausgesetzt sehen. Stress hatte früher die Aufgabe, uns in einer Gefahrensituation leistungsfähiger zu machen und uns zielgerichtet auf diese eine Aufgabe zu konzentrieren.

Heute müssen wir dagegen eher über eine breit gefächerte Aufmerksamkeit verfügen, um unsere Aufgaben beim Fahren bewältigen zu können.

Auch wird Stress nicht nur beim Fahren empfunden, sondern auch in anderen Lebensbereichen wie Arbeit, Schule und sogar in der Freizeit. Oft wird der Stress aus diesen Bereichen mit ins Auto genommen, sodass wir schon gleich zu Beginn der Fahrt gestresst im Straßenverkehr unterwegs sind.

Aber natürlich kann Stress auch erst während der Fahrt ausgelöst werden, beispielsweise durch Staus, Gefahrensituationen, Zeitdruck, Hitze, schlechte Luft, eine lange und anstrengende Fahrt oder durch das Verhalten anderer Verkehrsteilnehmer.

Wenn Stress aufkommt, hat dies zunächst einmal Auswirkungen auf unser Herz-Kreislauf-System. Pulsschlag und Blutdruck steigen, man beginnt zu schwitzen, unser vernunftbegabtes Denken wird beeinträchtigt. Bei dauerhaftem Auftreten fördert Stress auch Erkrankungen.

Aber auch auf unser Fahrverhalten kann Stress durchaus Auswirkungen haben:

- Nachlassen der Aufmerksamkeit,
- Treffen fehlerhafter Entscheidungen,
- Fehler bei der Fahrzeugbedienung,
- riskante Fahrweise.

Daher ist es gefährlich, wenn du dich schon gestresst ins Auto setzt oder es beim Fahren zu Stresssituationen kommt.

Aggressionen

Aggressionen im Straßenverkehr sind oftmals für das Entstehen gefährlicher Situationen oder auch für schwere Unfälle verantwortlich.

Doch was sind Aggressionen? Was ist der Unterschied zwischen Wut und Aggression? Wenn du wütend bist, dann ärgerst du dich über etwas, das geschehen ist, ohne etwas gegen den Verursacher deines Ärgers zu unternehmen. Oftmals ist dein Ärger auch schnell verflogen, aber wenn du auf etwas bzw. jemanden aggressiv reagierst, dann möchtest du jemanden mit Absicht schädigen oder verletzen. Damit sind allerdings nicht allein körperliche Schädigungen gemeint, sondern auch Beleidigungen oder Demütigungen sind aggressive Verhaltensweisen.

Aggressives Verhalten entsteht oftmals durch Frustration, durch Ärger über eine Person oder ein Verhalten oder aufgrund von Provokationen von anderen. Manchmal setzen wir aber auch Aggressionen ganz gezielt ein, um etwas Bestimmtes zu erreichen oder unseren Willen durchzusetzen. Im Straßenverkehr wäre das beispielsweise der Fall, wenn du schneller vorankommen willst oder deinen Mitfahrern imponieren möchtest bzw. ihnen zeigen möchtest, »was du so draufhast«.

Manchmal entstehen schon aus Kleinigkeiten oder Missverständnissen heraus Aggressionen, die sich dann aufschaukeln und am Ende vollkommen aus dem Ruder laufen und so gefährliche Situationen im Straßenverkehr herbeiführen können. Eine solche Situation kann sich beispielsweise wie folgt zutragen:

BEISPIEL

Du befindest dich auf der Autobahn und hast gerade einen Lkw überholt. Im Spiegel siehst du ein anderes Fahrzeug mit hoher Geschwindigkeit und Lichthupe ankommen und dicht auf deinen Pkw auffahren. Wie fühlst du dich gerade? Was denkst du dir?

Hier kann es nun zu einer Trotzreaktion deinerseits kommen, weil du dich bedrängt fühlst. Es können dir Gedanken in den Sinn kommen wie: »Warum gibst du mir Lichthupe? Kannst du nicht normal fahren? Na warte, jetzt fahre ich erst recht langsam!« und daraufhin drosselst du deine Geschwindigkeit.

Der Fahrer hinter dir wird auf diese Reaktion von deiner Seite ebenfalls mit einer Trotzreaktion antworten und wahrscheinlich immer näher auffahren und noch häufiger die Lichthupe geben.

Auf die Folgereaktion des Fahrers wirst du daraufhin wiederum mit einer Reaktion antworten, beispielsweise mit einem kurzen Antippen des Bremspedals, um den Hintermann zu erschrecken.

Und so kann sich diese Situation immer weiter aufschaukeln und zum Schluss eskalieren.

Angst

Das Gefühl der Angst kennen wir alle, und dieses Gefühl hat die unterschiedlichsten Gesichter. Es gibt viele Sachen, vor denen man Angst haben kann, beispielsweise die Angst zu versagen, etwas kaputtzumachen, Angst vor einer Gefahr oder Angst vor Spinnen.

Angst ist ein ganz normales Gefühl und gehört zu unserem Leben, daher solltest du deine Ängste nicht unterdrücken, sondern sie akzeptieren und als etwas ganz Normales ansehen.

Es ist auch völlig normal, bei etwas Neuem oder Unbekanntem, wie zum Beispiel in manchen Situationen während der Fahrausbildung, ein etwas flaues Gefühl in der Magengegend zu haben. Überlege, was dir guttut und helfen kann, deine Furcht zu dämpfen.

Es gibt verschiedene Strategien, sich in Situationen, in denen Angst aufkommt, zu beruhigen und so auch weiterhin das eigene Fahrverhalten im Griff zu haben:

- Tief durchatmen, wenn du merkst, dass die Nervosität steigt.
- Versuche, einen guten Beifahrer mitzunehmen, der dir hilft bzw. der dich in Ruhe lässt und nicht dauernd meckert.

Thrill

Wer sieht sich nicht gern mal einen gruseligen Film an oder fährt mit der Achterbahn? Hierbei geht es darum, sich bewusst einer vielleicht riskanten Situation auszusetzen und dabei die Lust an der Angst bzw. den sogenannten Nervenkitzel zu erleben. Deshalb besuchen viele Menschen Vergnügungsparks, machen eine Abenteuertour oder betreiben Fun- oder sogar Extremsportarten.

Leider gibt es auch Menschen, die sich diesen Nervenkitzel, Thrill oder Kick nicht nur bei den oben genannten Freizeitaktivitäten holen, sondern oftmals auch im Straßenverkehr, etwa beim extrem schnellen Kurvenfahren oder beim Fahren mit überhöhter Geschwindigkeit.

Gefühl der Überlegenheit

Wenn du anderen beweisen willst, wie toll du Auto fahren kannst, bringst du nicht nur dich selbst, sondern auch andere in Gefahr.

Beobachte dich in solchen Situationen genau und lass dich nicht zu gefährlichen Aktionen hinreißen. Frage dich, ob das jetzt wirklich nötig ist, wenn du dich und/oder andere in Gefahr bringst.

Emotionen im Griff haben

Als guter Autofahrer solltest du deine Gefühle im Griff haben und mit frustrierenden Situationen umgehen können.

Im Straßenverkehr ist es wichtig, dass man rücksichtsvoll agiert, andere Verkehrsteilnehmer nicht als Gegner, sondern als Partner sieht und mit einer gewissen Gelassenheit fährt. Du musst nicht nur dein Fahrzeug, sondern auch dich und deine Gefühle beherrschen, damit du dich nicht im Affekt zu gefährlichen Manövern hinreißen lässt.

Wenn du nicht per se ein entspannter Charakter bist, kann es dir durchaus schwerfallen, deine Emotionen unter Kontrolle zu haben, aber mit ein bisschen Übung kannst du das lernen.

Dabei spielt zunächst die Selbsterkenntnis eine wichtige Rolle. Du musst dir bewusst werden, was dich »auf die Palme« bringt, und dir überlegen, warum das so ist und ob das denn wirklich notwendig ist. Denn wenn man erst mal wütend und aggressiv ist, ist es schwer, wieder »runterzukommen«. Überlege dir, ob es wirklich Pech ist, wenn bei dir dauernd die Ampeln rot sind, oder ob du eventuell zu schnell unterwegs bist? In vielen Städten ist auf verkehrsreichen Straßen die grüne Welle eingerichtet, aber diese funktioniert nur, wenn du mit der richtigen Geschwindigkeit fährst.

Als Nächstes musst du lernen, dich in deinen Verkehrspartner hineinzuversetzen. Analysiere sein Verhalten logisch und objektiv. Was könnte der Grund sein, dass er sich so verhält? Statt sich aufzuregen: »Der nimmt mir doch einfach die Vorfahrt!«, einfach mal denken: »Oh, der hat sich jetzt verschätzt, ist mir auch schon mal passiert.« Oder vielleicht hat der Fahrer hinter dir, der extrem dicht auffährt, kurz zuvor eine schlimme Nachricht bekommen und ist deshalb etwas angespannt? Das macht dessen Verhalten nicht besser, aber so kommst du nicht in diese Spirale aus Reaktion und Gegenreaktion, die letztendlich in einer gefährlichen Situation enden kann.

Aber eines ist immer ganz sicher: Egal, in welcher Situation, der andere meint nie dich persönlich! Deshalb lass dich nicht zu einer unüberlegten Aktion hinreißen, sondern versuche zu lernen, wie man eine Situation uminterpretiert, um entspannt reagieren zu können.

Mit diesem Wissen und etwas Übung bist du schon mal gut gewappnet, um deine Emotionen zu kontrollieren. Natürlich gibt es kein allgemeingültiges Rezept, um seine Gefühle in den Griff zu bekommen, aber viele kleine Hilfsmittel, die in Situationen, in denen die Emotionen »hochkochen«, helfen können:

- Tief durchatmen.
- Gedankenstopp, bewusst die negativen Gedanken unterbinden.
- An etwas Schönes denken: den letzten Urlaub, den letzten Sieg deines Lieblingsfußballclubs etc.

2.2 Selbsteinschätzung und Vorbilder

Hast du dich schon einmal gefragt, zu welchem Fahrertyp du nach der bestandenen Prüfung gehören wirst? Was oder wer beeinflusst dich in deinem Selbstbild, deiner Fahrerrolle? Bleibst du immer der gleiche Fahrer? Oder verändern deine Erfahrungen, andere Lebenssituationen oder einfach die Zeit deinen Fahrstil? Was macht aus deiner Sicht einen guten Autofahrer aus, welche Eigenschaften sollte er haben?

Beeinflussen andere Fahrer, zum Beispiel Eltern, Verwandte, Freunde, Nachbarn oder sogar berühmte Persönlichkeiten, etwa dein favorisierter Rennfahrer, deine Fahrweise, indem du dich an ihnen orientierst? Diese Orientierung kann stattfinden, indem du dir entweder die positiven oder negativen Fahreigenschaften der Vorbilder abschaust. Wie dich diese Fahreigenschaft dann beeinflusst, entscheidest immer du selbst.

So kann dich auch eine negative Fahreigenschaft einer anderen Person positiv beeinflussen. Etwa, wenn du feststellst, dass du mit ihr nicht gern fährst, weil du dich bei ihrer sehr schnellen Fahrweise richtig unwohl fühlst, und für dich entscheidest, dass du selbst langsamer fahren wirst.

Der ideale Fahrer sollte gelassen reagieren, andere Verkehrsteilnehmer als Partner und nicht als Gegenspieler sehen, er sollte rücksichtsvoll, vorausschauend und zudem umweltbewusst fahren.

3. Rechtliche Rahmenbedingungen

3.1 Führen von Kraftfahrzeugen

Um im öffentlichen Straßenverkehr ein Kraftfahrzeug fahren zu können, benötigst du eine behördliche Genehmigung, die Fahrerlaubnis. Sie wird von der zuständigen Behörde für die verschiedenen Klassen ausgestellt.

Der Führerschein ist der amtliche Nachweis dafür, dass du im Besitz der Fahrerlaubnis bist. Deshalb musst du deine Führerscheinkarte beim Fahren immer mitführen und auf Verlangen – etwa bei einer Verkehrskontrolle – den dazu befugten Personen vorzeigen.

Die Gültigkeit deines Führerscheins ist auf 15 Jahre begrenzt, aber keine Angst, es verliert nur das Dokument seine Gültigkeit, nicht deine Fahrerlaubnis. Nach Ablauf der 15 Jahre musst du – vergleichbar mit dem Prozedere beim Personalausweis – deinen Führerschein bei der für dich zuständigen Fahrerlaubnisbehörde neu beantragen und bekommst dann ein neues Dokument ausgestellt.

Ist die Fahrerlaubnis auch im Ausland gültig?

Eine Fahrerlaubnis, die du in Deutschland bekommen hast, ist in allen EU-Ländern gültig und für kurzfristige Aufenthalte auch in den meisten Nicht-EU-Ländern.

Möchtest du deinen Wohnsitz hingegen dauerhaft in ein anderes Land verlegen, musst du dich informieren, wie die Bestimmungen in puncto Gültigkeit und Umtausch der Fahrerlaubnis in dem Land deiner Wahl aussehen.

Denke zudem daran, dich nach den in diesem Land aktuell gültigen Verkehrsregeln zu erkundigen, da diese von den in Deutschland gültigen durchaus abweichen können.

Fahrerlaubnisfreie Kraftfahrzeuge

Es gibt allerdings auch Kraftfahrzeuge, die du ohne Fahrerlaubnis fahren darfst:

- Mofas und Mobilitätshilfen (z. B. Segway), allerdings wird zum Fahren eine Prüfbescheinigung benötigt.
- Motorisierte Krankenfahrstühle mit einer durch die Bauart bestimmten Höchstgeschwindigkeit (bbH) von maximal 15 km/h und einer zulässigen Gesamtmasse von maximal 500 kg.
- Land- oder forstwirtschaftliche Zugmaschinen, selbstfahrende Arbeitsmaschinen, Stapler und andere Flurförderfahrzeuge bis zu 6 km/h durch die Bauart bestimmte Höchstgeschwindigkeit.
- Einachsige Zug- und Arbeitsmaschinen, die von Fußgängern an Holmen geführt werden.

Elektrokleinstfahrzeug – das ist zu beachten

Wenn du mit einem Elektrokleinstfahrzeug unterwegs bist, musst du ein paar Regelungen beachten. Denn mit so einem Fahrzeug darfst du nicht einfach überall und jederzeit fahren. Was ist ein Elektrokleinstfahrzeug eigentlich?

Folgende Merkmale machen es aus:

- Straßenzulassung bzw. Betriebserlaubnis ist erforderlich,
- verfügt über eine Lenk- oder Haltestange und
- hat eine Maximalgeschwindigkeit von 20 km/h.

Somit umfasst die Bezeichnung Elektrokleinstfahrzeug E-Scooter und auch Segways, aber nicht E-Skateboards, E-Boards (oder Hoverboard genannt) oder die als Airwheels bezeichneten elektrischen Einräder.

Mit einem E-Scooter musst du ausgewiesene Radwege, Radfahrstreifen oder Fahrradstraßen benutzen. Die Straße darfst du nur nutzen, wenn keiner dieser Sonderwege vorhanden ist. Das Befahren von Gehwegen, Fußgängerzonen oder das Fahren entgegen der Fahrtrichtung in Einbahnstraßen muss durch das Zusatzzeichen **E-Scooter frei** ausdrücklich erlaubt werden.

Abstellen kannst du deinen E-Scooter am Straßenrand oder auf dem Gehweg. Wenn Städte E-Scooter in ihren Fußgängerzonen erlauben, darfst du ihn auch dort abstellen. Beim Abstellen musst du aber immer beachten, dass weder Fußgänger noch Rollstuhlfahrer durch den E-Scooter behindert werden.

Was gibt es noch zu beachten?

- Eine Haftpflichtversicherung ist grundlegende Voraussetzung. Das heißt, es muss ein Versicherungsaufkleber hinten am Roller angebracht werden.
- Das Mindestalter für die Benutzung im Straßenverkehr ist auf 14 Jahre festgelegt.
- Es ist keine Fahrerlaubnis oder Prüfbescheinigung (wie für Mofas) notwendig.
- Es empfiehlt sich zwar, einen Helm zu tragen, vorgeschrieben ist er allerdings nicht.
- Ein E-Scooter ist nur für eine Person zugelassen.
- Es besteht dieselbe Promillegrenze wie bei Autofahrern (siehe in Kapitel 1.2 den Abschnitt »Alkohol«). Ebenso gilt das absolute Alkoholverbot für Fahrer unter 21 Jahren und Fahranfänger in der Probezeit.

Fahrerlaubnisklassen

Klasse	Mindestalter	berechtigt für diese Fahrzeuge
AM	15 Jahre in allen Bundesländern, allerdings bis zum 16. Lebensjahr nur in Deutschland gültig. Somit sind Fahrten ins/im Ausland bis zum 16. Lebensjahr verboten. Wird mit der Schlüsselzahl 195 im Führerschein angezeigt.	**Zweirädrige Kleinkrafträder** (Mopeds) mit ■ bauartbedingter Höchstgeschwindigkeit bis 45 km/h und ■ Verbrennungsmotor mit einem Hubraum bis maximal 50 cm³ oder ■ maximaler Nenndauerleistung bis zu 4 kW bei Elektromotoren oder anderen Verbrennungsmotoren. ■ Auch mit Beiwagen. Gilt auch für Fahrräder mit Hilfsmotor mit diesen Anforderungen. **Dreirädrige Kleinkrafträder** und **vierrädrige Leichtkraftfahrzeuge** mit ■ bauartbedingter Höchstgeschwindigkeit bis 45 km/h und ■ Hubraum von nicht mehr als 50 cm³ (bei Fremdzündung) oder ■ Hubraum von nicht mehr als 500 cm³ (bei Selbstentzündung) oder ■ maximaler Nutzleistung bis 4 kW (bei anderen Verbrennungsmotoren) oder ■ maximaler Nenndauerleistung bis 4 kW (bei Elektromotoren) und ■ bei dreirädrigen Kleinkrafträdern mit nicht mehr als 2 Sitzplätzen Leermasse von maximal 270 kg oder ■ bei vierrädrigen Leichtkraftfahrzeugen Leermasse von nicht mehr als 425 kg.

Klasse	Mindestalter	berechtigt für diese Fahrzeuge
A1	16	**Krafträder** mit ■ Hubraum bis maximal 125 cm^3, ■ Motorleistung bis zu 11 kW und ■ Verhältnis der Leistung zum Gewicht maximal 0,1 kW/kg. ■ Auch mit Beiwagen. **Dreirädrige Kraftfahrzeuge mit symmetrisch angeordneten Rädern** mit ■ Hubraum von mehr als 50 cm^3 bei Verbrennungsmotoren oder ■ bauartbedingter Höchstgeschwindigkeit über 45 km/h und ■ Leistung bis zu 15 kW. Einschließlich: AM
A2	18	**Krafträder** mit ■ Motorleistung bis zu 35 kW, die nicht von einem Kraftrad mit einer Leistung von über 70 kW abgeleitet ist, und ■ Verhältnis der Leistung zum Gewicht maximal 0,2 kW/kg. ■ Auch mit Beiwagen. Einschließlich: AM, A1 Wenn du mindestens zwei Jahre im Besitz von A1 bist, ist beim Aufstieg zu A2 die praktische Prüfung ein Muss, aber keine theoretische Prüfung notwendig.
A	20, wenn schon 2 Jahre im Besitz von A2 21 bei dreirädrigen Kfz mit mehr als 15 kW 24 bei Direkterwerb	**Krafträder** mit ■ Hubraum über 50 cm^3 oder ■ bauartbedingter Höchstgeschwindigkeit über 45 km/h. ■ Auch mit Beiwagen. **Dreirädrige Kraftfahrzeuge** mit ■ Leistung von mehr als 15 kW **Dreirädrige Kraftfahrzeuge mit symmetrisch angeordneten Rädern** und ■ Hubraum von mehr als 50 cm^3 (bei Verbrennungsmotoren) oder ■ bauartbedingter Höchstgeschwindigkeit von mehr als 45 km/h und ■ Leistung von mehr als 15 kW. Einschließlich: AM, A1, A2 Wenn du mindestens zwei Jahre im Besitz von A2 bist, ist beim Aufstieg zu A die praktische Prüfung ein Muss, aber keine theoretische Prüfung notwendig.

Klasse	Mindestalter	berechtigt für diese Fahrzeuge
B	17 bei Begleitetem Fahren (BF17) 18 bei Direkterwerb	**Kraftfahrzeuge** (außer solche der Klassen AM, A1, A2 und A) mit ■ zulässiger Gesamtmasse bis maximal 3.500 kg und ■ zur Beförderung von nicht mehr als acht Personen außer dem Fahrer. ■ Anhänger mit zulässiger Gesamtmasse bis zu 750 kg oder ■ mit zulässiger Gesamtmasse über 750 kg, sofern die zulässige Gesamtmasse der Kombination maximal 3.500 kg ergibt. Einschließlich: AM, L
Klasse B mit Schlüsselzahl 96	siehe Klasse B	**Zugfahrzeug der Klasse B in Kombination mit einem Anhänger** mit ■ zulässiger Gesamtmasse des Anhängers von mehr als 750 kg und ■ zulässiger Gesamtmasse der Fahrzeugkombination von mehr als 3.500 kg und nicht mehr als 4.250 kg. Die Fahrerlaubnis der Klasse B berechtigt auch zum Führen von dreirädrigen Kraftfahrzeugen im Inland, im Fall eines Kraftfahrzeugs mit einer Motorleistung von mehr als 15 kW jedoch nur, wenn der Inhaber der Fahrerlaubnis mindestens 21 Jahre alt ist. Erweiterung der Klasse B, keine eigene Fahrerlaubnisklasse. Wird durch Eintragung der Schlüsselzahl **96** vergeben. Hierfür ist eine Schulung, aber keine Prüfung erforderlich.
Klasse B mit Schlüsselzahl 196	25	**Kraftfahrzeuge der Klasse B und Krafträder der Klasse A1** Du musst mindestens fünf Jahre im Besitz der Klasse B und mindestens 25 Jahre alt sein. Es ist eine theoretische und praktische Schulung im Umfang von mindestens 9 Unterrichtseinheiten (4 Theorie, 5 Praxis) zu je 90 Minuten erforderlich. Erweiterung der Klasse B, keine eigene Fahrerlaubnisklasse. Wird durch Eintragung der Schlüsselzahl **196** vergeben. Die Eintragung der Schlüsselzahl 196 berechtigt nur zum Führen von Krafträdern der Klasse A1 im Inland. Es ist keine Aufstiegsprüfung auf die Klasse A2 möglich.

Klasse	Mindestalter	berechtigt für diese Fahrzeuge
Klasse B mit Schlüsselzahl 197	17 bei Begleitetem Fahren (BF17) 18 bei Direkterwerb	**Kraftfahrzeuge der Klasse B ohne Automatikeintrag** Gilt ab dem 01.04.2021 Der Eintrag der Schlüsselzahl B197 ermöglicht es, auch ein Schaltfahrzeug zu fahren, obwohl die Fahrerlaubnisprüfung auf einem Automatikfahrzeug abgelegt wurde. Dazu müssen folgende Voraussetzungen erfüllt sein: ■ **Mindestens** 10 Fahrstunden à 45 Minuten auf einem Fahrzeug mit Schaltgetriebe. ■ Eine 15-minütige Testfahrt mit einem Fahrlehrer auf einem Schaltfahrzeug (Testfahrt muss zur Hälfte innerorts und außerorts erfolgen). ■ Ausstellung einer Bescheinigung durch die Fahrschule. ■ Austragung der bestehenden Automatikbeschränkung durch die Führerscheinstelle (Schlüsselzahl 78 wird durch 197 ersetzt). ■ Mit der Schlüsselzahl 197 besteht keine Automatikbeschränkung mehr, es dürfen auch Schaltfahrzeuge gefahren werden. ■ Auch schon bestehende Automatikbeschränkungen können auf diese Weise ausgetragen werden. **Schlüsselzahl 197 bei aufbauenden Fahrerlaubnisklassen:** ■ Die Klasse B197 bewirkt keine automatische Einschränkungsbefreiung auf aufbauende Fahrerlaubnisklassen wie z. B. die Klassen BE, C oder C1. ■ Wird bei aufbauenden Klassen die Prüfung auf einem Automatikfahrzeug abgelegt, erfolgt auf diese Klasse ein Automatikeintrag. ■ Auf klare Absprache mit der Fahrschule für Antragstellung achten!
BE 	17 bei Begleitetem Fahren (BF17) 18 bei Direkterwerb	**Zugfahrzeug der Klasse B in Kombination mit Anhänger** oder Sattelanhänger mit zulässiger Gesamtmasse des Anhängers über 750 kg und nicht mehr als 3.500 kg. Vorbesitz: B Keine theoretische, aber eine praktische Prüfung ist notwendig.

Klasse	Mindestalter	berechtigt für diese Fahrzeuge
C1	18	**Kraftfahrzeuge** (außer solche der Klassen AM, A1, A2, A, D1 und D) mit ■ zulässiger Gesamtmasse über 3.500 kg und bis zu 7.500 kg und ■ zur Beförderung von nicht mehr als acht Personen außer dem Fahrer. ■ Auch mit Anhänger mit einer zulässigen Gesamtmasse bis zu 750 kg. Vorbesitz: B befristet auf 5 Jahre, danach im Abstand von 5 Jahren ärztliche Untersuchung
C1E	18	**Zugfahrzeug der Klasse C1 in Kombination** mit ■ Anhänger oder Sattelanhänger mit zulässiger Gesamtmasse über 750 kg und ■ zulässiger Gesamtmasse der Kombination von nicht mehr als 12.000 kg. **Zugfahrzeug der Klasse B in Kombination** mit ■ Anhänger oder Sattelanhänger mit zulässiger Gesamtmasse von mehr als 3.500 kg und ■ zulässiger Gesamtmasse der Kombination von nicht mehr als 12.000 kg. Vorbesitz: C1 befristet auf 5 Jahre, danach alle 5 Jahre ärztliche Untersuchung
C	18 nach erfolgter Grundqualifikation sowie für Personen während oder nach einer Ausbildung zum Berufskraftfahrer o. Ä. 21 bei Direkterwerb	**Kraftfahrzeuge** (außer solche der Klassen AM, A1, A2, A, D1 und D) mit ■ zulässiger Gesamtmasse von mehr als 3.500 kg und ■ zur Beförderung von nicht mehr als acht Personen außer dem Fahrer. ■ Auch mit Anhänger mit einer zulässigen Gesamtmasse bis zu 750 kg. Vorbesitz: B Einschließlich: C1 befristet auf 5 Jahre, danach alle 5 Jahre ärztliche Untersuchung

Klasse	Mindestalter	berechtigt für diese Fahrzeuge
CE	siehe C	**Zugfahrzeug der Klasse C in Kombination mit Anhänger** oder Sattelanhänger mit zulässiger Gesamtmasse von mehr als 750 kg. Vorbesitz: C Einschließlich: BE, C1E, T sowie D1E bei Vorbesitz D1 und DE bei Vorbesitz D befristet auf 5 Jahre, danach alle 5 Jahre ärztliche Untersuchung
D1	18 für Personen während oder nach einer Ausbildung zum Berufskraftfahrer o. Ä. 21 bei Direkterwerb	**Kraftfahrzeuge** (außer solche der Klassen AM, A1, A2 und A) ■ zur Beförderung von nicht mehr als 16 Personen außer dem Fahrer und ■ mit einer Länge bis zu 8 m. ■ Auch mit Anhänger mit einer zulässigen Gesamtmasse von nicht mehr als 750 kg. Vorbesitz: B befristet auf 5 Jahre, danach alle 5 Jahre ärztliche Untersuchung, ab 50. Lebensjahr neues ärztliches Gutachten
D1E	siehe D1	**Zugfahrzeug der Klasse D1 in Kombination mit Anhänger** mit zulässiger Gesamtmasse über 750 kg. Vorbesitz: D1 Einschließlich: BE sowie C1E bei Vorbesitz C1 befristet auf 5 Jahre, danach alle 5 Jahre ärztliche Untersuchung, ab 50. Lebensjahr neues ärztliches Gutachten
D	18, 20, 21, 23 oder 24 (Mindestalter ist abhängig von der Tätigkeit und Qualifikation)	**Kraftfahrzeuge** (außer solche der Klassen AM, A1, A2 und A) ■ zur Beförderung von mehr als 8 Personen außer dem Fahrer. ■ Auch mit Anhänger mit einer zulässigen Gesamtmasse von nicht mehr als 750 kg. Vorbesitz: B Einschließlich: D1 befristet auf 5 Jahre, danach alle 5 Jahre ärztliche Untersuchung, ab 50. Lebensjahr neues ärztliches Gutachten

Klasse	Mindestalter	berechtigt für diese Fahrzeuge
DE 	18, 20, 21, 23 oder 24 (Mindestalter ist abhängig von der Tätigkeit und Qualifikation)	**Zugfahrzeug der Klasse D in Kombination mit Anhänger** mit zulässiger Gesamtmasse von mehr als 750 kg. Vorbesitz: D Einschließlich: BE, D1E sowie C1E bei Vorbesitz C1 befristet auf 5 Jahre, danach alle 5 Jahre ärztliche Untersuchung, ab 50. Lebensjahr neues ärztliches Gutachten
T 	16	**Zugmaschinen** mit einer durch die Bauart bestimmten Höchstgeschwindigkeit von nicht mehr als 60 km/h* und **selbstfahrende Arbeitsmaschinen oder selbstfahrende Futtermischwagen** mit einer durch die Bauart bestimmten Höchstgeschwindigkeit von nicht mehr als 40 km/h, die jeweils nach ihrer Bauart zur Verwendung für land- oder forstwirtschaftliche Zwecke bestimmt sind und für solche Zwecke eingesetzt werden (jeweils auch mit Anhängern). Einschließlich: AM, L * nur für Fahrer ab 18 Jahren
L 	16	**Zugmaschinen für land- oder forstwirtschaftliche Zwecke** mit ■ einer bauartbestimmten Höchstgeschwindigkeit bis zu 40 km/h und ■ Kombinationen aus diesen Fahrzeugen und Anhängern, wenn sie mit einer Geschwindigkeit von maximal 25 km/h geführt werden. **Selbstfahrende Arbeitsmaschinen, selbstfahrende Futtermischwagen, Stapler und andere Flurförderzeuge** ■ jeweils mit einer bauartbestimmten Höchstgeschwindigkeit bis zu 25 km/h und ■ Kombinationen aus diesen Fahrzeugen und Anhängern.

Vorbesitz oder Direkteinstieg?

Man muss unterscheiden, ob man eine Fahrerlaubnisklasse im Direkteinstieg – also ohne Vorbesitz irgendeiner anderen Fahrerlaubnis – erwerben kann oder ob man dazu den Vorbesitz einer bestimmten Fahrerlaubnis braucht. Ohne einen Vorbesitz kannst du die Fahrerlaubnis für die Klassen AM, A1, A2, A, L, T und B erwerben, für die anderen Klassen benötigst du immer mindestens die Klasse B als Vorbesitz und für die jeweilige Klasse E, also dass du einen Anhänger mitführen darfst, die entsprechende Fahrerlaubnis für das ziehende Fahrzeug, beispielsweise brauchst du für CE vorher die Fahrerlaubnis der Klasse C.

3.2 Begleitetes Fahren ab 17

Wenn du dich für das Begleitete Fahren ab 17 – kurz BF17 – entscheidest, darfst du schon ab deinem 17. Lebensjahr in Begleitung einer namentlich benannten Person ein Kraftfahrzeug der Klasse B führen. Zusätzlich kannst du auch die Erlaubnis für die Klasse BE oder B96 ebenfalls schon ab 17 erwerben.

Wie unterscheidet sich nun das Begleitete Fahren ab 17 vom »normalen« Erwerb der Klasse B? Grundsätzlich hast du die gleiche Ausbildung in Theorie und Praxis wie bei der normalen Fahrausbildung für das Auto. Nur erhältst du nach bestandener Prüfung keinen Kartenführerschein, sondern eine Prüfungsbescheinigung, die du beim Fahren mitführen und zusammen mit deinem Personalausweis den berechtigten Personen auf deren Verlangen vorzeigen musst.

Wie oben bereits erwähnt wurde, darfst du dann das Kraftfahrzeug der Klasse B (BE, B96) nur in Begleitung der Personen führen, die in deiner Prüfungsbescheinigung eingetragen sind. Wer diese Personen sind, legst du fest, bevor du deinen Antrag bei deiner zuständigen Fahrerlaubnisbehörde stellst.

Welche Voraussetzungen muss ein solcher Begleiter nun mitbringen? Die Begleitperson muss:

- mindestens 30 Jahre alt sein,
- seit wenigstens fünf Jahren ununterbrochen im Besitz der Klasse B (ehemals Klasse 3), einer EU/EWR- oder schweizerischen Fahrerlaubnis sein,
- und bei Beantragung der Fahrerlaubnis darf sie nur maximal einen Punkt im Fahreignungsregister in Flensburg haben.

Deine Begleitperson darf weder die 0,5-Promille-Grenze überschreiten noch unter dem Einfluss anderer berauschender Mittel (etwa Drogen oder Medikamente) stehen. Wenn dein Begleiter trotzdem gegen diese Regel verstößt, wird es für dich besonders bitter, denn es hat für dich die folgenden Konsequenzen:

- Deine Fahrerlaubnis wird widerrufen.
- Du musst an einem Aufbauseminar teilnehmen.
- Deine Probezeit verlängert sich erheblich, nämlich auf vier Jahre.

Dieselben Maßnahmen treffen dich auch, wenn du ohne einen deiner Begleiter ein Kraftfahrzeug der Klasse B (BE, B96) führst. Daher sorge auf jeden Fall dafür, dass du und deine Begleiter diese Auflagen immer erfüllen.

Des Weiteren sollten deine Begleitpersonen ihrer Versicherung melden, dass das Fahrzeug, mit dem ihr fahrt, für das Begleitete Fahren ab 17 eingesetzt wird, weil es bei manchen Versicherungsverträgen eventuell zu Problemen im Schadensfall führen könnte.

Es sind auch beim Begleiteten Fahren ab 17 ganz normal die Fahrerlaubnisse der Klassen AM und L mit eingeschlossen. Diese Fahrzeuge darfst du dann ohne eine Begleitperson führen, da du das entsprechende Mindestalter schon erreicht hast. Aber bitte lass dich vorher im Gebrauch dieser Fahrzeuge von einem erfahrenen Fahrer einweisen oder frage einfach mal deinen Fahrlehrer, ob er das übernehmen würde.

Die Prüfbescheinigung berechtigt dich, bis zu deinem vollendeten 18. Lebensjahr innerhalb Deutschlands Auto zu fahren – mit einer Ausnahme: Mit Österreich gibt es ein Abkommen, das dich berechtigt, auch dort bis zur Vollendung des 18. Lebensjahres in Begleitung zu fahren.

TIPP

Das Begleitete Fahren ist für dich eine gute Gelegenheit, Fahrerfahrung in Begleitung eines erfahrenen Fahrers zu sammeln. Deswegen nutze jede Gelegenheit zum Fahren! Aber Achtung! Dein Begleiter ist kein Fahrlehrer und darf auch nicht ins Lenkrad greifen, sondern dich lediglich mit Tipps und seiner Erfahrung beim Fahren unterstützen.

3.3 Führerschein auf Probe

Wenn du erstmalig die Fahrerlaubnis der Klasse A1, A2, A oder B bekommst, erhältst du als Fahranfänger die sogenannte Fahrerlaubnis auf Probe. Diese Probezeit dauert zunächst mal zwei Jahre und beginnt mit dem Tag der Ersterteilung der Fahrerlaubnis. Kommt es in dieser Zeit zu bestimmten Verkehrsverstößen von deiner Seite, verlängert sich die Probezeit auf vier Jahre und du musst an einem Aufbauseminar für Fahranfänger teilnehmen.

Wie wirst du auffällig? Es gibt zwei Arten von Verstößen, und zwar den schwerwiegenden Verstoß nach Katalog A und den weniger schwerwiegenden Verstoß nach Katalog B. Der Besuch eines Aufbauseminars ist verpflichtend nach einem schwerwiegenden Verstoß nach Katalog A oder nach zwei weniger schwerwiegenden Verstößen nach Katalog B.

Beispiele für schwerwiegende Verstöße der Kategorie A:

- Überschreiten der zulässigen Höchstgeschwindigkeit um mehr als 20 km/h. Überschreiten der zulässigen Höchstgeschwindigkeit mit Kraftfahrzeugen mit Anhängern um mehr als 15 km/h.
- Rotlichtverstöße.
- Alkoholverstöße.
- Missachtung der Vorfahrt mit Gefährdung anderer Verkehrsteilnehmer.
- Unerlaubtes Entfernen vom Unfallort, die sogenannte Unfallflucht.
- Nötigung.
- Rechts überholen.
- Unberechtigtes Nutzen einer Rettungsgasse.
- Telefonieren ohne Freisprecheinrichtung.

Beispiele für weniger schwerwiegende Verstöße der Kategorie B:

- Trotz erheblicher Sichtbehinderung durch Regen, Schneefall oder Nebel außerhalb geschlossener Ortschaften am Tag nicht mit Abblendlicht fahren.
- Fahren mit einem unzulässig veränderten Fahrzeug.
- Ausrüstung des Fahrzeugs nicht an die Wetterverhältnisse anpassen und andere behindern.
- Ungenügendes Absichern liegen gebliebener Fahrzeuge.

3.4 Zulassung und Fahrzeugpapiere

Wenn du ein Kraftfahrzeug oder auch einen Anhänger im öffentlichen Straßenverkehr benutzen möchtest, muss es durch die Verwaltungsbehörde zugelassen worden sein. Es gibt hier jedoch auch Ausnahmen, die du bei der Zulassungsstelle in Erfahrung bringen kannst. Eine Voraussetzung für die Zulassung ist, dass du für dein Fahrzeug eine allgemeine Betriebserlaubnis (ABE) oder eine EG-Typgenehmigung vorweisen kannst.

Zulassungsverfahren

Für die Zulassung eines Kraftfahrzeugs ist die Zulassungsstelle zuständig. Damit du dein Kraftfahrzeug zulassen kannst, sind folgende Unterlagen Voraussetzung:

- Personalausweis
- Eventuell Vollmacht (falls die Zulassung auf eine andere Person erfolgt)
- Zulassungsbescheinigung Teil I (ehemals Fahrzeugschein, nicht bei Erstzulassung)
- Zulassungsbescheinigung Teil II (ehemals Fahrzeugbrief)

- Einzugsermächtigung für die Kfz-Steuer
- Versicherungsbestätigung, auch als elektronische Versicherungsbestätigung (eVB) möglich
- Prüfbericht über Haupt- und Abgasuntersuchung (nicht bei Erstzulassung)
- Kennzeichen

Was musst du der Zulassungsstelle mitteilen, wenn sich etwas ändert?

Du musst der Zulassungsbehörde folgende Änderungen melden:

- Wenn du dein Fahrzeug verkaufst.
- Wenn sich deine Anschrift ändert (falls länger als drei Monate).
- Wenn du dein Fahrzeug außer Betrieb setzt (du musst den Nachweis eines anerkannten Verwertungsbetriebs vorlegen).

Wann erlischt die Zulassung deines Fahrzeugs?

Die Zulassung deines Fahrzeugs erlischt bei Außerbetriebsetzung, wenn die Haftpflichtversicherung nicht mehr besteht oder die Betriebserlaubnis erloschen ist, beispielsweise bei unzulässigen Veränderungen am Fahrzeug.

Was musst du tun, wenn du dein Fahrzeug verkaufst?

Du musst dem Käufer die Fahrzeugpapiere gegen eine Empfangsbescheinigung aushändigen. Dies sind die entsprechenden Papiere:

- Zulassungsbescheinigung Teil I
- Zulassungsbescheinigung Teil II
- Bescheinigung der letzten Hauptuntersuchung

Die Empfangsbescheinigung muss den Namen sowie die vollständige Anschrift des Käufers enthalten. Diese legst du dann umgehend bei deiner Zulassungsbehörde vor. Der Käufer muss dann schnellstens das Fahrzeug auf sich zulassen.

Zulassungsbescheinigung Teil II (ehemals Fahrzeugbrief)

Diese Bescheinigung ist für alle zulassungspflichtigen Kraftfahrzeuge notwendig und enthält alle wichtigen Daten über dein Fahrzeug. Sie gilt als Nachweis der Betriebserlaubnis und ist erforderlich, wenn du dein Fahrzeug zulassen oder außer Betrieb setzen möchtest.

Beim Fahrzeugkauf wird dir die Bescheinigung vom Fahrzeughändler oder Verkäufer ausgehändigt. In der Bescheinigung findest du die folgenden Angaben:

- Fahrzeugdaten, beispielsweise Informationen über Hubraum, Motorleistung, Fahrzeugabmessungen (Höhe, Breite, Länge), Gewichte, die Zahl der Achsen sowie Angaben zur Menge der Sitzplätze.

- Name des Fahrzeughalters, gegebenenfalls auch den des Vorbesitzers und als Zahl die Anzahl der bisherigen Vorbesitzer.
- Eintragungen über technische Veränderungen am Fahrzeug.
- Vermerke zur Außerbetriebsetzung und Wiederzulassung.

Die Zulassungsbescheinigung Teil II solltest du beim Fahren nicht mitführen. Sie ist quasi der Halternachweis, daher solltest du sie gut aufbewahren, um sie jederzeit wiederzufinden.

Zulassungsbescheinigung Teil I (ehemals Fahrzeugschein)
Die Zulassungsbescheinigung Teil I wird von der Zulassungsstelle ausgestellt, ist also der schriftliche Nachweis, dass das Fahrzeug ordnungsgemäß zugelassen wurde. Der Inhalt ist der gleiche wie bei der Zulassungsbescheinigung Teil II.

Die Zulassungsbescheinigung Teil I enthält zusätzlich noch den Termin für die nächste Hauptuntersuchung. Auf der Rückseite wird erklärt, was die einzelnen Codes auf der Vorderseite bedeuten.

Hier ein paar Beispiele, welche Daten sich hinter den Codes verbergen können:

EU-Code	Inhalt
5	Fahrzeugklasse
B	Datum der Erstzulassung
P.1	Hubraum in cm^3
P.2/P.4	Nennleistung in kW/Nenndrehzahl in min
19	Fahrzeugbreite (ohne Spiegel)
F.1	zulässige Gesamtmasse
G	Leermasse
O.1/O.2	technisch zulässige Anhängelast gebremst in kg/ technisch zulässige Anhängelast ungebremst in kg
T	Höchstgeschwindigkeit

Diese Bescheinigung musst du beim Fahren mitführen und bei Kontrollen den zuständigen Personen auf Verlangen vorzeigen.

Betriebserlaubnis

Eine Betriebserlaubnis wird für zulassungsfreie Kraftfahrzeuge sowie Anhänger ausgestellt. Damit wird bestätigt, dass das Fahrzeug verkehrssicher und in technisch einwandfreiem Zustand ist. Und sie enthält – vergleichbar mit der Zulassungsbescheinigung – wichtige technische Fahrzeugdaten.

Die Betriebserlaubnis kann erlöschen, wenn du am Fahrzeug Änderungen vornimmst, die beispielsweise die folgenden Auswirkungen haben:

- dass die Fahrzeugart geändert wird, etwa ein Mofa »frisiert« wird.
- dass mit einer Gefährdung anderer Verkehrsteilnehmer zu rechnen ist.
- dass das Abgas- und Geräuschverhalten verschlechtert wird.

Die Betriebserlaubnis muss beim Fahren immer mitgeführt werden.

Versicherungsnachweis

Mit dem Versicherungsnachweis wird bestätigt, dass das zulassungsfreie Fahrzeug haftpflichtversichert ist.

Auch dieser Nachweis muss beim Fahren mitgeführt werden.

Nachweis über die Haupt- und Abgasuntersuchung

Voraussetzung für die Zulassung deines Fahrzeugs ist ein gültiger Nachweis über die Haupt- und Abgasuntersuchung.

Kennzeichen

Es gibt verschiedene Arten von Kennzeichnen. Welche Bedeutung sie haben, erfährst du in den folgenden Abschnitten.

Amtliche Kennzeichen

Das amtliche Kennzeichen eines Fahrzeugs ist für dessen eindeutige Identifizierung im Straßenverkehr unerlässlich. Es wird durch die Zulassungsstelle vergeben, wobei du zwischen einem von der Behörde gewählten Kennzeichen oder deinem »Wunschkennzeichen« wählen kannst. Wie ein Kennzeichen auszusehen hat, ist verbindlich vorgeschrieben. Deshalb darfst du an deinen Kennzeichen keine Veränderungen vornehmen, sie müssen jederzeit gut lesbar – also sauber – und an den dafür vorgesehenen Stellen angebracht sein. Zudem muss das hintere Kennzeichen bei Dunkelheit beleuchtet sein.

An den Plaketten erkennst du, dass dein Fahrzeug zugelassen ist (Plakette auf beiden Kennzeichen), sowie den nächsten Termin für die Hauptuntersuchung (Plakette nur auf einem Kennzeichen). Das Kennzeichen mit der Plakette für die Hauptuntersuchung muss hinten am Fahrzeug angebracht werden.

Saisonkennzeichen

Wenn du dein Fahrzeug nicht das ganze Jahr über nutzt (etwa ein Motorrad nur im Sommer), kannst du dafür bei der Zulassungsstelle ein Saisonkennzeichen beantragen. Bei diesem Kennzeichen entscheidest du selbst über den Zeitraum, in dem du dein Fahrzeug betreiben möchtest. Möglich sind mindestens zwei und maximal elf Monate, und es ist immer vom ersten Tag des oben stehenden Monats bis zum letzten Tag des unten stehenden Monats gültig.

TIPP

Mit einem Saisonkennzeichen sparst du Zeit und Geld für die sonst anfallende An- und Abmeldung sowie die damit verbundenen Kosten bei der Zulassungsstelle.

Wechselkennzeichen

Seit Juli 2012 kannst du in Deutschland auch ein Wechselkennzeichen nutzen. Mit diesem Kennzeichen kannst du zwei Fahrzeuge der gleichen EU-Fahrzeugklasse mit nur einem Kennzeichen betreiben, zum Beispiel zwei Pkws oder zwei Motorräder, es ist auch die Kombination Pkw/Wohnmobil möglich.

Das Wechselkennzeichen besteht aus insgesamt sechs Teilen. Für jedes der beiden Fahrzeuge gibt es zwei kleine Schilder, die jeweils vorne und hinten fest montiert werden, und dann noch die zwei Hauptkennzeichen, die, je nachdem, mit welchem Fahrzeug du unterwegs bist, gewechselt werden. Aber Achtung: Das Fahrzeug, mit dem du nicht unterwegs bist, darf nicht ohne Hauptkennzeichen im öffentlichen Straßenraum abgestellt werden, sondern muss entweder in deiner Garage, Einfahrt, auf einem privaten Grundstück oder an einem vergleichbaren Ort stehen.

Ausfuhrkennzeichen

Wenn ein Kraftfahrzeug dauerhaft ins Ausland verbracht werden soll, erhält dieses Fahrzeug ein Ausfuhrkennzeichen. Auf dem Kennzeichen ist rechts auf dem roten Teil des Kennzeichens das Gültigkeitsende angegeben. Nach Ablauf des Datums darf das Fahrzeug mit diesen Kennzeichen nicht mehr in Deutschland betrieben werden.

Rote Kennzeichen

Rote Kennzeichen werden bei nicht zugelassenen Kraftfahrzeugen von Kfz-Betrieben und -Händlern eingesetzt. Genutzt werden die roten Kennzeichen etwa für Probefahrten, Überführungsfahrten und auch Prüfungsfahrten.

Historische Kennzeichen

Für ein Fahrzeug, das erstmals vor 30 oder mehr Jahren in den Verkehr gekommen ist, kann ein historisches Kennzeichen beantragt werden. Dazu muss vom Halter ein Gutachten für die Erteilung einer Betriebserlaubnis als Oldtimer vorgelegt werden. Mit diesem Kennzeichen wird der »Oldtimer« dann pauschal besteuert.

Kennzeichen für elektrisch betriebene Fahrzeuge

Für Elektrofahrzeuge, Plug-in-Hybrid-Elektrofahrzeuge (von außen aufladbar) und Brennstoffzellenfahrzeuge kann auf Wunsch ein E-Kennzeichen zugeteilt werden. Mit diesem Kennzeichen können Elektrofahrzeuge gewisse Privilegien in Anspruch nehmen, die beispielsweise vom Gratisparken bis hin zur Benutzung von »Busspuren« reichen.

Voraussetzung hierfür ist die entsprechende Kennzeichnung mit dem Zusatzzeichen.

Grüne Kennzeichen

Grüne Kennzeichen werden an Fahrzeugen angebracht, die von der Kfz-Steuer befreit sind.

Kurzzeitkennzeichen

Das Kurzzeitkennzeichen kann beantragt werden, wenn man mit einem nicht zugelassenen Fahrzeug eine Probe- oder Überführungsfahrt machen möchte. Das Kennzeichen verliert durch bloßen Zeitablauf seine Gültigkeit und kann für maximal fünf Tage beantragt werden. Das Datum, an dem es seine Gültigkeit verliert, ist rechts in dem gelben Feld angegeben.

Versicherungskennzeichen

Für zwei- oder dreirädrige Kleinkrafträder, Fahrräder mit Hilfsmotor, vierrädrige Leichtkraftfahrzeuge und motorisierte Krankenfahrstühle muss, wenn sie im öffentlichen Straßenverkehr betrieben werden, ein Versicherungskennzeichen erworben und hinten am Fahrzeug angebracht werden. Das Kennzeichen ist immer ab dem 01. März für ein Jahr gültig. Anhand der aufgedruckten Jahreszahl und der Farbe ist das Gültigkeitsjahr erkennbar.

Erlöschen der Betriebserlaubnis

Wenn du an deinem Fahrzeug Veränderungen vornimmst, kann die Betriebserlaubnis erlöschen. In folgenden Fällen kann dies passieren:

- Veränderungen an der Auspuffanlage,
- Tieferlegung,
- Verbreiterung,
- Einbau eines Motors mit höherer Leistung oder Veränderung der Motorleistung,
- Austausch des Lenkers bei Krafträdern,
- Änderung des Übersetzungsverhältnisses.

Nachdem du den Umbau vorgenommen hast, musst du diesen **unverzüglich** von einer amtlich anerkannten Prüfstelle begutachten lassen. Die Änderungen werden dann in den Fahrzeugpapieren festgehalten oder, wenn du das noch nicht erledigt hast, musst du eine Bescheinigung über die Begutachtung mitführen. Bei Unterlassen der Begutachtung und Weiterbetreiben deines Fahrzeugs kann dies folgende unangenehme Konsequenzen haben:

- Erlöschen des Versicherungsschutzes,
- Punkte im Fahreignungsregister und
- Bußgeldzahlung.

Fahrzeuguntersuchungen

Damit die Verkehrssicherheit eines Fahrzeugs gewährleistet ist, gibt es vorgeschriebene Kontrolluntersuchungen. Zu nennen ist hier die Hauptuntersuchung (HU), die bei TÜV, DEKRA und in anerkannten Werkstätten in bestimmten festgelegten Abständen durchgeführt werden muss. Verantwortlich für den verkehrssicheren Zustand des Fahrzeugs sind sowohl der Halter als auch der Fahrer, das heißt, dass du auch selbst immer wieder dein Fahrzeug kontrollieren solltest.

Haupt- und Abgasuntersuchung

Wann dein Fahrzeug zur Hauptuntersuchung muss, kannst du an der Eintragung in deiner Zulassungsbescheinigung Teil I (ehemals Fahrzeugschein) sowie an der Plakette auf dem hinteren Kennzeichen ablesen.

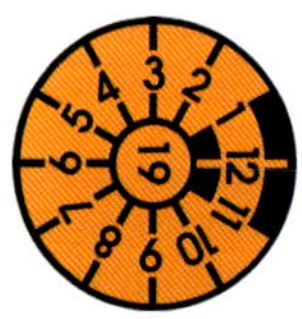

Auf der Plakette wird im inneren Kreis das Jahr und mit der oben stehenden Zahl des äußeren Kreises der Monat, in dem die Gültigkeit deiner Hauptuntersuchung abläuft, angegeben. Die schwarze Markierung ist nur eine Ablesehilfe für die Polizei. Der angegebene Termin gilt auch ausnahmslos für Wohnmobile und Wohnwagen, die zeitweise etwa auf Campingplätzen abgestellt werden.

Untersuchungszeiträume

Wenn ein Fahrzeug erstmals in den Verkehr kommt, erfolgt die erste HU nach drei Jahren. Die weiteren Zeiträume kannst du der Tabelle entnehmen.

Art des Fahrzeugs	Frist ab Neuzulassung	Folgeuntersuchung
Pkw (außer zur Personenbeförderung)	nach 3 Jahren	alle 2 Jahre
Krafträder	nach 2 Jahren	alle 2 Jahre
Lkw bis 40 km/h oder bis 3,5 t	nach 2 Jahren	alle 2 Jahre
Lkw über 3,5 t	nach 1 Jahr	jedes Jahr
Anhänger bis 750 kg oder ohne eigene Bremsen	nach 3 Jahren	alle 2 Jahre
Anhänger über 750 kg und bis 3,5 t	nach 2 Jahren	alle 2 Jahre
Anhänger über 3,5 t	nach 1 Jahr	jedes Jahr
Wohnmobile bis 3,5 t	nach 3 Jahren	alle 2 Jahre
Wohnmobile über 3,5 t bis 7,5 t	nach 2 Jahren	jedes Jahr
Wohnmobile über 7,5 t	nach 1 Jahr	jedes Jahr

3.5 Versicherungen

Haftpflichtversicherung

Die für Halter von Kfz und Anhängern gesetzlich vorgeschriebene Haftpflichtversicherung springt ein, wenn du einen Unfall verursachst, bei dem andere Verkehrsteilnehmer zu Schaden kommen oder Schäden an Fahrzeugen entstehen, sodass du die Entschädigungsforderungen nicht selbst begleichen musst.

Deine Haftpflichtversicherung tritt ein, wenn du selbst einen Schaden verursacht hast, damit der Geschädigte auf alle Fälle entschädigt werden kann. Für deinen eigenen Schaden kommt die Haftpflichtversicherung dagegen nicht auf. Im Fall des eigenen Verschuldens spricht man von Verschuldenshaftung. Aber es geht auch von deinem Fahrzeug, wenn es im Straßenverkehr betrieben wird, eine Gefahr aus:

Wenn zum Beispiel ein Reifen platzt oder sich eine Radkappe löst und dadurch ein Schaden an einem anderen Fahrzeug entsteht oder ein anderer Verkehrsteilnehmer zu Schaden kommt, übernimmt dies auch deine Haftpflichtversicherung und bezahlt den Schaden. In einem solchen Fall spricht man dann von Gefährdungshaftung.

TIPP

Bei der Haftpflichtversicherung besteht eine gesetzlich vorgeschriebene Mindesthöhe der Versicherungssumme. Sollte der Schaden höher sein, zahlst du den Rest aus deiner eigenen Tasche, daher solltest du lieber über die höchste Versicherungssumme abschließen, die deine Versicherungsgesellschaft anbietet. Dies kostet zwar ein paar Euro mehr, aber damit bist du auf der sicheren Seite.

Erlöschen des Versicherungsschutzes
Dein Versicherungsschutz geht verloren, ...

- wenn du einen Unfall vorsätzlich herbeiführst.
- wenn du ohne Fahrerlaubnis fährst.
- wenn du unter Alkoholeinfluss fährst.
- wenn du dich unerlaubt vom Unfallort entfernst (Unfallflucht).
- wenn dein Fahrzeug nicht verkehrssicher ist.
- wenn du grob fahrlässig handelst, etwa während der Fahrt mit dem Handy in der Hand telefonierst.
- wenn du die Versicherungsprämie nicht bezahlt hast.
- wenn du Versicherungsbetrug begehst.

Ist deine Haftpflichtversicherung erloschen, darfst du dein Fahrzeug nicht mehr im Straßenverkehr benutzen und musst es bei der Zulassungsbehörde abmelden.

Kaskoversicherungen

Zusätzlich zur vorgeschriebenen Haftpflichtversicherung kannst du freiwillig die sogenannten Kaskoversicherungen abschließen. Diese bezahlen im Gegensatz zur Haftpflicht nicht den Schaden deines Unfallgegners, sondern übernehmen den Schaden an deinem Fahrzeug.

Teilkasko

Die Teilkaskoversicherung bezahlt bei Schäden durch

- Diebstahl,
- Sturm, Blitzschlag, Hagel, Überschwemmung,
- Feuer und Explosion,
- Wildschäden (durch Haarwild),
- Glasschäden,
- Kabelschäden.

Vollkasko

Die Vollkasko bezahlt sämtliche Schäden, die die Teilkaskoversicherung bezahlt, und zusätzlich unabhängig vom Verschulden – also egal, ob fremd- oder selbstverschuldet – Schäden, die durch Fahrlässigkeit des Fahrers oder durch mutwillige Beschädigungen durch Fremde entstehen.

TIPP

Durch eine sogenannte Selbstbeteiligung bei der Vollkasko, aber auch bei der Teilkasko, kannst du die Versicherungsprämie senken.

Insassenunfallversicherung

Eine Insassenunfallversicherung springt ein, wenn bei einem Unfall die Mitfahrer eines Autos zu Schaden kommen, verletzt oder gar getötet werden. Dies geschieht auch unabhängig vom Verschulden.

Rechtsschutzversicherung

Bei einem Unfall kann es sehr schnell zu einem Rechtsstreit kommen. Hier ist dann eine Rechtsschutzversicherung hilfreich, denn diese übernimmt die Kosten für den juristischen Beistand sowie die Gerichtskosten und hilft auch bei der Vermittlung eines Anwalts.

3.6 Mitzuführende Papiere

Wenn du mit deinem Fahrzeug im Straßenverkehr unterwegs bist, musst du einige Dokumente immer mitführen und diese auf Verlangen – etwa im Rahmen einer Verkehrskontrolle – vorzeigen.

Diese Dokumente musst du immer dabeihaben:

- den Führerschein,
- bei BF17 deine Prüfbescheinigung, den Personalausweis und dein Begleiter den Führerschein,
- die Zulassungsbescheinigung Teil I (ehemals Fahrzeugschein),
- bei am Fahrzeug vorgenommenen Änderungen den Abnahmebericht, Betriebserlaubnis, Teilegutachten und EG- oder ECE-Genehmigung.

Fährst du mit einem zulassungsfreien Fahrzeug wie zum Beispiel einem Kleinkraftrad oder Mofa, musst du folgende Unterlagen mitführen:

- den Führerschein,
- als Mofafahrer eine Prüfbescheinigung (wenn du noch keine Fahrerlaubnis besitzt oder nach dem 01.04.1965 geboren wurdest),
- die Betriebserlaubnis,
- den Versicherungsnachweis.

3.7 Internationaler Kraftfahrzeugverkehr

Dein Führerschein gilt nicht nur in Deutschland, sondern du darfst damit in nahezu allen Ländern weltweit fahren.

Aber bevor du auf eine Auslandsreise gehst, solltest du dich genau über die geltenden rechtlichen Bedingungen in dem jeweiligen Reiseland informieren. Viele Vorschriften sind zwar gleich, aber es gibt auch unterschiedliche Regelungen! Diese solltest du für dein ausgesuchtes Reiseziel kennen, um einer möglichen Strafe zu entgehen.

Unterschiede bei den Vorschriften können sein:

- Die zulässige Höchstgeschwindigkeit innerorts, außerorts und auf der Autobahn.
- Gilt Rechts- oder Linksverkehr? Nicht nur in England wird links gefahren.
- Welche Promillegrenze gilt in dem jeweiligen Land?
- Brauchst du eine grüne Versicherungskarte? Das ist ein internationaler Versicherungsnachweis, den du kostenlos von deiner Kfz-Versicherung bekommst.
- Brauchst du einen internationalen Führerschein?
- Muss an deinem Fahrzeug das Nationalitätenkennzeichen angebracht sein?
- Muss auch tagsüber mit eingeschaltetem Licht gefahren werden?

Diese und viele andere Dinge müssen beim Fahren im Ausland beachtet werden. Die dafür notwendigen Informationen bekommst du bei den verschiedenen Automobilclubs.

4. Nutzung des Straßenverkehrssystems

4.1 Straße

Der Begriff »Straße« umfasst weitaus mehr, als im normalen Sprachgebrauch darunter verstanden wird. Zur Straße zählen neben der Fahrbahn auch die Sonderwege, etwa Rad-, Geh- und Reitwege, sowie Seiten- und Parkstreifen. Auch öffentliche Parkplätze – zum Beispiel vor dem Supermarkt oder Möbelkaufhaus – gehören mit zur Straße.

Fahrbahn und Rechtsfahrgebot

Die Fahrbahn ist der Bereich, den du mit deinem Fahrzeug nutzt. Sie besteht aus den einzelnen Fahrstreifen. Als Fahrstreifen wird der Fahrbahnbereich bezeichnet, den ein mehrspuriges Fahrzeug zum ungehinderten Fahren benötigt.

Die Fahrstreifen können durch Fahrbahnmarkierungen, etwa Leitlinien und Fahrstreifenbegrenzungen, hervorgehoben werden, was dem Fahrzeugführer die Orientierung erleichtert, die Markierungen sind aber keine Pflicht.

Wenn du mit deinem Fahrzeug die Fahrbahn nutzt, musst du so weit wie möglich rechts fahren. Wie weit rechts du fahren musst, hängt von verschiedenen Aspekten ab:

- der Fahrgeschwindigkeit (je langsamer du fährst, desto mehr musst du rechts fahren),
- der Fahrzeugbreite (bei größerer Breite oder mit Anhänger ist unter Umständen ein größerer Abstand zum Fahrbahnrand notwendig),

- dem Zustand der Fahrbahn (z. B. Schneematsch oder Schlaglöcher können mehr Abstand zum Fahrbahnrand erfordern),
- dem Fahrbahnverlauf (beispielsweise sollte man in Kurven nicht zu weit nach links fahren),
- der Fahrbahnbreite sowie
- dem Gegenverkehr.

Manche Fahrzeuge müssen eventuell vom Rechtsfahrgebot abweichen, etwa Lkws mit hohem Aufbau auf einer von Bäumen gesäumten Straße, an der die Äste sehr tief hängen. Hier musst du damit rechnen, dass ein solches Fahrzeug deinen Fahrstreifen zu einem Teil mitbenutzt, und solltest deshalb besonders vorsichtig und vorausschauend fahren.

Fahrstreifennutzung

Auf Fahrbahnen mit mehreren markierten Fahrstreifen für eine Richtung darfst du in folgenden Situationen vom Rechtsfahrgebot abweichen:

- Wenn die Verkehrsdichte dies rechtfertigt.
- Wenn Pfeile auf der Fahrbahn angebracht sind und in verschiedene Richtungen weisen.
- Wenn der Verkehr durch Ampeln geregelt wird.
- Wenn innerhalb geschlossener Ortschaften mehrere markierte Fahrstreifen für eine Richtung vorhanden sind, gilt für Kraftfahrzeuge bis 3,5 t zulässiger Gesamtmasse die freie Fahrstreifenwahl. Hier darfst du rechts schneller als links fahren.

- Wenn außerhalb geschlossener Ortschaften drei oder mehr markierte Fahrstreifen für eine Fahrtrichtung angelegt sind, darfst du den mittleren Fahrstreifen durchgängig benutzen, wenn rechts hin und wieder ein Fahrzeug hält oder fährt.
- Wenn sich außerhalb geschlossener Ortschaften auf Richtungsfahrbahnen – beispielsweise einer Autobahn – auf dem linken Fahrstreifen eine Schlange mit Fahrzeugen gebildet hat, die langsam fahren oder auch stehen, darfst du mit minimal höherer Geschwindigkeit und äußerster Vorsicht rechts überholen.

Sind auf einer Fahrbahn drei oder fünf Fahrstreifen durch Leitlinien markiert, darfst du den jeweils mittleren Fahrstreifen nur zum Linksabbiegen benutzen – aber Vorsicht! Dies darf der entgegenkommende Verkehr auch und kann dir hier somit direkt entgegenkommen. Den ganz linken Fahrstreifen bzw. bei fünf markierten Fahrstreifen die beiden linken Fahrstreifen darfst du nicht befahren.

Bei vier markierten Fahrstreifen darfst du die beiden rechten Fahrstreifen nutzen, die beiden linken gehören dem Gegenverkehr. Das Gleiche gilt bei sechsspurigen Fahrbahnen für die drei linken Fahrstreifen.

Sonderfahrstreifen und Sonderwege

Sonderfahrstreifen und Sonderwege sind bestimmten Verkehrsarten vorbehalten und dürfen von anderen Verkehrsarten normalerweise nicht benutzt werden. Welche Sonderwege es gibt, erfährst du in den folgenden Abschnitten.

Radwege

Ein Radfahrer muss einen rechts neben der Fahrbahn verlaufenden und gekennzeichneten Radweg in Fahrtrichtung benutzen, außer der bauliche Zustand des Radwegs macht dies nicht möglich.

Radwege können auch durch ein Zusatzzeichen für beide Richtungen freigegeben sein. Hier solltest du beim Überqueren sehr gut aufpassen! Damit du weißt, ob der Radweg für beide Richtungen freigegeben ist, hast du über dem Vorfahrt-gewähren-Schild ebenfalls ein Zusatzzeichen.

Mofafahrer dürfen innerorts Radwege benutzen, wenn diese durch das Zusatzzeichen **Mofas frei** beschildert sind. Außerorts ist die Benutzung des Radwegs durch Mofafahrer immer freigegeben.

Auf dem Radweg fährst du normalerweise auch mit einem Segway/Personal Transporter, dann solltest du deine Geschwindigkeit allerdings an die Radfahrer anpassen.

Gehwege

Gehwege sind grundsätzlich Fußgängern vorbehalten, es sei denn, du nutzt ein Fahrzeug mit einer Breite bis zu 1 m, beispielsweise ein Fahrrad oder Mofa, dann darfst du es auf dem Gehweg schieben.

Kinder bis zum vollendeten 8. Lebensjahr müssen mit dem Fahrrad auf dem Gehweg fahren, bis zum vollendeten 10. Lebensjahr dürfen sie mit dem Fahrrad auf dem Gehweg fahren. Eine Aufsichtsperson darf das Kind auf dem Gehweg mit dem Fahrrad begleiten.

Gemeinsamer Geh- und Radweg

Ist ein gemeinsamer Geh- und Radweg ausgeschildert, wird dieser von Fußgängern und Radfahrern gleichermaßen genutzt. In diesem Fall sind die Radfahrer verpflichtet, auf die Fußgänger Rücksicht zu nehmen und ihre Geschwindigkeit entsprechend anzupassen.

Getrennter Rad- und Gehweg

Zeigt das Verkehrszeichen den Radweg sowie den Gehweg nebeneinander an, nutzen Fußgänger und Radfahrer jeweils abgetrennte Bereiche, die meistens durch Markierungen hervorgehoben sind, aber auch durch bauliche Maßnahmen getrennt sein können.

Reitweg

Ein gekennzeichneter Reitweg ist ausschließlich Reitern und Führern von Pferden vorbehalten.

Bussonderfahrstreifen

Ein mit dem Verkehrszeichen »Bussonderfahrstreifen« ausgestatteter Fahrstreifen ist den Omnibussen des Linienverkehrs sowie gekennzeichneten Schulbussen vorbehalten.

Von anderen Verkehrsteilnehmern wie Taxis, Fahrrädern oder elektrisch betriebenen Fahrzeugen darf der Fahrstreifen nur benutzt werden, wenn er durch ein Zusatzzeichen freigegeben ist.

Fahrbahnmarkierungen

Leitlinien

Die »gestrichelte Linie« wird als Leitlinie bezeichnet. Sie hilft dir, beim Fahren die Orientierung zu behalten, und soll dein Blickverhalten erleichtern. Die Leitlinie darfst du lediglich dann überfahren, wenn dadurch kein anderer Verkehrsteilnehmer gefährdet wird.

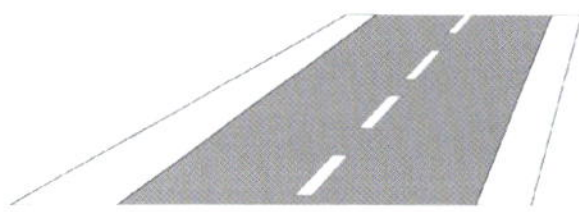

Normalerweise sind bei den Leitlinien die Striche und die Lücken dazwischen gleich lang. Sind aber die Lücken kleiner als die Striche, wird die Leitlinie zur Warnlinie, hier musst du gut aufpassen, da anschließend eine Fahrstreifenbegrenzung oder eine einseitige Fahrstreifenbegrenzung folgt. Ab dem Beginn der Warnlinie solltest du keinen Überholvorgang mehr starten.

Fahrstreifenbegrenzung

Die Fahrstreifenbegrenzung oder auch »durchgezogene Linie« begrenzt deinen Fahrstreifen zum Gegenverkehr hin. Sie kann dort, wo schneller gefahren wird, oder zur besseren Kenntlichmachung auch als Doppellinie ausgeführt werden. Bei der Fahrstreifenbegrenzung musst du folgende Regelungen beachten:

- Du darfst sie nicht überfahren.
- Du darfst nicht auf ihr fahren.
- Wenn du neben einer Fahrstreifenbegrenzung parkst, muss mindestens 3 m Platz zwischen deinem Auto und der Linie bleiben.

Einseitige Fahrstreifenbegrenzung

Eine Kombination aus einer Leitlinie und einer Fahrstreifenbegrenzung, die nebeneinander angebracht sind, bezeichnet man als einseitige Fahrstreifenbegrenzung. Für sie gelten die folgenden Regelungen:

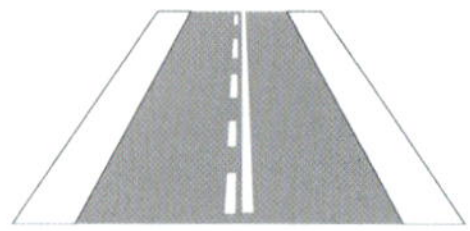

- Die Linie darf nur überfahren werden, wenn du die unterbrochene Linie, also quasi die Leitlinie, auf deiner Seite hast.
- Hast du die durchgehende Linie auf deiner Seite, die wie die Fahrstreifenbegrenzung zu behandeln ist, darfst du die Linie nicht überfahren.
- Beim Parken musst du hier ebenfalls 3 m Platz lassen.

Häufig findest du diese einseitige Fahrstreifenbegrenzung an Steigungen oder vor bzw. nach Kuppen. Hier hat der aufwärtsfahrende Verkehrsteilnehmer die durchgehende Linie auf seiner Seite und der, der den Berg herunterfährt und somit die etwas bessere Sicht hat, die unterbrochene Linie auf seiner Seite.

Fahrbahnbegrenzung

Die Fahrbahnbegrenzung ist ebenfalls eine durchgehende Linie und kennzeichnet den Fahrbahnrand. Befindet sich rechts von der Linie ein befestigter und ausreichend breiter Seitenstreifen, gelten die folgenden Bestimmungen:

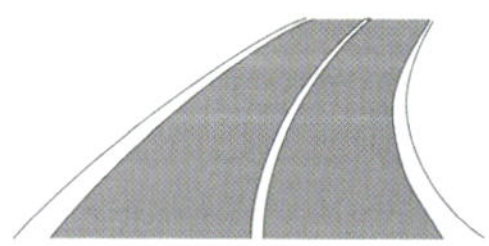

- Du darfst links von der Fahrbahnbegrenzung nicht halten.
- Langsame Fahrzeuge – etwa landwirtschaftliche Zug- oder Arbeitsmaschinen, Mofas oder Radfahrer – müssen außerhalb geschlossener Ortschaften auf dem Seitenstreifen fahren.
- Wenn der Seitenstreifen endet, solltest du die Fahrzeuge, die auf ihm fahren, auf jeden Fall im Blick haben, damit du ihnen den Wechsel auf die Fahrbahn erleichtern bzw. ermöglichen kannst.
- Auf Autobahnen und Kraftfahrstraßen darfst du den Seitenstreifen nur im Notfall bzw. bei einer Panne nutzen oder wenn es durch das Zeichen **Seitenstreifen befahren** erlaubt wird.

Pfeilmarkierungen

Pfeile auf der Fahrbahn erleichtern es dir, dich rechtzeitig einzuordnen. Sind zwischen den Pfeilen Leitlinien oder Fahrstreifenbegrenzungen markiert, legen die Pfeile sogar die Fahrtrichtung an der nächsten Kreuzung oder Einmündung fest.

Hier ist auch das Halten verboten. Weisen die Pfeile in verschiedene Richtungen, darfst du rechts schneller als links fahren, also rechts überholen.

Vorankündigungspfeil

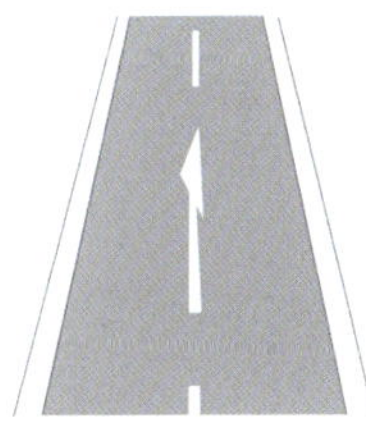

Ein Vorankündigungspfeil weist entweder auf das Ende eines Fahrstreifens hin, wobei er hierzu auf der Mitte des endenden Fahrstreifens markiert ist, oder er wird in Verbindung mit der Warnlinie verwendet. In diesem Fall kündigt er eine Fahrstreifenbegrenzung oder einseitige Fahrstreifenbegrenzung an.

Sperrfläche

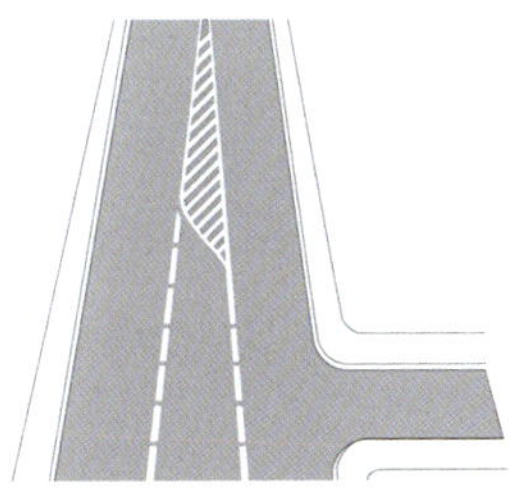

Eine Sperrfläche darf nicht genutzt werden: Du darfst weder auf ihr fahren noch halten oder warten.

Haltlinie

Eine Haltlinie signalisiert in Verbindung mit einem Halt- oder Wartegebot, etwa einem Stoppschild, einer roten Ampel oder einem Bahnübergang, wo du halten musst.

Fußgängerüberweg

Hier musst du dem Fußgänger Vorrang gewähren, Radfahrer dürfen den Überweg nur benutzen, wenn sie absteigen und das Fahrrad schieben. Auf dem Fußgängerüberweg sowie bis zu 5 m davor ist Halten verboten.

Auch das Überholen am Fußgängerüberweg ist nicht gestattet.

Grenzmarkierung für Halt- und Parkverbote

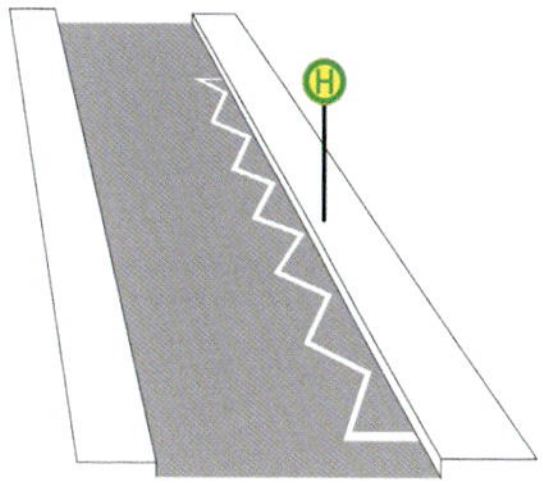

Eine Grenzmarkierung, auch Zickzacklinie genannt, bezeichnet, verlängert oder verkürzt ein bestehendes Halt- oder Parkverbot. Anhand der Markierung allein kannst du allerdings nicht erkennen, was für ein Verbot es ist, dies ergibt sich dann aus der jeweiligen Situation. Du darfst die Markierung überfahren oder auch verkehrsbedingt anhalten.

4.2 Autobahn und Kraftfahrstraße

Auf Autobahnen und Kraftfahrstraßen musst du ein paar Dinge beachten, damit du sie benutzen darfst. Es gibt zudem ein paar Unterschiede, aber auch Gemeinsamkeiten zwischen diesen beiden Verkehrswegen.

Beginn der Autobahn

Ende der Autobahn

Beginn der Kraftfahrstraße

Ende der Kraftfahrstraße

Auf beiden Verkehrswegen sind die folgenden Voraussetzungen unbedingt zu beachten:

- Du darfst nur mit Kraftfahrzeugen mit einer bauartbestimmten Höchstgeschwindigkeit von mehr als 60 km/h auf der Autobahn oder Kraftfahrstraße fahren.
- Kraftfahrzeug (bzw. Anhänger) und Ladung dürfen zusammen nicht höher als 4 m und nicht breiter als 2,55 m sein.
- Wenden, Rückwärtsfahren sowie Halten und Parken – auch auf dem Seitenstreifen – sind verboten!

Die Unterschiede der beiden Verkehrswege sind folgende:

	Autobahn	Kraftfahrstraße
Geschwindigkeit	Richtgeschwindigkeit 130 km/h	Außerhalb geschlossener Ortschaften bis 3,5 t zGM: 100 km/h, schneller nur siehe Richtgeschwindigkeit, Seite 72. Innerhalb geschlossener Ortschaften: 50 km/h oder durch Schilder höher erlaubt.
Verkehrszeichen	Die Verkehrszeichen sind blau.	Die Verkehrszeichen sind gelb.
Fußgänger	Grundsätzlich verboten, nur in Ausnahmefällen wie bei Pannen oder Unfällen.	An Kreuzungen und Einmündungen sowie auf Fußgängerüberwegen ist Fußgängern das Überqueren erlaubt.
Abbiegen	Immer nur nach rechts möglich.	An Kreuzungen kann man nach rechts und links abbiegen.
Befahren und Verlassen	Nur an gekennzeichneten Ein- und Ausfahrten.	An Kreuzungen und Einmündungen.

Einfahren

Wenn du auf eine Autobahn einfahren willst, geht das nur über die sogenannten Auffahrten, die nötige Orientierung hierfür liefern dir die blauen Vorwegweiser, auf denen du die nächste Zufahrt, die Richtung sowie die Nummer der Autobahn erkennen kannst.

An der Zufahrt steht dann ein Verkehrszeichen in Form eines großen blauen Pfeils, ein Pfeilwegweiser, auf dem die genaue Richtung angegeben ist, in die die Zufahrt führt.

Achte beim Abbiegen auf die Autobahn auf gegebenenfalls aufgestellte vorfahrtregelnde Verkehrszeichen. Gib auch bei deiner Geschwindigkeitswahl acht, da die Kurven oftmals sogenannte Hundekurven, also enger werdende Kurven, sind.

Kurz bevor du dann in den Einfädelungsfahrstreifen einfährst, gabelt sich die Zufahrt, hier musst du gut aufpassen, dass du in die richtige Richtung fährst! Zur Unterstützung sind Verkehrszeichen aufgestellt, damit du weißt, wohin du musst.

Damit du nicht Gefahr läufst, zum Geisterfahrer zu werden, merke dir am besten diese Faustregel: ausschließlich nach rechts rein und nach rechts wieder raus!

An dieser Stelle kannst du mit kurzen Blicken nach links auch schon einen ersten Eindruck gewinnen, wie hoch das Verkehrsaufkommen auf der Autobahn ist, ob viel Verkehr ist oder du eher freie Fahrt hast.

Einfädelungsstreifen

Der Einfädelungsstreifen dient dazu, dir das Einfahren auf die Autobahn zu erleichtern und deine Geschwindigkeit so anzupassen, dass du dich problemlos in den fließenden Verkehr einordnen kannst, daher ist auch die Bezeichnung »Beschleunigungsstreifen« durchaus sinnvoll. Es ist für deine Sicherheit und die der anderen Fahrzeugführer ganz wesentlich, dass du hier auch wirklich beschleunigst, damit der Geschwindigkeitsunterschied zwischen dir und dem fließenden Verkehr auf der Autobahn nicht zu groß ist. Denn je kleiner dieser Unterschied ist, desto besser kannst du einfädeln.

Beobachte vor dem Beschleunigen immer den fließenden Verkehr und suche dir eine passende Lücke aus. Dies machst du am besten vor dem Einfahren in den Einfädelungsstreifen mit kurzen Blicken nach links und dann über deinen Innenspiegel und den linken Außenspiegel. Denk auch daran, den Blinker nach links zu setzen, damit der nachfolgende Verkehr erkennen kann, dass du einfahren möchtest, und er dir eventuell Platz zum Einfahren ermöglichen kann.

Hast du eine Lücke zum Einfahren entdeckt, beschleunige zügig und nutze dabei den Einfädelungsstreifen in seiner ganzen Länge, sodass du mehr Zeit zum Einschätzen der Verkehrssituation und zum Anpassen deiner Geschwindigkeit hast und der nachfolgende Verkehr mehr Zeit hat, sich auf dich als neuen Verkehrsteilnehmer einzustellen.

Auf dem Einfädelungsstreifen darfst du rechts überholen. Und vor dem Fahrstreifenwechsel solltest du unbedingt mit einem Seitenblick nach links auch den »toten Winkel« checken.

Geschwindigkeit

Ein generelles Tempolimit auf Autobahnen wie in nahezu allen anderen Ländern gibt es in Deutschland nicht. Auf vielen Autobahnabschnitten ist die zulässige Höchstgeschwindigkeit allerdings durch Verkehrszeichen oder durch Matrixzeichen auf Schilderbrücken reguliert.

Grundsätzlich gelten die Vorschriften zur Geschwindigkeit und zum Abstand, die in Kapitel 8 noch ausführlich behandelt werden, auch auf der Autobahn.

Richtgeschwindigkeit

Im Zusammenhang mit der Geschwindigkeit beim Autofahren hört man häufig den Begriff der Richtgeschwindigkeit, doch was bedeutet die Richtgeschwindigkeit?

Die empfohlene Richtgeschwindigkeit auf Autobahnen liegt bei 130 km/h. Wenn keine Höchstgeschwindigkeit durch Verkehrszeichen oder Matrixzeichen festgelegt ist, darfst du auch schneller fahren. Du solltest aber immer bedenken, dass das Risiko für dich und die anderen Verkehrsteilnehmer bei höheren Geschwindigkeiten auch entsprechend zunimmt.

Diese Richtgeschwindigkeit gilt auf

- Autobahnen,
- außerhalb geschlossener Ortschaften auf Straßen mit mindestens zwei markierten Fahrstreifen für jede Richtung und
- außerhalb geschlossener Ortschaften auf Straßen mit durchgehender baulicher Trennung (Richtungsfahrbahnen).

Die Richtgeschwindigkeit gilt für Krafträder, Pkws und sonstige Fahrzeuge (jeweils ohne Anhänger) bis 3,5 t zulässiger Gesamtmasse. Für andere Fahrzeuge gelten die fahrzeugspezifischen Geschwindigkeiten.

Vor allem, wenn du über längere Zeit mit hoher Geschwindigkeit fährst, solltest du dir über die folgenden Risiken im Klaren sein: Dein Gefühl für die Geschwindigkeit lässt nach, du unterschätzt quasi deine eigene Geschwindigkeit und läufst Gefahr, zu dicht auf das vorausfahrende Fahrzeug aufzufahren. Zudem lässt die Konzentration nach.

Bei ungünstigen Witterungsbedingungen und damit verbundener schlechter Sicht oder schlechten Fahrbahnverhältnissen (Starkregen, Schneefall, Glatteis, Wasserglätte etc.) musst du deine Geschwindigkeit entsprechend reduzieren, und der Abstand zum vorausfahrenden Fahrzeug sollte vergrößert werden. Wenn du aufgrund der Wetterverhältnisse (Nebel, Schnee, Starkregen) nur noch eine Sicht von 50 m hast, musst du eine Höchstgeschwindigkeit von 50 km/h einhalten.

Lkw über 7,5 t zGM oder Zugmaschinen dürfen, sobald die Sicht durch die oben genannten Wetterbedingungen 50 m oder weniger beträgt, den linken Fahrstreifen nicht mehr benutzen. Fahrer kennzeichnungspflichtiger Fahrzeuge müssen jede Gefährdung anderer Personen vermeiden und den nächsten geeigneten Parkplatz aufsuchen – dies gilt übrigens nicht nur auf Autobahnen und Kraftfahrstraßen, sondern generell auf allen Straßen.

Bedenke auch: Je höher deine Geschwindigkeit ist, desto stärker reagiert dein Fahrzeug auch auf Seitenwind. Dieser tritt besonders auf Brücken, in Waldschneisen oder auch beim Ein- oder Ausfahren aus dem Windschatten eines Lkws auf.

Zulässige Höchstgeschwindigkeit

Die Richtgeschwindigkeit wird durch das Verkehrszeichen **Zulässige Höchstgeschwindigkeit** aufgehoben. Für bestimmte Fahrzeuge gelten fahrzeugspezifische Höchstgeschwindigkeiten:

- 100 km/h für Pkws mit Anhänger (mit der »100er-Plakette«), für Wohnmobile über 3,5 t bis 7,5 t zulässiger Gesamtmasse und unter bestimmten Voraussetzungen für Kraftomnibusse ohne Anhänger.
- 80 km/h für Pkws, Wohnmobile, Lkws und Zugmaschinen, die jeweils einen Anhänger mitführen, sowie für alle Kraftfahrzeuge über 3,5 t zulässiger Gesamtmasse.
- 60 km/h für Krafträder mit Anhänger, selbstfahrende Arbeitsmaschinen mit Anhänger und Zugmaschinen mit zwei Anhängern.

Mindestgeschwindigkeit

Bei der Mindestgeschwindigkeit darfst du als Fahrzeugführer nicht langsamer als auf dem Verkehrszeichen angegeben fahren, außer die Straßen-, Verkehrs-, Witterungs- oder Sichtverhältnisse lassen es nicht zu.

Meist findet man das Zeichen **Mindestgeschwindigkeit** an langen Autobahnsteigungen. Hier kann dann für einzelne Fahrstreifen eine unterschiedliche Mindestgeschwindigkeit festgelegt werden, um den schnelleren Verkehr nicht zu behindern.

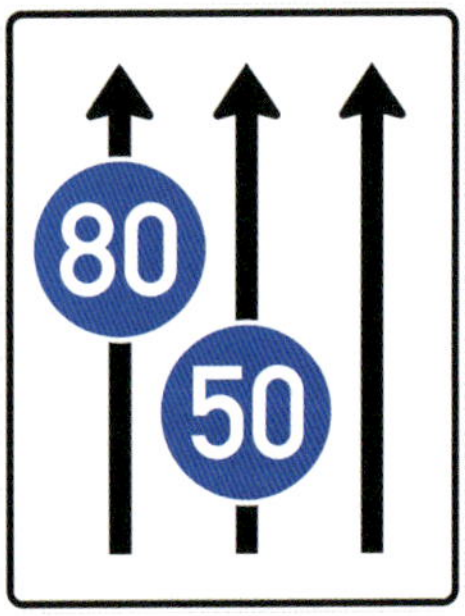

Geschwindigkeit in der Dunkelheit

In der Dunkelheit auf der Autobahn musst du deine Geschwindigkeit nicht an die Reichweite deiner Abblendscheinwerfer anpassen, wenn folgende Voraussetzungen erfüllt sind: Die Schlussleuchten des vorausfahrenden Fahrzeugs müssen eindeutig zu erkennen sein, du musst ausreichenden Sicherheitsabstand wahren, und die Fahrbahn verfügt über Leiteinrichtungen mit Rückstrahlern, sodass du den

weiteren Straßenverlauf erkennen kannst und zusammen mit weiteren Lichtquellen wie deinen Scheinwerfern mögliche Hindernisse früh genug wahrnehmen kannst.

Überholen

Beim Überholen auf der Autobahn musst du, auch wenn du dort normalerweise keinen Gegenverkehr hast, einige Dinge beachten. Und aufgrund der höheren Geschwindigkeit auf Autobahnen solltest du besonders aufmerksam sein und daran denken, dass vor allem bei schlechter Sicht und in der Dunkelheit die Geschwindigkeit der anderen Fahrzeuge nicht so gut eingeschätzt werden kann.

Bevor du zu einem Überholvorgang ansetzt, musst du dir ganz sicher sein, dass eine Gefährdung des übrigen Verkehrs ausgeschlossen ist. Es bedarf einiger Übung, über die Spiegel die Geschwindigkeit und die Entfernung der nachfolgenden Fahrzeuge zu beurteilen.

Daher solltest du schon frühzeitig den nachfolgenden Verkehr im Auge haben, indem du mehrere kurze Blicke in die Spiegel wirfst. So kannst du besser erkennen, ob der Hintermann innerhalb kurzer Zeit näher kommt oder nicht. Vergiss dabei aber nicht, auf den Verkehr vor dir zu achten und den vorgeschriebenen Sicherheitsabstand nicht zu unterschreiten.

Wenn du sicher bist, den Überholvorgang starten zu können, setze frühzeitig den Blinker und nimm den Spurwechsel vor. Auf dem Überholstreifen fährst du nur so lange, wie du für den Überholvorgang brauchst. Danach ordnest du dich wieder rechts ein, was du wiederum frühzeitig durch Setzen des Blinkers signalisierst.

Bitte denke nach dem Überholvorgang daran, wieder nach rechts einzuscheren, da das Rechtsfahrgebot beachtet werden muss.

Grundsätzlich ist Rechtsüberholen auf Autobahnen und Kraftfahrstraßen nicht erlaubt. Es ist links zu überholen!

In folgenden Fällen darf allerdings auch rechts überholt werden:

- Wenn sich auf dem linken Fahrstreifen eine Fahrzeugschlange gebildet hat, die langsam fährt (max. 60 km/h) oder steht, darfst du vorsichtig mit geringfügig höherer Geschwindigkeit (max. 20 km/h mehr) rechts überholen.
- Wenn auf allen Spuren in eine Richtung Fahrzeugschlangen unterschiedlich schnell unterwegs sind.
- Bei abgehenden Fahrstreifen darfst du ab Beginn der breiten Leitlinie rechts schneller als links fahren. Dies gilt nicht bei Ausfädelungsstreifen, außer wenn der Verkehr auf der durchgehenden Fahrbahn stockt oder steht.

Stau und stockender Verkehr

Wenn sich der Verkehr auf der Autobahn oder anderen schnell befahrenen Straßen staut oder nur sehr langsam fährt, warne die nachfolgenden Fahrer, indem du dein Warnblinklicht einschaltest. Und denke daran, dass auch im Stau der Sicherheitsabstand gilt. Sonst kann es für dich gefährlich werden, sollte dein Vordermann plötzlich bremsen.

Ganz wichtig ist es, bei stockendem bzw. stehendem Verkehr eine Rettungsgasse für durchfahrende Polizei- und Hilfsfahrzeuge frei zu lassen. Dies gilt auf Autobahnen und Straßen außerhalb geschlossener Ortschaften, wenn je Richtung mindestens zwei Fahrstreifen vorhanden sind. Diese Rettungsgasse wird immer zwischen dem ganz linken und dem direkt danebenliegenden rechten Fahrstreifen gebildet. Achte schon rechtzeitig darauf, wie sich der Verkehr vor dir verhält, und ordne dich schon frühzeitig in deinem Fahrstreifen so ein, dass die Rettungsgasse gebildet werden kann. Für das Nichtbilden einer Rettungsgasse sowie das unerlaubte Nutzen einer Rettungsgasse gibt es ein Bußgeld, 2 Punkte und ein Fahrverbot für einen Monat.

Falls du im Verkehrsfunk hörst, dass sich auf deiner Fahrstrecke ein Stau gebildet hat, kannst du diesem ausweichen, indem du entweder die Autobahn verlässt und einer blauen Bedarfsumleitung oder einem orangefarbenen Umlenkungspfeil auf eine weniger stark befahrene Autobahn folgst, oder dein Navi gibt dir eine Empfehlung, wie du den Stau umfahren kannst.

Bedarfsumleitung

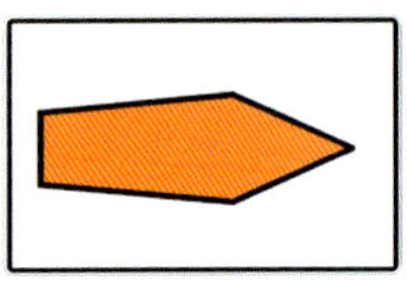

Umlenkungspfeil

Panne und Unfälle

Wenn du eine Panne oder einen Notfall hast, bringst du dein Fahrzeug auf dem Seitenstreifen, Randstreifen oder einer Haltebucht möglichst weit rechts zum Stillstand. Schalte unbedingt dein Warnblinklicht ein, damit der nachfolgende Verkehr gewarnt wird, und bei schlechter Sicht bzw. Dunkelheit auch das Standlicht. Zudem ist das Aufstellen des Warndreiecks mindestens 100 m entfernt von deinem Fahrzeug und gut sichtbar erforderlich.

Um deinen Notfall oder deine Panne zu melden, kannst du entweder dein Smartphone nutzen und einen Notdienst anrufen, oder du nutzt ein sogenanntes Streckentelefon – auch Notrufsäule genannt. Diese Telefone stehen etwa alle zwei Kilometer und sind durch Pfeilmarkierungen auf den Leitpfosten aufzufinden.

Leitpfosten

Wie das Telefon benutzt werden muss und welche Fragen du beantworten musst, steht auf der Klappe des Nottelefons. Falls du über dein Smartphone Hilfe holst, achte darauf, dass du dem Notdienst eine ziemlich genaue Standortangabe machen kannst. Hierzu kannst du dich entweder anhand deiner Standortangabe im Smartphone oder Navi orientieren (Koordinaten) oder anhand der Stationszeichen, die alle 500 m am Fahrbahnrand stehen.

Denke zu deiner eigenen Sicherheit daran, deine Warnweste überzuziehen und dich am besten auf dem Weg, um das Warndreieck aufzustellen, zum Telefon oder beim Warten auf die Helfer immer hinter der Leitplanke aufzuhalten! Mögliche weitere Insassen deines Fahrzeugs sollten dieses verlassen und sich ebenfalls hinter die Leitplanken zurückziehen.

Baustellen

Eine Baustelle auf der Autobahn wird rechtzeitig – in der Regel meist 2 km vorher – angekündigt, damit du dich darauf einstellen kannst. Ab hier solltest du deine Aufmerksamkeit erhöhen, denn meist wird die Fahrbahn im Baustellenbereich enger, das bedeutet für dich, dass kurz vor der Baustelle die Geschwindigkeit mithilfe eines sogenannten Geschwindigkeitstrichters schrittweise, meist in 20-km/h-Schritten, heruntergesetzt wird.

Du solltest also schon frühzeitig das Tempo reduzieren und keinen Überholvorgang mehr starten.

Fahrstreifenwechsel sind im Bereich einer Baustelle oft nicht zu vermeiden. Am besten ordnest du dich auf dem rechten Fahrstreifen ein, der häufig etwas breiter ist. Im Bereich der Baustelle werden meist gelbe Fahrbahnmarkierungen aufgebracht, die »normalen« weißen Markierungen gelten dann nicht mehr.

Beachte: Es ist möglich, dass der linke Fahrstreifen für Fahrzeuge ab einer bestimmten Breite gesperrt ist. Diese Angabe gilt für die tatsächliche Breite deines Fahrzeugs inklusive der Spiegel!

Park- und Rastplätze

Das Halten und Parken auf Autobahnen samt Auf- und Abfahrten sowie auf Kraftfahrstraßen ist grundsätzlich verboten. Dieses Verbot bezieht sich, außer bei Notfällen, auch auf den Seitenstreifen. Willst du zwischendurch mal eine Pause einlegen und einen Kaffee trinken, musst du einen Rastplatz oder Parkplatz anfahren, die im Vorfeld ausgeschildert sind.

Möchtest du einen Parkplatz oder eine Rastanlage anfahren, setze wie gehabt rechtzeitig den Blinker nach rechts und nutze die rechte Fahrspur. Verringere erst auf dem Ausfädelungsstreifen deine Geschwindigkeit und fahre aufmerksam in den Park- bzw. Rastplatz ein. Achte darauf, dass vielleicht ein Fahrzeug plötzlich ausparkt oder anfährt, und fahre weit genug vor, um die Einfahrt nicht zu versperren.

Beim Verlassen eines Park- oder Rastplatzes befolge exakt die Hinweisschilder zur Ausfahrt, damit du nicht plötzlich als Geisterfahrer in die falsche Richtung unterwegs bist. Nutze auch hier wieder den Einfädelungsstreifen zum Einfahren auf die Autobahn, wie es im gleichnamigen Abschnitt weiter oben zum Thema »Einfahren« bereits beschrieben wurde.

Achtung! Auf Park- und Rastplätzen musst du immer einkalkulieren, dass unaufmerksame Fußgänger oder herumtollende Kinder deinen Weg kreuzen!

Ausfahren

Um die Autobahn zu verlassen, nutzt du ausschließlich die dafür vorgesehenen und gekennzeichneten Ausfahrten. Eine Ausfahrt wird in der Regel 1.000 m vorher angekündigt, auf diesem Schild findest du den Namen der Ausfahrt, die Ausfahrtnummer und die Entfernung zur Ausfahrt.

Bei 500 m Entfernung zur Ausfahrt befindet sich ein Vorwegweiser, dem du die Autobahnnummer, den Namen der nächsten Ausfahrt, die Orte der aktuellen Ausfahrt sowie die Entfernung zur Ausfahrt entnehmen kannst.

Ab 300 m Entfernung sind alle 100 m Baken aufgestellt, ab der 300-m-Bake setzt du den Blinker nach rechts und nach der 100-m-Bake wechselst du auf den Ausfädelungsstreifen. Denke bitte auch daran, vor dem Einordnen in den Ausfädelungsstreifen einen Blick über die Schulter nach rechts zu werfen, falls dich ein ungeduldiger Autofahrer auf dem Seitenstreifen überholen sollte.

Hier beginnst du nun erst, das Fahrzeug abzubremsen. Achte bei der Bremsung auch darauf, wie lang der Ausfädelungsstreifen ist und wie der Kurvenverlauf der Ausfahrt ist, da dies die Wahl deiner Geschwindigkeit und des einzulegenden Gangs beeinflusst, da Ausfahrten oft scharfe Kurven haben. Beobachte deinen Tacho gut, da sich dein Geschwindigkeitsempfinden durch die lange Fahrt mit hoher Geschwindigkeit verändert haben könnte.

Ausfahrt verpasst?

Hast du deine Ausfahrt verpasst? Dann begehe bitte **niemals** den Fehler, zu wenden oder rückwärtszufahren, denn das ist auf der Autobahn verboten, da es für dich und die anderen Verkehrsteilnehmer lebensgefährlich ist. Hast du deine gewünschte Ausfahrt übersehen, musst du bis zur nächsten Ausfahrt weiterfahren, die Autobahn dort verlassen und auf der anderen Seite in der Gegenrichtung wieder auffahren.

TIPP

Ausfahrt: Orientiere dich immer, auf welcher Seite von dir sich die Autobahn befindet, damit du wieder richtig auffahren kannst.

Autobahnkreuz: Achte darauf, beim Autobahnkreuz immer die zweite Ausfahrt zu benutzen und zweimal den »Kreis« zu fahren.

4.3 Bahnübergänge

An einem Bahnübergang treffen Schienenverkehr und Straßenverkehrsteilnehmer aufeinander. An solchen »Kreuzungen« entstehen oftmals gefährliche Situationen, meistens aufgrund von sorglosem Verhalten des Straßenverkehrsteilnehmers. Zu beachten ist, dass das Schienenfahrzeug unbedingten Vorrang haben muss, da es wegen seines enormen Gewichts bzw. seiner großen Masse – und da Eisen auf Eisen schlechter bremst – einen extrem langen Bremsweg hat. Zudem kann ein Zug kein Ausweichmanöver starten, da er an Schienen gebunden ist.

Verhalten am Bahnübergang

Wenn es an einem Bahnübergang zu einem Unfall kommt, ist der Grund in der Regel kein technisches Versagen, sondern zu über 90 % menschliches Fehlverhalten. Meist sind es Unaufmerksamkeit, Leichtsinn oder sogar Vorsatz des Straßenverkehrsteilnehmers, aber egal, welche Motivation den Kraftfahrer zu seinem Verhalten antreibt, Unfälle mit Zügen enden oft tödlich oder mit schweren Verletzungen, selbst wenn der Lokführer eine Notbremsung einleitet.

Heranfahren

Wenn du dich einem Bahnübergang näherst, achte rechtzeitig auf die Beschilderung. Ein Bahnübergang ist sehr aufwendig beschildert. Nähere dich dem Bahnübergang, indem du deine Geschwindigkeit verminderst und aufmerksam den Bahnübergang nach links und rechts beobachtest. Mache viele kurze Blicke nach links und rechts, das erleichtert dir das Erkennen des sich nähernden Zugs, und vertraue niemals blind auf die Lichtsignale oder Schranken, da ein technisches Versagen immer vorkommen kann. Zusätzlich zum aufmerksamen Beobachten der

Bahnstrecke kannst du auch auf das Pfeifen oder Läuten des Zugs hören oder auf seine Fahrgeräusche.

An Bahnübergängen, die stark befahren sind, wirst du am rechten und linken Fahrbahnrand folgende Beschilderung finden:

Ein Gefahrzeichen warnt dich vor dem Bahnübergang. Ab dem Gefahrzeichen besteht Überholverbot!	
	Unter dem Zeichen steht eine dreistreifige Bake, die dir den Abstand zum Bahnübergang anzeigt. Danach folgen noch zwei weitere Baken. ■ dreistreifige Bake: 240 m, ab hier darf nicht mehr überholt werden ■ zweistreifige Bake: 160 m ■ einstreifige Bake: 80 m Sollte die Entfernung geringer sein, wird dies auf den Baken extra angegeben.
Unmittelbar am Bahnübergang findest du das Andreaskreuz. Dieses signalisiert dir, dass du dem Schienenverkehr Vorrang gewähren musst. Der Blitzpfeil im Andreaskreuz weist auf einen Bahnübergang mit einer Oberleitung hin. Fährst du ein land- oder forstwirtschaftliches Fahrzeug ohne Höhenbeschränkung, musst du besonders aufpassen, da die Oberleitung auf 4,80 m Höhe gespannt ist. Das Andreaskreuz kann auch liegend dargestellt werden.	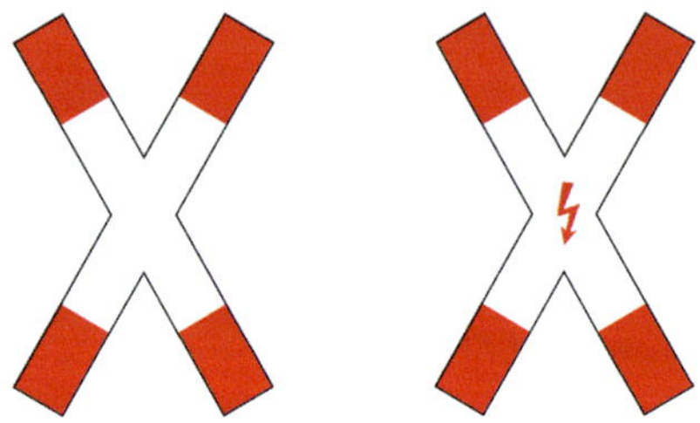

Aber auch ohne Andreaskreuz hat der Schienenverkehr Vorrang, etwa wenn Bahnübergänge Feld-, Wald-, Fuß- oder Radwege kreuzen.

Vorfahrt für den Zugverkehr gilt auch an Bahnübergängen in Industrie- oder Hafengebieten, wenn an der Zufahrt zu dem jeweiligen Gebiet das Andreaskreuz mit dem Zusatzzeichen **Industriegebiet, Schienenfahrzeuge haben Vorrang** oder **Hafengebiet, Schienenfahrzeuge haben Vorrang** gekennzeichnet ist.

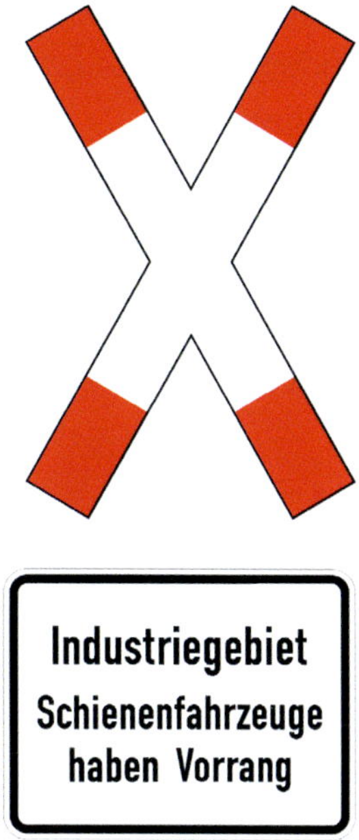

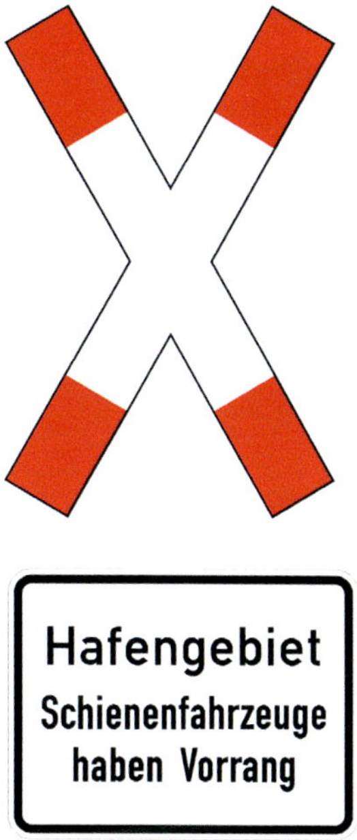

Ein Haltverbot gilt auf allen Bahnübergängen und bis zu 10 m vor dem Andreaskreuz, wenn sonst die Sicht darauf verdeckt ist. Dies gewährleistet, dass andere Verkehrsteilnehmer den Bahnübergang rechtzeitig erkennen können.

Um dem Verkehrsteilnehmer aber auch die Sicht auf die Gleise zu erleichtern, besteht zusätzlich in geschlossenen Ortschaften bis zu 5 m und außerhalb geschlossener Ortschaften bis zu 50 m vor und hinter dem Andreaskreuz ein Parkverbot.

Warten

Eine Wartepflicht vor dem Andreaskreuz besteht grundsätzlich in folgenden Situationen:

- Ein Schienenfahrzeug nähert sich.
- Ein Warnsignal des Schienenfahrzeugs ertönt, z. B. ein Pfeifsignal.
- Ein rotes Blinklicht leuchtet oder gelbe und rote Lichtzeichen werden gegeben. In dem Fall musst du auch dann warten, wenn die Schranken noch offen sind.
- Die Schranken senken sich oder sind schon geschlossen.
- Der Verkehr stockt, sodass du den Bahnübergang nicht zügig passieren kannst.
- Ein Bahnbediensteter gebietet Halt mit einer weiß-rot-weißen Fahne oder in der Nacht mit einer roten Leuchte.

Verhalten während des Wartens

Während du vor dem Bahnübergang wartest, solltest du folgende Verhaltensweisen beachten:

- Versperre keine einmündenden Straßen, damit herauskommende Fahrzeuge abbiegen können.
- Schalte deinen Motor aus, damit schonst du die Umwelt.
- Schalte bei Dunkelheit auf Standlicht zurück, falls dein Auto das beim Abstellen des Motors nicht selbst macht, damit du die anderen Fahrer im Gegenverkehr nicht blendest.

Weiterfahrt

Fahre erst weiter, wenn die Lichtzeichen am Bahnübergang erloschen und die Schranken vollständig geöffnet sind. Du musst zudem in der Lage sein, den Bahnübergang in zügigem Tempo zu überqueren. Staut sich der Verkehr, wartest du vor dem Andreaskreuz, dass die Fahrzeuge weiterfahren. **Warte niemals auf den Gleisen!**

5. Vorfahrtsregeln und Verkehrsregelung

5.1 StVO § 1 – Grundregeln

Wir haben in der heutigen Zeit sehr viele unterschiedliche Verkehrsteilnehmer, die auf unseren Straßen unterwegs sind. Die Zahl der Fahrzeuge auf den Straßen nimmt zu, ebenso die Staus. Ein geordnetes Miteinander auf den Straßen kann da nur mit einem klaren Regelwerk funktionieren, in diesem Fall der Straßenverkehrs-Ordnung, abgekürzt StVO. Es kann allerdings auch immer mal zu Situationen kommen, auf die man keine Regel aus der StVO eindeutig anwenden kann. Um aber solche Situationen und den Umgang mit ihnen und den anderen Verkehrsteilnehmern zu regeln, gibt es den § 1 der StVO – die Grundregeln:

»Die Teilnahme am Straßenverkehr erfordert ständige Vorsicht und gegenseitige Rücksicht.

Wer am Verkehr teilnimmt, hat sich so zu verhalten, dass kein Anderer geschädigt, gefährdet oder mehr, als nach den Umständen unvermeidbar, behindert oder belästigt wird.«

Was diese Grundregeln im Detail bedeuten, erfährst du in den folgenden Abschnitten.

Ständige Vorsicht

Damit du ständig vorsichtig sein kannst, musst du um die Gefahren wissen, die im Straßenverkehr auf dich zukommen können. Du musst lernen, mögliche Gefahren rechtzeitig zu erkennen, also dir eine vorausschauende und vorausahnende Fahrweise aneignen. Denn weder du noch die anderen Verkehrsteilnehmer sind frei von Fehlern. Kalkuliere daher immer ein mögliches Fehlverhalten ein, ob von deiner Seite oder durch einen anderen Verkehrsteilnehmer. Achte in dem Zusammenhang vor allem auf Kinder, ältere und hilfsbedürftige Menschen oder auch auf Fahrzeuge mit auswärtigen Kennzeichen. Besondere Vorsicht ist ebenfalls geboten bei schlechten Wetterbedingungen, etwa Glätte, Schnee oder Nebel.

Eine vorausschauende Fahrweise zu erlernen, braucht zunächst etwas Übung, aber es wird mit der Zeit immer leichter und besser. Am besten funktioniert das, wenn du deinen Blick nicht starr in die Ferne fixierst, sondern ihn »springen« lässt, also immer wieder kurze Blicke in die Umgebung machst. Dadurch nimmst du viel mehr Informationen in deiner unmittelbaren Verkehrsumgebung wahr.

Achte auf verschiedene Sachverhalte wie zum Beispiel Bremslichter der weiter vorne fahrenden Fahrzeuge oder ein fremdes Kennzeichen. Auch so auffällige Verhaltensweisen wie häufiges Kopfdrehen eines Radfahrers können dich auf eine bevorstehende gefährliche Situation aufmerksam machen. In dem Fall möchte der Radfahrer wahrscheinlich abbiegen.

Gegenseitige Rücksicht

Gegenseitige Rücksichtnahme sollte eigentlich selbstverständlich sein, sowohl im täglichen menschlichen Miteinander als auch im Straßenverkehr, aber der Alltag sieht leider oft anders aus. Dabei ist es relativ einfach. Verhalte dich im Straßenverkehr so, wie du auch von den anderen Verkehrsteilnehmern behandelt werden möchtest: Dich stört es, wenn auf der Autobahn der hinter dir fahrende Pkw zu dicht auffährt und drängelt. Folglich solltest du es auch nicht tun, wenn mal ein Autofahrer vor dir etwas langsamer fährt, als du es gern hättest. Stell dir einfach vor, wie es dir in so einer Situation geht, und versetze dich in die Lage deines Verkehrspartners, damit du Rücksicht aufbringen kannst.

Rücksichtsvolles Fahren meint eine defensive Fahrweise, deine Sicherheit, die deiner Beifahrer und die der anderen Verkehrsteilnehmer sollte immer an erster Stelle stehen. Versuche nicht, unbedingt immer dein Recht durchzusetzen, rechne mit möglichen Fehlern anderer Verkehrsteilnehmer (du fährst schließlich auch nicht immer fehlerfrei) und nimm Rücksicht auf schwächere Verkehrsteilnehmer wie Kinder, ältere oder hilfsbedürftige Fußgänger oder auch Radfahrer. Und versuche, die Absicht des anderen zu erahnen. Was hat er vor?

TIPP

Denke auch immer daran, wenn du den anderen drängst, dann begeht dieser Fehler und es dauert noch länger.

Schädigung

Du musst dich im Straßenverkehr so verhalten, dass es durch dein Handeln weder zu Personen- noch Sachschäden kommt. Bedenke auch, was bei einer Schädigung auf dich zukommt, beispielsweise die Entschädigung deines Unfallgegners, eventuell eine Anzeige oder ein Gerichtsverfahren, du kannst dein Fahrzeug für eine gewisse Zeit nicht mehr nutzen und noch einiges mehr.

Gefährdung

Gefährdungen entstehen durch falsches Verhalten des Fahrzeugführers, beispielsweise durch zu hohe Geschwindigkeit, gewagte Überholmanöver, dichtes Auffahren, Missachtung der Vorfahrt, zu spätes Abblenden, plötzliches starkes Bremsen, das Öffnen der Autotür, ohne sich rückversichert zu haben, mangelnde Absicherung eines liegen gebliebenen Fahrzeugs oder Fahren unter Alkohol oder Drogen.

Eine Gefährdung kann außerdem durch Mängel am Auto vorliegen, etwa durch abgefahrene Reifen oder andere technische Defekte.

Behinderung

Behinderungen lassen sich im Straßenverkehr oftmals nicht vermeiden. Wenn dein Auto aufgrund eines technischen Defekts liegen bleibt, kannst du nichts dafür, dass das zu einer Behinderung anderer Verkehrsteilnehmer führen kann.

Auch Behinderungen durch langsam fahrende Fahrzeuge wie Landmaschinen oder Müllfahrzeuge lassen sich letztendlich nicht vermeiden, ebenso wenig ein Rückstau an einem Bahnübergang oder langsames Fahren in einem Baustellenbereich.

Diese unvermeidbaren Behinderungen sind nicht strafbar, im Gegensatz zu Behinderungen, die du vermeiden kannst:

- Liegenbleiben, weil der Kraftstoff ausgegangen ist.
- Abwürgen des Motors.
- Grundlos langsam fahren, etwa weil du die Umgebung betrachten möchtest.
- Halten in der zweiten Reihe.
- Einklemmen geparkter Fahrzeuge.
- Auf der Autobahn durchgehend links fahren.

Solche Behinderungen sind strafbar und ziehen Folgen nach sich.

Belästigung

Auch bei Belästigungen muss man unterscheiden zwischen denen, die vermeidbar sind, und denen, die nicht zu verhindern sind. Unvermeidbar ist die Belästigung durch Abgase, ebenso die Belästigung durch den Verkehrslärm auf einer viel befahrenen Straße. Auch das Hupen bei Gefahr lässt sich nicht umgehen.

Die vermeidbaren Belästigungen wiederum sind strafbar, dazu zählen etwa die folgenden Verhaltensweisen:

- der berühmt-berüchtigte Kavalierstart,
- nicht abblenden,
- den Motor im Stand lange laufen lassen,
- starke Qualmentwicklung,
- extrem laut aufgedrehte Musik,
- unnötiges Hupen,
- unnötiges Hin- und Herfahren,
- Lärm durch schlecht gesicherte Ladung oder
- lautes Zuschlagen der Fahrzeugtüren.

Der Vertrauensgrundsatz

In der Rechtsprechung gibt es das Prinzip des Vertrauensgrundsatzes, das auch im Straßenverkehr gilt. Nach diesem Vertrauensgrundsatz darf ein Verkehrsteilnehmer, der sich selbst verkehrsgerecht verhält, darauf vertrauen, dass sich auch die anderen Verkehrsteilnehmer verkehrsgerecht verhalten, und sein eigenes Agieren im Verkehr danach ausrichten. Dies bedeutet natürlich kein »blindes« Vertrauen, sondern dass man dem anderen Vertrauen entgegenbringen kann, wenn dieser ein normales Verhalten zeigt. Diesen Vertrauensgrundsatz darfst du nicht in Anspruch nehmen, wenn der andere Verkehrsteilnehmer sich offensichtlich falsch verhält, und auch nicht bei sogenannten verkehrsschwachen Personen, zum Beispiel Kindern, kranken, älteren oder behinderten Menschen.

Zehn Tipps zum sicheren und defensiven Fahren

1. **Zum Fahren fit sein:** dass du gesundheitlich und körperlich fit bist, ein Kraftfahrzeug zu führen, ohne Einschränkung etwa durch Krankheit oder Alkoholkonsum.
2. **Abstand schaffen:** die vorgeschriebenen Sicherheitsabstände zum Vorder- oder Hintermann sowie zur Seite einhalten.
3. **Deutlich fahren:** Damit du andere Verkehrsteilnehmer nicht verwirrst, solltest du immer rechtzeitig blinken, dich einordnen oder auch deine Geschwindigkeit verringern.
4. **Mit Überraschungen rechnen:** Es ist nicht möglich, immer und überall korrekt zu fahren. Deswegen solltest du immer mit Fehlern anderer rechnen.
5. **Korrekt fahren:** Es ist die Pflicht eines jeden Verkehrsteilnehmers, eine korrekte Fahrweise zu entwickeln, wie zum Beispiel das Einhalten von Geschwindigkeitsbeschränkungen.
6. **Klar erkennbar sein:** Erkennbarkeit kann im Straßenverkehr oft überlebenswichtig sein. Zum Beispiel durch das Einschalten des Lichts auch am Tage wie bei Motorradfahrern oder auch durch eine gut erkennbare Autofarbe.
7. **Fehler anderer tolerieren:** Niemand ist frei von Fehlern, aber man sollte nicht dazu übergehen, den anderen die Fehler anzulasten oder den »Oberlehrer« zu spielen, sondern lieber helfen, die Situation zu entwirren.

8. **Überlegt manövrieren:** Überlege dir gut, welches Fahrmanöver du als Nächstes machst, denn zum Beispiel macht Überholen, kurz bevor du abbiegen möchtest, wenig Sinn.

9. **Eigene Grenzen erkennen:** Du stehst nach bestandener Führerscheinprüfung am Anfang deiner Autofahrerkarriere und musst dein Können in den folgenden Jahren perfektionieren. Gerade in dieser Zeit ist es wichtig, dass du als junger Fahranfänger deine eigenen Grenzen erkennst und dir objektiv vor Augen hältst, was du gut kannst und was noch der Übung bedarf.

10. **Reserven schaffen:** Wie bereits mehrfach erwähnt wurde, ist kein Kraftfahrzeugführer perfekt. Perfektion ist aber im heutigen Straßenverkehr auch nicht gefordert, wichtiger ist es, sich mit Vernunft im Straßenverkehr zu bewegen, also nicht jede Situation voll auszureizen, sondern Reserven zu schaffen, damit man noch richtig reagieren kann.

5.2 Vorfahrt

Was ist Vorfahrt?

Die Vorfahrt regelt, in welcher Reihenfolge gefahren werden darf, wenn sich zwei oder mehrere Fahrzeuge gleichzeitig einer Kreuzung oder Einmündung nähern.

Ein Vorfahrtsfall entsteht immer dann, wenn die Fahrlinien zweier oder mehrerer Fahrzeuge sich kreuzen, schneiden oder sich zu nah kommen könnten:

Kreuzen
Beispiel: Zwei Pkws bei »rechts vor links«.

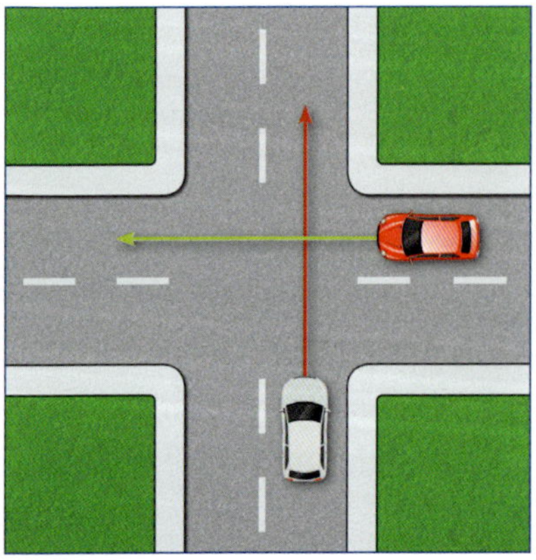

Schneiden
Beispiel: Zwei Pkws bei »rechts vor links«. Der bevorrechtigte Pkw von rechts biegt nach rechts ab.

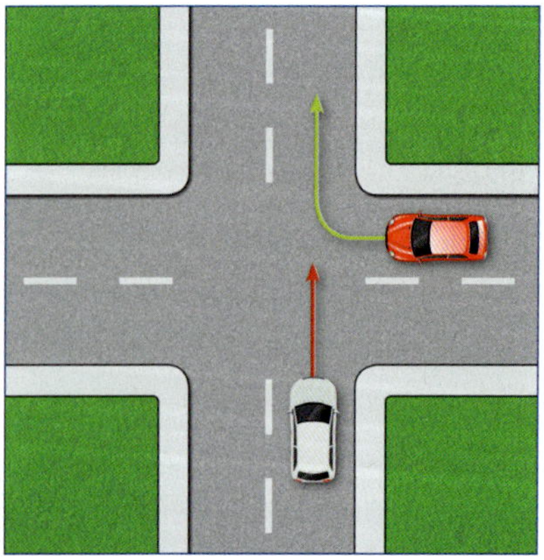

Gefährlich nahe kommen

Beispiel: Ein Lkw möchte nach rechts in die bevorrechtigte Straße abbiegen und muss den Pkw von rechts durchfahren lassen, da sich die Fahrlinien gefährlich nahe kommen.

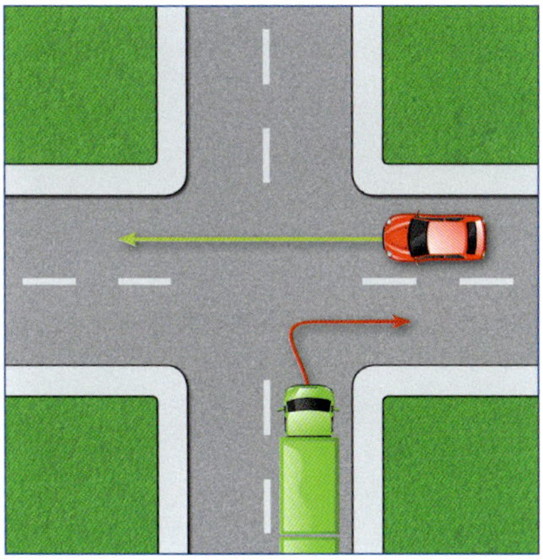

Die Vorfahrt gilt für alle Fahrzeuge, also vom Fahrrad über das Motorrad, den Pkw bis hin zum Bus oder Lkw. Sie gilt auch für Reiter sowie für Straßenbahnen.

Die Vorfahrtregelung ist hierarchisch strukturiert, und zwar in vier Stufen: Rechts vor links gilt nur dann, wenn keine anderen Maßnahmen zur Vorfahrtregelung ergriffen wurden. Und sollte ein Polizist die Vorfahrt regeln, gelten seine Weisungen und Zeichen vor den vorfahrtregelnden Verkehrszeichen sowie den Lichtzeichen.

1. Rechts vor links

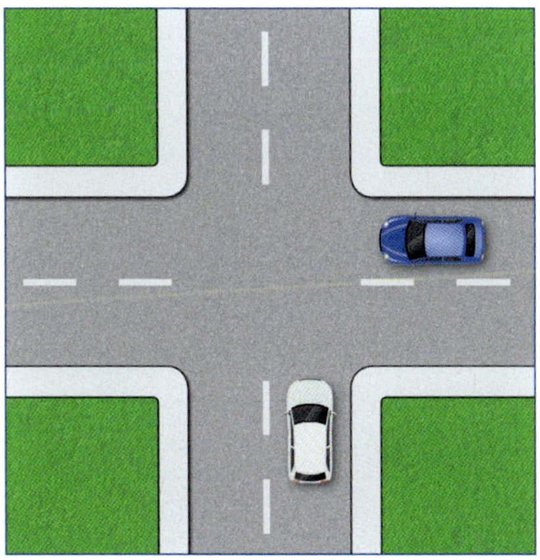

2. Vorfahrtregelnde Verkehrszeichen

3. Lichtzeichen

4. Polizeibeamte

Unabhängig davon, welche Vorfahrtsregel gilt, musst du beim Abbiegen Folgendes beachten:

- Fußgänger und Radfahrer, die sich in Längsrichtung zu dir weiterbewegen, musst du durchlassen.
- Beim Linksabbiegen musst du den entgegenkommenden Geradeausfahrer und Rechtsabbieger durchfahren lassen.
- Kommen sich zwei Linksabbieger entgegen, biegen sie voreinander ab und müssen dabei Rücksicht aufeinander nehmen, damit sie sich nicht gegenseitig behindern.

Rechts vor links

An Kreuzungen und Einmündungen, an denen die Vorfahrt nicht durch vorfahrtregelnde Verkehrszeichen, Lichtzeichenanlagen oder Polizeibeamte geregelt wird, gilt die Grundregel »rechts vor links«, das heißt:

Vorfahrt hat, wer an Kreuzungen und Einmündungen von rechts kommt.

Hierbei ist es egal, ob du dich innerorts oder außerorts befindest. Bitte achte stets darauf, dass auch eine schmale und weniger gut ausgebaute Straße bevorrechtigt sein kann. Auch können Zäune, Hecken oder Mauern die Sicht in die bevorrechtigte Straße verdecken, sodass du herannahende Verkehrsteilnehmer nicht oder zu spät siehst. Darum nähere dich einer Kreuzung oder Einmündung mit schlechter Übersicht nur langsam und vorsichtig; sollte die Übersicht einmal sehr schlecht sein, »taste« dich langsam nach vorne, bis die Übersicht gegeben ist. Als kleiner Tipp: Nähere dich einer Kreuzung mit dem Gedanken, dass ein Fahrzeug herauskommt, dann erschrickst du nicht und reagierst richtig.

Sollte einmal der vermutlich seltene Fall eintreten, dass Fahrzeuge aus allen vier Richtungen gleichzeitig auf eine Rechts-vor-links-Kreuzung treffen, muss einer der vier Fahrzeugführer auf seine Vorfahrt verzichten. Hierzu musst du dem Fahrzeug, das von links kommt, ein deutliches Handzeichen geben. Merke dir hierzu: »Winken tu ich dem Linken!«

Aber achte auch darauf, wer dir ein Handzeichen gibt, das darf nur der dir gegenüber Vorfahrtberechtigte!

Häufig wird die Regel »rechts vor links« von den Städten und Gemeinden zur Minderung von Gefahren im Straßenverkehr genutzt, weil dort, wo diese Regel gilt, langsamer und vorsichtiger gefahren werden muss. Daher ist die Rechts-vor-links-Regel besonders häufig in Wohngebieten, Tempo-30-Zonen, Altstädten mit ihren engen, winkligen Gassen und in kleinen Ortschaften anzutreffen.

Kreuzungen und Einmündungen rechtzeitig erkennen

Damit du Kreuzungen und Einmündungen rechtzeitig wahrnimmst und dich auf die jeweilige Vorfahrtslage einstellen kannst, halte am besten nach bestimmten Hinweisen Ausschau:

- Nach Straßennamenschildern.
- Der Bordstein/Gehweg verläuft nach rechts.
- Lücken in der Begrünung oder zwischen den Häusern.
- Farbliche Unterschiede zwischen Fahrbahn und Gehweg.
- Es kommen Fahrzeuge aus der Einmündung heraus oder fahren hinein.
- Größere Lücken zwischen parkenden Fahrzeugen.

Ist die Rechts-vor-links-Kreuzung einmal besonders gefährlich, wirst du mit diesem Verkehrszeichen darauf aufmerksam gemacht.

Ausnahmen von der Rechts-vor-links-Regel

Natürlich gibt es auch Ausnahmen, in denen die Rechts-vor-links-Regelung nicht gilt:

- Wenn du aus einem Feld- oder Waldweg kommst.
- Wenn du aus einem verkehrsberuhigten Bereich oder Fußgängerbereich herausfährst.
- An Grundstücksausfahrten.
- Beim Einfahren über einen abgesenkten Bordstein.
- Wenn du auf die Autobahn fährst.

Vorfahrtregelnde Verkehrszeichen

Die vorfahrtregelnden Verkehrszeichen stehen über der Rechts-vor-links-Regel, das heißt, du musst das Verkehrszeichen beachten, »rechts vor links« ist dann außer Kraft gesetzt.

Um dir die vorfahrtregelnden Verkehrszeichen besser merken zu können, kannst du sie in zwei Kategorien einordnen, denn es gibt zwei vorfahrtgebende, also »positive«, und zwei vorfahrtnehmende, sozusagen »negative« Verkehrszeichen.

Positiv		
	Vorfahrt	Vorfahrtstraße
Negativ		
	Vorfahrt gewähren	Halt. Vorfahrt gewähren

Vorfahrt

Beim Verkehrszeichen **Vorfahrt** hast du nur bei der auf das Verkehrszeichen folgenden Kreuzung oder Einmündung Vorfahrt. An der darauffolgenden Einmündung kann die Vorfahrtregelung ganz anders aussehen, zum Beispiel kann dort »rechts vor links« gelten.

Vorfahrtstraße

Das Zeichen **Vorfahrtstraße** gibt dir für den kompletten Verlauf der Straße Vorfahrt, bis die Vorfahrt entweder durch das Zeichen **Ende der Vorfahrtstraße** oder eines der beiden vorfahrtnehmenden Verkehrszeichen **Vorfahrt gewähren** oder **Halt. Vorfahrt gewähren** wieder aufgehoben wird. Es wird an jeder Kreuzung oder Einmündung wiederholt und kann entweder vor oder hinter der Kreuzung stehen. Im Regelfall steht es innerorts vor der Kreuzung und außerorts dahinter.

Diese Zeichen beenden die Vorfahrtstraße wieder:

TIPP

Sollte ein anderer Fahrer mal deine Vorfahrt ignorieren, gib einfach nach und überlasse ihm die Vorfahrt.

Vorfahrt gewähren

Hier wird dir angezeigt, dass du gegenüber dem Querverkehr auf der Vorfahrtstraße wartepflichtig bist. Wenn du warten musst, gibt es oft eine Wartelinie, die dir signalisiert, wo du stehen bleiben solltest. Ist keine Wartelinie vorhanden, fährst du bis zur »Sichtlinie«. Achte darauf, dich so aufzustellen, dass der Querverkehr nicht behindert wird.

Wenn du beim Heranfahren schon erkennst, dass eine Lücke frei ist oder kein Querverkehr vorhanden ist, darfst du, ohne anzuhalten, weiterfahren. Am besten klappt dies, wenn du dich langsam und mit mäßiger Geschwindigkeit der Kreuzung näherst und mit vielen kurzen bewussten Blicken in die vorfahrtberechtigte Straße den Verkehr absicherst. Dies hat zum einen den Vorteil, dass der Vorfahrtberechtigte erkennt, dass du seine Vorfahrt achtest, und er wird zügig weiterfahren, und zum anderen kannst du durch dein Blickverhalten leichter erkennen, wie die Verkehrslage ist, und die Geschwindigkeit der sich nähernden Fahrzeuge leichter einschätzen.

Halt. Vorfahrt gewähren

Auch beim Verkehrszeichen **Halt. Vorfahrt gewähren**, das im alltäglichen Sprachgebrauch oft auch »Stoppschild« genannt wird, musst du dem Querverkehr die

Vorfahrt gewähren. Allerdings ist dieses Verkehrszeichen, da es meist an sehr gefährlichen und unübersichtlichen Kreuzungen oder Einmündungen aufgestellt ist, mit einem Haltgebot verbunden, du musst in jedem Fall anhalten, selbst wenn sich kein vorfahrtberechtigtes Fahrzeug nähert.

Wenn das Verkehrszeichen **Halt. Vorfahrt gewähren** aufgestellt ist, gibt es meistens eine Haltlinie. An der Haltlinie musst du dann anhalten. Sollte die Sicht dort so schlecht sein, dass du keinen Überblick über die Verkehrssituation und den eventuell herannahenden Gegenverkehr hast, fährst du vorsichtig weiter bis zur Sichtlinie, bis du die Übersicht hast, und musst nochmals anhalten. Bessert sich während des langsamen Heranfahrens die Sicht und du erkennst, dass eine Lücke vorhanden ist und sich keine Fahrzeuge nähern, darfst du, ohne nochmals anzuhalten, abbiegen.

Gibt es beim »Stoppschild« keine Haltlinie, musst du an der sogenannten Sichtlinie halten, der gedachten Linie, von der du die Vorfahrtstraße gut überblicken kannst.

Verhalten beim Überqueren und Einbiegen

Wenn du an eine Kreuzung heranfährst, musst du unterscheiden, ob du die Kreuzung überquerst oder nach rechts bzw. links in die Spur des Querverkehrs einbiegst. Das Überqueren nimmt im Normalfall nicht so viel Zeit und Platz in Anspruch wie das Einbiegen.

Grundsätzlich ist die Länge des Gefahrenbereichs von diesen Faktoren abhängig:

- der Breite der zu überquerenden Fahrbahn,
- dem Beschleunigungsvermögen deines Fahrzeugs,
- der Länge deines Fahrzeugs sowie
- der Fahrbahnoberfläche (z. B. Sand, Nässe, Glätte usw.).

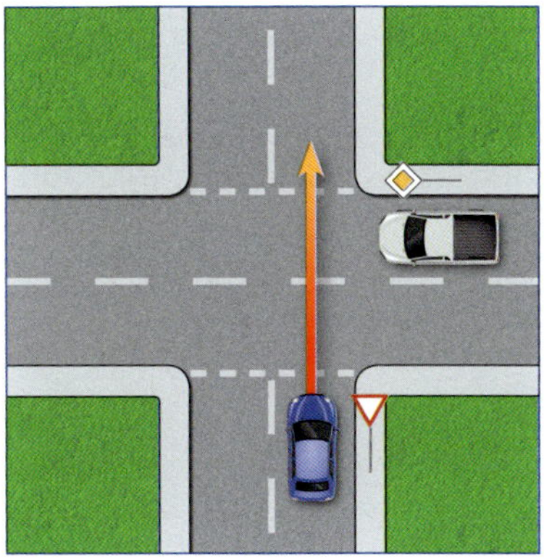

Beim Überqueren einer Kreuzung ist der Gefahrenbereich relativ klein. Die Bereiche befinden sich innerhalb des jeweiligen Fahrstreifens des Querverkehrs.

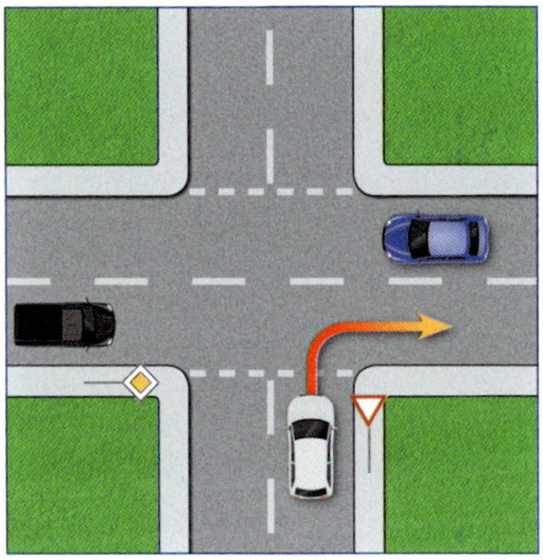

Beim Einbiegen ist der Gefahrenbereich deutlich größer. Er wird umso länger, je höher die Geschwindigkeit des herankommenden Querverkehrs ist. Die Gefahrenzone endet erst, wenn du die Geschwindigkeit des Querverkehrs erreicht hast.

Abknickende Vorfahrt

Eine Sonderform der Vorfahrtstraße ist die abknickende Vorfahrt. Sie wird oft dann eingerichtet, wenn der Hauptverkehrsstrom an einer Kreuzung oder Einmündung nicht geradeaus führt. Hier musst du einige Besonderheiten beachten. Grundsätzlich erkennst du die abknickende Vorfahrtstraße anhand der Beschilderung, denn es befindet sich unter dem jeweiligen vorfahrtregelnden Verkehrszeichen das Zusatzzeichen für die abknickende Vorfahrtstraße.

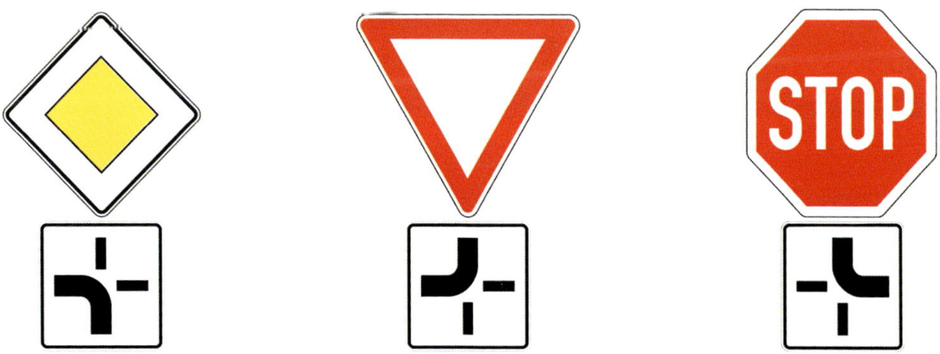

Ein dicker schwarzer Strich zeigt den Verlauf der Vorfahrtstraße an, die dünnen Striche zeigen die untergeordneten Einmündungen. Diese Zusatzzeichen sind immer so zu verstehen, dass du jeweils auf der Straße fährst, die von unten kommt, du kannst also sofort erkennen, ob du dich auf der Vorfahrtstraße oder einer der untergeordneten Straßen befindest.

Wie muss ich mich verhalten?

Das Verhalten an der abknickenden Vorfahrtstraße ist etwas anders als an einer normalen Kreuzung. Grundsätzlich ist es auch hier wieder wichtig, woher ein Fahrzeug kommt, und nicht, wohin es will.

Sobald du aus einer untergeordneten Straße kommst, musst du den Fahrzeugen auf der Vorfahrtstraße Vorfahrt gewähren. Kommen beide Fahrzeuge aus einer jeweils untergeordneten Straße, heben die beiden »negativen« Verkehrszeichen sich auf und es gilt die Regel »rechts vor links«. Befindest du dich auf der Vorfahrtstraße, hast du vor den Fahrzeugen auf der untergeordneten Straße Vorfahrt, auf Fußgänger musst du aber besondere Rücksicht nehmen, d. h., du musst wie bei einem Abbiegevorgang dem Fußgänger den Vorrang gewähren. Dazu nachfolgend zwei mögliche Szenarien:

Situation: Du kommst von der Vorfahrtstraße und willst auch ihrem weiteren Verlauf folgen, und ein Fahrzeug kommt aus der untergeordneten Straße.

In dieser Situation hast du Vorfahrt, da du von der Vorfahrtstraße kommst und auf ihr verbleibst, der blaue Pkw dagegen aus einer untergeordneten Straße in die abknickende Vorfahrtstraße einfahren möchte, er ist somit wartepflichtig.

Das Fahrzeug, das dem Verlauf der Vorfahrtstraße folgt, hat das Vorrecht vor allen anderen Fahrzeugen.

Situation: Beide Fahrzeuge kommen von der abknickenden Vorfahrtstraße, der Motorradfahrer verbleibt auf ihr, du verlässt die Vorfahrtstraße.

Hier bleibt ein Fahrzeug auf der Vorfahrtstraße und eines verlässt sie, somit heben sich die beiden Verkehrszeichen gegenseitig auf und es wird wieder nach der Regelung »rechts vor links« gefahren, das heißt, in diesem Szenario fährt zuerst der Motorradfahrer und anschließend fährst du.

Fährst du hingegen auf der Vorfahrtstraße und möchtest sie verlassen, und gleichzeitig möchte ein Fahrzeug aus einer untergeordneten Straße auf die Vorfahrtstraße einbiegen, hast du die Vorfahrt.

Blinken oder nicht blinken?

Eine weitere Besonderheit bei der abknickenden Vorfahrtstraße ist das Blinken. Grundsätzlich musst du blinken, sobald du der abknickenden Vorfahrtstraße folgst oder in die Gegenrichtung abbiegst. Verlässt du die abknickende Vorfahrtstraße in gerader Richtung, darfst du nicht blinken. Stell dir die abknickende Vorfahrtstraße wie eine Kreuzung vor:

Blinken, da du der abknickenden Vorfahrtstraße folgst.

Blinken, da du die abknickende Vorfahrtstraße nach rechts verlässt.

Nicht blinken, da du die abknickende Vorfahrtstraße in gerader Richtung verlässt.

Kreisverkehr

Der Kreisverkehr erfreut sich wachsender Beliebtheit, da er eine flüssige Verkehrsregelung ohne Ampelanlagen oder komplizierte Kreuzungen ermöglicht. Ein weiterer Vorteil des Kreisverkehrs ist, dass er sich aufgrund der langsameren Geschwindigkeit beim Annähern an den Kreisverkehr positiv auf die Verkehrssicherheit auswirkt.

Bei der Vorfahrtregelung gilt für den Kreisverkehr Folgendes: Ohne an der Einfahrt zum Kreisverkehr aufgestellte vorfahrtregelnde Verkehrszeichen gilt die Grundregel »rechts vor links«. Steht dort ein Verkehrszeichen **Vorfahrt gewähren**, hat der Verkehr im Kreis Vorfahrt.

Annäherung

Auf einen Kreisverkehr wird durch Vorwegweiser rechtzeitig hingewiesen. So kannst du direkt erkennen, an welcher Ausfahrt du aus dem Kreis wieder herausfährst. Mehrere kurze Blicke zu dem sich im Kreis befindenden Fahrzeug und eine reduzierte Geschwindigkeit bei der Anfahrt auf den Kreisverkehr ermöglichen es oft, dass du bei der Einfahrt in den Kreis nicht anhalten musst.

Achte auch ganz bewusst darauf, ob die Fahrzeuge im Kreis den Blinker betätigen oder nicht. Verlass dich aber nie blind darauf, sondern berücksichtige neben der Fahrlinie auch, wie die Räder des Fahrzeugs stehen und in welche Richtung der Fahrer blickt, um zu erkennen, ob das Fahrzeug eventuell aus dem Kreis herausfährt.

Verhalten beim Ein- und Ausfahren

Bei dieser Beschilderung darfst du beim Einfahren in den Kreis nicht blinken und du musst warten, die Fahrzeuge im Kreis haben dann Vorfahrt. Die Einfahrt in den Kreis ist nach rechts vorgeschrieben. Das Halten auf der Kreisbahn ist verboten.

Bei der Ausfahrt aus dem Kreisverkehr musst du den Blinker nach rechts setzen, da dies ein Abbiegevorgang ist!

Mancher etwas kleinere Kreisverkehr hat eine überfahrbare Mittelinsel, die allerdings nur von Fahrzeugen überfahren werden darf, die zu groß sind, um die Mittelinsel zu umfahren. Das geht zudem nur, wenn andere Verkehrsteilnehmer bei einem solchen Manöver nicht gefährdet werden.

5.3 Verkehrsregelung durch Lichtzeichenanlagen

Ampeln

Lichtzeichenanlagen werden in der Straßenverkehrs-Ordnung »Wechsellichtzeichen« genannt, im alltäglichen Sprachgebrauch ist meist von »Ampeln« die Rede. Sind an einer Kreuzung oder Einmündung solche Ampelanlagen aufgebaut, regeln sie die Vorfahrt. Entsprechende vorfahrtregelnde Verkehrszeichen und die Rechts-vor-links-Regelung gelten dann nicht.

Ampeln werden vor allem an großen, unübersichtlichen und stark befahrenen Kreuzungen eingesetzt, um die Vorfahrtregelungen durchzusetzen.

Die Schaltphasen der Ampeln können an die unterschiedliche Verkehrsdichte der einzelnen Tageszeiten angepasst werden, um für einen möglichst störungsfreien Verkehrsfluss zu sorgen. Für öffentliche Verkehrsmittel können auch Vorzugsschaltungen mit eingebaut werden.

In den meisten Fällen wirst du an einer Ampel auch ein vorfahrtregelndes Verkehrszeichen angebracht finden, das, solange die Ampel eingeschaltet ist, ohne Bedeutung ist, aber in zwei Fällen die Vorfahrtregulierung übernimmt, und zwar, wenn die Ampel komplett ausgeschaltet ist oder wenn sie gelb blinkt, was bedeutet, dass sie außer Betrieb ist. Das ist etwa nachts der Fall, wenn viele Ampeln ausgeschaltet sind.

Wenn ein Polizeibeamter auf der Kreuzung den Verkehr regelt, gelten seine Anweisungen, dann ist die Ampelanzeige außer Kraft gesetzt.

Die Ampelphasen – wie schaltet eine Ampel?

Die Ampel hat in der Regel drei Lichtzeichen: Rot, Gelb und Grün. Damit auch Verkehrsteilnehmer, die farbenblind sind, die jeweilige Ampelphase eindeutig erkennen können, sind die Farben folgendermaßen angeordnet: Rot steht immer oben, Gelb in der Mitte und Grün unten.

Die Ampelphasen sind in der Reihenfolge an allen Ampeln gleich:

- **Rot**
- **Rot-Gelb**
- **Grün**
- **Gelb**
- **Rot**

Rot

Bei **Rot** musst du vor der Ampel halten. Ist eine Haltlinie vorhanden, bleibst du davor stehen. Es kann auch sein, dass die Haltlinie sich etwas weiter vor der Ampel befindet, bleib bitte trotzdem dort stehen, dies wird eventuell bei engen Kreuzungen praktiziert, damit ein großes Fahrzeug, etwa ein Bus oder Lkw, abbiegen kann oder weil zum Beispiel Straßen freigehalten werden.

Da ein Überfahren des Rotlichts nicht nur leichtsinnig, sondern auch sehr gefährlich ist, wird ein derartiger Verstoß mit Punkten im Fahreignungsregister, einem Bußgeld und Fahrverbot bestraft.

Rot-Gelb

Bei **Rot-Gelb** darfst du dich auf die baldige Weiterfahrt einstellen. Das heißt, du kannst den ersten Gang einlegen und die unmittelbare Umgebung deines Fahrzeugs checken, ob sich dort vielleicht ein Fußgänger oder Radfahrer befindet und du vorsichtig sein musst.

Grün

Bei **Grün** ist der Verkehr für deine Richtung freigegeben. Mit dir Grün hat auch dein entgegenkommender Verkehr, der Querverkehr dagegen hat Rot. Fährst du geradeaus weiter, überquere zügig die Kreuzung, damit der nachfolgende Verkehr die Grünphase ebenfalls nutzen kann.

Beim Abbiegen gelten die allgemeinen Vorrangregeln. Wenn sich beispielsweise noch Fahrzeuge im Bereich der Kreuzung aufhalten, sind sie vorzulassen. Wenn du nach rechts abbiegst, musst du auf Radfahrer und Fußgänger, die in Längsrichtung weiterfahren wollen, achten und in dem Fall warten.

Wenn du links abbiegst, musst du entgegenkommende Fahrzeuge, die ihrerseits geradeaus fahren oder nach rechts abbiegen wollen, vorlassen. Das gilt auch für Fußgänger und Radfahrer, die die Fahrbahn überqueren, in die du einbiegst, notfalls musst du auf der Mitte der Kreuzung warten.

Auch Straßenbahnen, die links neben dir in gerader Richtung weiterfahren wollen, musst du durchlassen. Dem entgegenkommenden Linksabbieger musst du Platz in der Kreuzung lassen.

Wenn rechts neben der Ampel ein grüner Pfeil angebracht ist, bedeutet dies, dass der Verkehr nur in Richtung des Pfeils freigegeben ist. Der kreuzende Verkehr sowie Radfahrer und Fußgänger in deine Richtung sind durch Rot gestoppt, und du kannst ungehindert abbiegen.

Ist ein grüner Pfeil links hinter der Kreuzung angebracht, heißt das, dass dein Gegenverkehr sowie Fußgänger und Radfahrer durch Rot angehalten werden und du zügig bzw. ungehindert nach links abbiegen kannst.

Achte darauf, ob der Ampelpfeil umschaltet und dann gelb blinkt, denn in diesem Fall musst du damit rechnen, dass nun bald der Gegenverkehr anfährt.

Bei Ampeln für verschiedene Fahrtrichtungen achte darauf, dass du dich auf die für dich geltende Ampel konzentrierst. Denn es kann vorkommen, dass die einzelnen Fahrstreifen unterschiedliche Ampelphasen haben. Hier kann es dann zu einem Mitzieheffekt kommen und du fährst versehentlich über Rot.

Denke bitte immer daran, fahre an einer grünen Ampel niemals »blind« über die Kreuzung! Es kann immer mal vorkommen, dass ein Fahrzeug im querenden Verkehr bei Rot fährt. Achte auf deine Sicherheit und verzichte in so einem Fall auf dein Recht, statt einen Unfall zu provozieren! In dem Fall ist deine Gesundheit und auch die des anderen Verkehrsteilnehmers wichtiger, als unbedingt dein Recht durchzusetzen.

Gelb

Wechselt die Ampel vor dir von Grün auf Gelb, musst du grundsätzlich anhalten, denn eine gelbe Ampel signalisiert, dass gleich Rot kommt. Bist du schon zu nah an der Kreuzung oder Haltlinie, dass du nicht mehr anhalten kannst oder nur durch eine scharfe Bremsung vor der Ampel zum Stehen kommen würdest, darfst du die Ampel noch zügig überqueren. Wenn du beim Heranfahren feststellst, dass die Grünphase schon etwas länger dauert, stell dich schon mal darauf ein, dass die Ampel bald auf Gelb wechseln könnte, dann kannst du schneller reagieren und rechtzeitig halten.

Achte beim Annähern an die Kreuzung darauf, wie lange die Ampel schon auf Grün steht, und suche dir einen Punkt vor der Ampel, bis zu dem du noch anhältst und ab dem du dann weiterfährst, falls die Ampel umschaltet.

Gelbes Blinklicht

Wenn die Ampel gelb blinkt, bedeutet dies, dass die Ampel nicht in Betrieb ist. In dem Fall gelten die vorhandenen vorfahrtregelnden Verkehrszeichen. Fehlen diese, gilt die Rechts-vor-links-Regel. Im Normalfall blinken die Ampeln mit dem negativ vorfahrtregelnden Verkehrszeichen, darum nähere dich der Kreuzung sehr vorsichtig.

2-Farben-Ampel

Eine Ampel kann auch auf die Farben Rot und Gelb beschränkt sein. Erlischt die Ampel, darfst du unter Einhaltung der Vorfahrtsregeln weiterfahren. Meist kommen solche Ampeln dort zum Einsatz, wo der Verkehr nur im Bedarfsfall gestoppt werden muss, beispielsweise an Bahnübergängen, Polizei- oder Feuerwehrausfahrten.

Grünpfeilschild

Ein Schild mit einem grünen Pfeil, das rechts neben dem Rotlicht angebracht ist, erlaubt dir das Rechtsabbiegen auch bei Rot. Dabei musst du Folgendes beachten: Das Abbiegen ist nur aus dem ganz rechten Fahrstreifen erlaubt, und du musst bei Rot auch erst an der Haltlinie anhalten, da der Querverkehr Grün hat. Deshalb sichere vor der Weiterfahrt zuerst Fußgänger und Radfahrer von links und rechts ab, dann fahr langsam vor, bis du Sicht in den Querverkehr hast. Ist dort frei, darfst du nach rechts abbiegen. Achte darauf, dass du vor dem Abbiegen auch deinen toten Winkel absicherst, nicht, dass Fußgänger und Radfahrer rechts neben dir Grün bekommen haben.

TIPP

Denke immer daran, es zählt erst die Ampel und dann das Verkehrszeichen!

Die gleiche Regelung gibt es auch als »Grünpfeilschild für Radfahrer«, wenn rechts neben dem Lichtzeichen das entsprechende Verkehrszeichen angebracht ist. Hier darf nur der Radfahrer die Grünpfeilregelung in Anspruch nehmen. Es gelten die gleichen Verhaltensweisen wie beim normalen Grünpfeilschild.

Dauerlichtzeichen

Fahrstreifen können mithilfe von darüber angebrachten Dauerlichtzeichen nach Bedarf gesperrt oder freigegeben werden. Der grüne, nach unten zeigende Pfeil gibt den Fahrstreifen für den Verkehr frei. Ein gelb blinkender, schräg nach unten zeigender Pfeil signalisiert, dass der Fahrstreifen in Pfeilrichtung gewechselt werden muss. Die Fahrstreifen, über denen rote gekreuzte Schrägbalken angebracht sind, dürfen nicht benutzt werden. Auf allen Fahrstreifen, über denen Dauerlichtzeichen angebracht sind, darfst du nicht halten!

5.4 Verkehrsregelung durch Polizeibeamte

Dass ein Polizeibeamter auf einer Kreuzung den Verkehr regelt, war früher gang und gäbe, aber heutzutage kommt das nur noch selten vor. Regelt ein Polizist aber auf einer Kreuzung den Verkehr, setzen seine Zeichen und Weisungen alle anderen

Anordnungen und Regeln außer Kraft. Aber aufgepasst, er entbindet dich nicht von deiner Sorgfaltspflicht.

Zeichen und Weisungen

Das seitliche Ausstrecken eines oder beider Arme quer zur Fahrtrichtung ordnet an: **»Halt!«** Du musst vor der Kreuzung oder Einmündung oder anderen Straßenstellen anhalten. Das Zeichen gilt so lange, wie der Polizeibeamte diese Grundstellung beibehält, auch wenn er dabei keinen Arm ausgestreckt hat. Der Querverkehr ist freigegeben und darf die Kreuzung befahren oder nach den Abbiegeregeln abbiegen. Das Hochheben eines Arms ordnet an: **»Vor der Kreuzung warten«**. Für Verkehrsteilnehmer in der Kreuzung heißt es: **»Kreuzung räumen«**. Zusätzlich können die Zeichen durch Weisungen des Polizeibeamten ergänzt werden, beispielsweise durch das Anhalten oder Durchwinken einzelner Fahrzeuge.

TIPP

Zu den Zeichen und Weisungen von Polizeibeamten merke dir: »Siehst du Brust oder Rücken, musst du auf die Bremse drücken!« oder »Siehst du seine Hosennaht, hast du freie Fahrt!«

Verkehrskontrolle

Ein Polizeibeamter darf Verkehrsteilnehmer zur allgemeinen Verkehrskontrolle, zur Prüfung der Verkehrstüchtigkeit sowie zu Verkehrserhebungen anhalten. Dies kann geschehen durch eine Winkerkelle oder durch technische Einrichtungen am Einsatzfahrzeug, zum Beispiel mit der roten Leuchtschrift »BITTE FOLGEN« für den nachfolgenden Verkehrsteilnehmer oder mit »STOP POLIZEI« für den vorausfahrenden Verkehrsteilnehmer.

Für den Fall, dass ein vorausfahrender Fahrzeugführer die Aufforderung der Polizei nicht bemerkt, kann zusätzlich noch ein rotes, nach vorne gerichtetes Blinklicht eingesetzt werden und ein akustisches Signal (Yelp-Signal) gegeben werden. Dieses Signal unterscheidet sich deutlich vom üblichen Martinshorn, das Polizei, Feuerwehr und Rettungsdienste bei ihren Einsatzfahrten ertönen lassen.

5.5 Besondere Verkehrslagen

Verkehrsregeln sorgen im Allgemeinen für ein verantwortliches Miteinander im Straßenverkehr und helfen den Verkehrsteilnehmern, auch in einer schwierigen oder unübersichtlichen Verkehrslage richtig zu handeln. Es gibt allerdings auch sogenannte besondere Verkehrslagen, in denen es hilfreich ist, nicht auf seinem Recht zu beharren, sondern in besonderem Maß umsichtig auf die jeweilige Verkehrssituation zu reagieren, um den Verkehrsfluss nicht zu stören oder andere Verkehrsteilnehmer nicht zu gefährden. So darfst du beispielsweise nicht in eine Kreuzung oder Einmündung einfahren, obwohl die Ampel dir grünes Licht gibt, wenn du dort warten müsstest, weil der Verkehr stockt. Das Gleiche gilt an Engstellen und auch an Bahnübergängen und Fußgängerüberwegen, wenn du auf ihnen zum Stehen kommen würdest. Kannst du es zum Beispiel nicht verhindern, auf einem Fußgängerüberweg doch stehen zu bleiben, versuche möglichst, etwas rückwärtszufahren, um den Überweg wieder freizugeben.

Ist in einer schwierigen Verkehrslage kein klares Weiterfahren nach den Verkehrsregeln möglich, muss einer der Verkehrsteilnehmer auf seinen Vorrang verzichten. Du darfst aber nicht blind darauf vertrauen, sondern in dem Fall ist es wichtig, sich untereinander durch Blickkontakt, klare Handzeichen und Gesten zu verständigen. Freundlichkeit und Partnerschaftlichkeit im Straßenverkehr erleichtern es oft, eine kritische Situation schnell zu bereinigen! Man hört auch immer wieder von Situationen nach Unfällen auf Autobahnen, dass Polizei und Rettungskräfte nicht schnell genug zum Unfallort vorrücken können, weil sie durch Gaffer behindert werden oder keine Rettungsgasse gebildet wird. **Die Rettungsgasse ist extrem wichtig.**

Wenn auf Autobahnen oder auf Straßen außerhalb geschlossener Ortschaften mit mindestens zwei Fahrstreifen für eine Richtung der Verkehr nur noch mit Schrittgeschwindigkeit fährt oder zum Stillstand kommt, müssen die Fahrzeuge für Rettungs- und Einsatzfahrzeuge eine Gasse bilden. Die Rettungsgasse wird gebildet, indem die Fahrzeuge auf der linken Spur so weit wie möglich nach links fahren und die Fahrzeuge auf der daneben befindlichen rechten Spur so weit wie möglich nach rechts, der Standstreifen ist dabei frei zu lassen. Bei drei oder vier Fahrstreifen für eine Richtung wird die Rettungsgasse immer zwischen dem ganz linken und dem jeweils rechts danebenliegenden Fahrstreifen gebildet. Nur so kann gewährleistet werden, dass die Rettungs- und Einsatzfahrzeuge schnell zur Unfallstelle gelangen können.

Notizen

Notizen

6. Verkehrszeichen und Verkehrseinrichtungen

6.1 Einteilung von Verkehrszeichen

Die Verkehrszeichen sind unterteilt in Gefahrzeichen, Richtzeichen und Vorschriftzeichen. Bei den Vorschriftzeichen wiederum unterscheidet man zwischen Gebotszeichen und Verbotszeichen. Diese Schildertypen kann man anhand ihrer Gestaltung wie der Form und Farbe erkennen. Daneben gibt es noch die Zusatzzeichen, die eine ergänzende Information zum jeweiligen Verkehrszeichen liefern.

Gefahrzeichen sind gekennzeichnet durch ein Dreieck, dessen Spitze nach oben zeigt und das von einem roten Rand umrahmt wird.

Richtzeichen sind meist vier- oder fünfeckige Schilder wie Richtungsweiser, die verschiedene Farben haben können.

Gebotszeichen dagegen sind meist rund mit blauem Hintergrund.

Verbotszeichen sind ebenfalls rund, sie sind jedoch durch einen roten Rand und weißen Hintergrund gekennzeichnet.

Zusatzzeichen helfen dabei, Verkehrszeichen zu ergänzen. Die Ergänzung ist entweder eine Erweiterung oder Beschränkung. Sie sind direkt unter dem entsprechenden Zeichen angebracht, auf das sie sich beziehen.

Neben den Schildern gehören auch Fahrbahnmarkierungen zu den Verkehrszeichen. Durch Schriftzeichen auf der Fahrbahn kann auf ein am Fahrbahnrand aufgestelltes Verkehrszeichen hingewiesen werden.

6.2 Besondere Verkehrszeichen

Es gibt besonders wichtige Verkehrszeichen, die immer erkennbar sein müssen. Stell dir vor, du fährst auf eine Kreuzung zu. Egal, ob es geschneit hat, sehr dunkel ist oder die Schilder verdreckt oder verbogen sind. Du musst wissen, welche Regeln hier gelten, um die Kreuzung gefahrlos zu überqueren. Deshalb haben bestimmte Verkehrszeichen eine eindeutige Form, die jeder erkennen kann, auch wenn man die Beschriftung vielleicht nicht sieht.

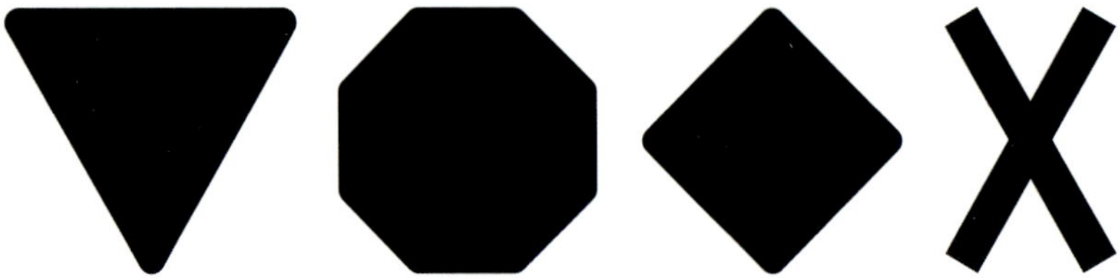

Neben den am Straßenrand aufgestellten Verkehrszeichen gibt es auch solche, die nicht in der Schilderform eingesetzt werden. So gehören beispielsweise auch Fahrbahnmarkierungen zu den Verkehrszeichen. Die meisten Markierungen sind Vorschriftzeichen. Beispiele dafür sind der Fußgängerüberweg, Fahrbahn- und Fahrstreifenbegrenzungen sowie Sperrflächen.

Es gibt aber auch Richtzeichen, die als Fahrbahnmarkierungen eingesetzt werden. Beispiele hierfür sind die Wartelinie oder auch die Leitlinie. Wichtig bei der Beachtung von Fahrbahnmarkierungen ist, dass gelbe Markierungen, wie du sie beispielsweise aus Baustellenbereichen kennst, Vorrang vor den weißen Fahrbahnmarkierungen haben, sie also außer Kraft setzen.

Außerdem gibt es Wechselverkehrszeichen – oder auch Matrixzeichen genannt. Diese werden durch Leuchten erzeugt und können flexibler eingesetzt werden.

Die Bedeutung der Verkehrsschilder bleibt die gleiche. Die Farben des Hintergrunds (hier Schwarz) und der Schrift (hier Weiß) sind vertauscht, ansonsten sind die Wechselverkehrszeichen mit den Schildern identisch.

Verkehrszeichen können nicht nur am Straßenrand aufgestellt werden, sondern auch an Fahrzeugen befestigt sein. Vor allem in Baustellenbereichen findet man häufig derartige mobile Verkehrszeichen. Sie haben Vorrang vor den fest angebrachten Verkehrszeichen und gelten auch, wenn das Fahrzeug sich bewegt.

Und dann gibt es noch die runden, orangefarbenen MLC-Schilder (**M**ilitary **L**oad **C**lassification = militärische Lastenklasse), sie gelten nur für das Militär und geben das höchstzulässige Gesamtgewicht für Rad- oder Kettenfahrzeuge an, das vor allem beim Befahren von Brücken eine zentrale Rolle spielt. Daher sind sie häufig vor Überführungen oder Brücken angebracht.

6.3 Grenzen von Verkehrszeichen

Bei ca. 20 Millionen aufgestellten Verkehrszeichen in Deutschland ist es kein Wunder, dass du vor allem als Fahranfänger in Situationen kommen wirst, in denen du überfordert bist. Aber auch für erfahrene Verkehrsteilnehmer ist es manchmal schwierig, im Schilderwald den Überblick zu behalten. Besonders in Baustellenbereichen, in denen häufig sehr viele Schilder auf einem eng begrenzten Raum angebracht sind, ist das menschliche Auge einfach überfordert.

Kommst du in eine derart unüberschaubare Situation, musst du zunächst entscheiden, welche Verkehrszeichen dich betreffen, und dann entsprechend handeln. Vor allem an Baustellen kommt erschwerend hinzu, dass Verkehrszeichen zum Teil falsch angebracht wurden und ihre Bedeutung somit nicht immer eindeutig ist.

Doch auch an Stellen mit nur einem Verkehrszeichen kann es zu Schwierigkeiten kommen, etwa wenn Schilder nicht klar erkennbar sind, weil sie zugewachsen, verdreckt oder verbogen sind oder im Winter zugeschneit. Und vor allem in größeren Städten ist es zudem manchmal schwierig, die Verkehrszeichen auf den ersten Blick von Werbeplakaten am Straßenrand zu unterscheiden.

Wenn ein Fahrer also ein Verkehrszeichen nicht beachtet, muss das nicht unbedingt eine Provokation sein. Sicher kann es vorkommen, dass dem Fahrer die Regeln zwar bewusst sind, er sie jedoch ignoriert, weil ihm die Akzeptanz für die entsprechende Regel fehlt. Es kann jedoch auch sein, dass die Verkehrszeichen nicht gesehen wurden. Dessen solltest du dir immer bewusst sein, genauso wie es dir passieren kann, dass du mal ein Verkehrszeichen übersiehst und einen anderen Verkehrsteilnehmer dadurch irritierst. Daher ist gegenseitige Rücksichtnahme im Straßenverkehr sehr wichtig.

Gerade in der Ausbildung kann es auch vorkommen, dass du Regeln noch nicht kennst und sie daher nicht beachtest. Dies kann jedoch auch erfahrenen Fahrzeugführern passieren, wenn neue Regeln in Kraft treten, die noch nicht ausreichend bekannt sind, oder wenn selten vorkommende Verkehrszeichen mit der Zeit vergessen werden.

Um den »Schilderwald« etwas auszudünnen, werden einige Gefahrzeichen bis 2022 abgebaut und nur noch in Ausnahmefällen aufgestellt. Diese sind in den folgenden Übersichten ***fett und kursiv*** geschrieben, damit du sie sofort erkennst. An Stellen, an denen ein solches Schild dennoch sinnvoll ist, wird es zum Teil durch das allgemeine Verkehrszeichen **Gefahrstelle** mit Zusatzzeichen ersetzt.

6.4 Gefahrzeichen

Gefahrzeichen weisen dich auf eine Gefahrstelle hin. Daher musst du bestimmte Verhaltensweisen an den Tag legen, wenn du derartige Schilder siehst:

- Verringere deine Geschwindigkeit!
- Sei besonders aufmerksam!
- Sei bremsbereit!
- Achte auf den Sicherheitsabstand und nimm Rücksicht auf andere Verkehrsteilnehmer!

Innerhalb geschlossener Ortschaften stehen die Gefahrzeichen meist ca. 30 m vor der Gefahrstelle, da du innerorts nicht so viel Weg in der gleichen Zeit zurücklegst wie außerorts, denn du fährst im Allgemeinen ja mit geringerer Geschwindigkeit. Außerhalb geschlossener Ortschaften sind die Gefahrzeichen in der Regel 150–250 m vor einer Gefahrstelle angebracht, sodass du genug Zeit hast, dich auf die Gefahr einzustellen. Wenn die betreffende Stelle erheblich geringer entfernt ist, kann die Entfernung auch durch ein Zusatzzeichen angekündigt sein.

So gibt dieses Zeichen an, dass die Gefahrenzone der »Baustelle« schon in 100 m beginnt.

Es gibt auch Zusatzzeichen, die die Länge der Gefahrstelle anzeigen. Das hier abgebildete Zusatzzeichen mit einer Längenangabe und zwei Pfeilen gibt an, wie lang die Gefahrenzone ist. Hier musst du beispielsweise auf einer Strecke von 3 km mit Wildwechsel rechnen, was für dich als Fahrer bedeutet, dass du auf dieser Strecke besonders aufmerksam und vorsichtig fahren musst.

Wenn direkt nach einer Kreuzung oder Einmündung eine Gefahrstelle beginnt, kann dies ebenfalls durch ein Zusatzzeichen angegeben werden, das dir zeigt, in welcher Richtung mit der Gefahrstelle zu rechnen ist. Hier beim Beispielbild erwartet dich als Linksabbieger ein Bahnübergang zeitnah nach dem Abbiegen.

Jetzt hast du die wichtigsten aktuellen Zusatzzeichen zu den Gefahrzeichen kennengelernt. Im Folgenden findest du eine Auflistung der allgemeinen Verkehrszeichen, die zu den Gefahrzeichen gehören.

Gefahrstelle
Dieses Verkehrszeichen weist dich allgemein auf eine Gefahrstelle hin, die jeweilige Gefahr wird durch ein Zusatzzeichen näher beschrieben.

Wintersport
Dieses Zusatzzeichen warnt dich beispielsweise davor, dass Wintersport auf der Straße betrieben werden könnte. Da die Straße nicht gestreut wird, musst du mit Eis- und Schneeglätte rechnen.

Steigung
Bei einer Steigung musst du deine Gangwahl anpassen. Schalte rechtzeitig herunter, um deine Geschwindigkeit im Steigungsbereich beizubehalten.

Gefälle

Beachte, dass du in einem Gefälle einen längeren Bremsweg hast als in der Ebene. Schalte daher vor einem Gefälle herunter, um die »Motorbremse« zu nutzen, bzw. entscheide dich bei Automatik-Fahrzeugen für eine niedrigere Fahrstufe. Bei einer längeren Talfahrt musst du dir außerdem darüber bewusst sein, dass die Bremswirkung nachlassen kann.

Kreuzung oder Einmündung mit Vorfahrt von rechts

Dieses Schild steht vor allem an verdeckten Kreuzungen oder Einmündungen oder an Stellen, an denen durch die Fahrbahnbreite eine falsche Vorfahrtsituation vorgetäuscht werden könnte.

Arbeitsstelle

In Arbeitsstellenbereichen ist die Fahrbahn häufig verschmutzt oder uneben und somit rutschig. Fahre daher vorsichtig und rechne mit Bauarbeitern, Baustellenfahrzeugen oder Baumaterial auf der Straße.

Einseitig (rechts) verengte Fahrbahn

Der Gegenverkehr hat Vorrang, wenn du die Fahrbahnverengung auf deiner Seite hast. Wenn dieses Schild vor dem Ende eines Fahrstreifens steht, ist das Reißverschlussverfahren anzuwenden.

Verengte Fahrbahn

Fahr vorsichtig, reduziere deine Geschwindigkeit und lass, wenn nötig, den Gegenverkehr erst aus der Engstelle herausfahren. Vermeide es, Fahrzeuge zu überholen. Grundsätzlich hat der Vorrang, der die Engstelle zuerst erreicht.

Gegenverkehr

Dieses Zeichen findest du vor allem am Ende von Autobahnen und Einbahnstraßen, wenn also Fahrbahnen für eine Richtung enden, oder auch im Bereich einer Baustelle. Es warnt dich vor allem auch nachts vor einer Blendung durch den Gegenverkehr. Und es ist mit verengten Fahrbahnen zu rechnen.

Stau

Dieses Schild kennzeichnet einen Bereich, in dem es häufig zu Staus kommt. Rechne daher damit, dass Vorausfahrende plötzlich bremsen. Vergrößere den Sicherheitsabstand und sei besonders aufmerksam. Wenn du auf einen Stau auffährst, brems ab und schalte das Warnblinklicht ein, um den nachfolgenden Verkehr zu warnen.

Kurve (rechts)
In besonders scharfen und somit gefährlichen Kurven oder Kurven, die auf den ersten Blick ungefährlich erscheinen, wirst du vorher durch dieses Schild gewarnt. Hier musst du – egal ob es eine Links- oder Rechtskurve betrifft – deine Geschwindigkeit anpassen und äußerst rechts fahren.

Doppelkurve (erst rechts, dann links)
Im folgenden Streckenabschnitt erwarten dich mindestens zwei aufeinanderfolgende Kurven. Pass deine Geschwindigkeit an, fahr äußerst weit rechts und in einem niedrigen Gang.

Unebene Fahrbahn
Vor Schlaglöchern, Mulden oder Querrinnen findest du dieses Zeichen, da hier die Gefahr von Achs- oder Federbrüchen sowie Schleudergefahr besteht. Fahrzeuginsassen und die Ladung können ebenfalls geschädigt werden. Fahr daher vorsichtig und vermeide es, wenn möglich, direkt durch Schlaglöcher zu fahren.

Schleuder- oder Rutschgefahr
Im folgenden Streckenabschnitt solltest du ruckartiges Lenken, scharfes Bremsen oder Beschleunigen vermeiden. Besonders bei Nässe oder Schmutz auf der Fahrbahn besteht sonst Schleudergefahr.

Splitt, Schotter
Das Verkehrszeichen warnt davor, dass auf der Straße durch Splitt oder Schotter die Lenkfähigkeit beeintrachtigt werden kann. Pass daher deine Geschwindigkeit an, vermeide starkes Beschleunigen bzw. Bremsen und ruckartiges Lenken. Achte außerdem auf einen ausreichenden Abstand zum Vorausfahrenden.

Schnee- oder Eisglätte
Vor allem in den kalten Jahreszeiten gilt hier besondere Vorsicht. Halte ausreichend Abstand zum Vorausfahrenden, vermeide starkes Beschleunigen oder Bremsen und ruckartiges Lenken. Pass außerdem deine Geschwindigkeit an.

Seitenwind
Rechne mit starken Windböen, reduziere daher deine Geschwindigkeit, stell dich auf etwaiges Gegenlenken ein und verzichte am besten aufs Überholen.

Steinschlag

Im folgenden Streckenabschnitt musst du mit Steinen auf der Straße rechnen. Verringere daher deine Geschwindigkeit und halte ausreichenden Sicherheitsabstand zum Vorausfahrenden. Er könnte eventuell ruckartig bremsen oder ausweichen. Fahr besonders aufmerksam und betrachte auch die Fahrbahn des Gegenverkehrs, um das Verhalten abschätzen zu können. In diesem Bereich ist Halten oder Parken verboten.

Lichtzeichenanlage

Dieses Gefahrzeichen kündigt eine Kreuzung oder Einmündung an, bei der die Vorfahrt durch Ampeln geregelt ist. Zudem kann auch eine Signalanlage vor einer Baustelle angekündigt werden. Du musst bremsbereit sein und ausreichend Abstand zum Vorausfahrenden halten. Dieses Zeichen steht vor allem, wenn die Ampel direkt hinter einer Kurve oder unübersichtlichen Stelle kommt.

Kinder

Dieses Schild findest du vor allem in der Nähe von Spielplätzen, Kindergärten und Schulen. Im folgenden Streckenabschnitt musst du besonders aufmerksam fahren und bremsbereit sein. Reduziere deine Geschwindigkeit. Du darfst in keinem Fall Kinder gefährden. Rechne auch mit plötzlichem Bremsen des Vorausfahrenden.

Fußgänger

Rechne im folgenden Streckenabschnitt verstärkt mit Fußgängern und fahre aufmerksam und bremsbereit.

Radverkehr

Dieses Verkehrszeichen findest du vor allem vor Kreuzungen. Rechne damit, dass Radfahrer deine Fahrspur kreuzen, und fahre besonders aufmerksam.

Flugbetrieb

Du musst im folgenden Streckenabschnitt mit Fluglärm rechnen. Außerdem kann es passieren, dass du (oder auch dein Vordermann) durch Scheinwerfer von landenden Flugzeugen geblendet wirst.

Reiter
Fahre besonders vorsichtig, hupe nicht und rechne verstärkt mit Reitern. Es kann zudem vorkommen, dass die Fahrbahn verschmutzt ist und du deine Geschwindigkeit entsprechend anpassen musst.

Fußgängerüberweg
Dieses Gefahrzeichen warnt besonders vor schlecht einsehbaren oder erst spät erkennbaren Fußgängerüberwegen.

Wildwechsel
Du wirst vor plötzlichem Wildwechsel gewarnt. Achte besonders auf den Straßenrand. Verringere deine Geschwindigkeit und fahre mit erhöhter Bremsbereitschaft. Wenn Wild in Sicht kommt, blende ab und bremse. Versuche nicht auszuweichen, da du sonst den Gegenverkehr gefährden würdest oder von der Fahrbahn abkommen könntest.

Viehtrieb
Rechne mit einer stark verschmutzten Fahrbahn und mit Tieren auf der Fahrbahn. Fahr mit reduzierter Geschwindigkeit und vermeide es zu hupen.

Amphibienwanderung
Im folgenden Streckenabschnitt kommt es in der Dämmerung und in der Nacht vermehrt zur Amphibienwanderung. Fahr vorsichtig und konzentriert. Es kann auch vorkommen, dass Streckenabschnitte aufgrund der Amphibienwanderung zu bestimmten Tageszeiten saisonal gesperrt werden.

Ufer
Die Straße, auf der du dich befindest, führt zu einem ungesicherten Hafenbecken oder Ufer. Vor allem in der Dunkelheit kann es schwierig sein, die Fahrbahn von der Wasseroberfläche zu unterscheiden.

Bewegliche Brücke
Der Fahrbahnverlauf ist durch eine Hebe- und Zugbrücke unterbrochen. Das Parken auf der Brücke ist verboten.

Da sich der Schienenverkehr in der Regel schnell nähert und im Bereich von Bahnübergängen besondere Vorsicht geboten ist, zeigt dir eine Reihe von Verkehrszeichen rechtzeitig an, dass Schienenverkehr mit Vorrang deine Fahrbahn kreuzt.

Bahnübergang
Schienenverkehr kreuzt deine Fahrbahn. Fahre besonders vorsichtig und aufmerksam und reduziere gegebenenfalls deine Geschwindigkeit.

Bahnübergang mit dreistreifiger Bake
Der Bahnübergang ist ca. 240 m entfernt.

Zweistreifige Bake
Dieses Zeichen steht ca. 160 m vor einem Bahnübergang.

Einstreifige Bake
Der Bahnübergang ist ca. 80 m entfernt.

6.5 Vorschriftzeichen

Durch ein Vorschriftzeichen kann dir entweder ein bestimmtes Verhalten im Straßenverkehr vorgeschrieben oder aber verboten werden. Die Vorschriftzeichen betreffen in der Regel den folgenden Streckenabschnitt und gelten direkt ab dem Ort, wo das Zeichen angebracht ist.

Ist dies nicht der Fall, kann auch hier ein Zusatzzeichen angeben, ab wo oder wie lange das Schild gilt. Diese Zusatzzeichen kennst du bereits von den Gefahrzeichen.

Vorrang regulierende Vorschriftzeichen

Andreaskreuz
Das Andreaskreuz, das auch liegend angebracht sein kann, kennzeichnet einen Bahnübergang, an dem du dem Schienenverkehr Vorrang gewähren musst.

Bis zu 10 m vor diesem Vorschriftzeichen gilt Haltverbot, damit du das Verkehrszeichen nicht verdeckst. Direkt vor oder hinter dem Andreaskreuz gilt zudem Parkverbot. Innerorts ist dies auf je 5 m begrenzt, außerorts auf je 50 m.

Der Blitzpfeil in der Mitte des Andreaskreuzes gibt an, dass die kreuzende Bahnstrecke eine Spannung führende Fahrleitung hat.

Vorfahrt gewähren
An der folgenden Kreuzung oder Einmündung hat der Querverkehr Vorfahrt. Fahr daher vorsichtig und langsam an die Kreuzung heran. Bis zu 10 m vor dem Schild gilt Haltverbot, wenn du das Verkehrszeichen sonst verdecken würdest.

Bei diesem Zusatzzeichen über dem Verkehrszeichen **Vorfahrt gewähren** ist der Radweg für die Gegenrichtung ebenfalls freigegeben. Kreuzende Radfahrer von links und von rechts müssen beachtet werden.

Bei diesem Zusatzzeichen musst du dem Schienenverkehr Vorfahrt gewähren.

Dieses Zusatzzeichen kündigt in Kombination mit dem Zeichen **Vorfahrt gewähren** das Zeichen **Halt. Vorfahrt gewähren** an. In 100 m musst du anhalten.

Halt. Vorfahrt gewähren
Bei diesem Verkehrszeichen musst du – egal ob Querverkehr sichtbar ist oder nicht – anhalten und Vorfahrt gewähren. Wenn es eine Haltlinie gibt, musst du dort halten, ansonsten an der Sichtlinie, von der aus du die Kreuzung gut einsehen kannst.

Bis zu 10 m vor dem Zeichen **Halt. Vorfahrt gewähren** gilt Haltverbot, wenn du das Zeichen ansonsten verdecken würdest.

Vorrang des Gegenverkehrs
Bei diesem Schild musst du in jedem Fall dem Gegenverkehr Vorrang gewähren. In Baustellenbereichen kann das Schild stellenweise verkehrt herum aufgestellt sein, was aber seine Bedeutung nicht ändert.

Die Fahrtrichtung regulierende Vorschriftzeichen

Bei den folgenden Schildern darfst du nur in die angezeigte Pfeilrichtung fahren und musst entsprechend blinken. Es ist verboten, entgegen der auf den Schildern angezeigten Fahrtrichtung zu fahren.

Vorgeschriebene Fahrtrichtung links
Du biegst **hinter** dem Verkehrszeichen ab, in diesem Fall nach links. Denke daran, rechtzeitig zu blinken und den Verkehr hinter dir entsprechend abzusichern.

Hier links
Du biegst **vor** dem Verkehrszeichen ab. Denke daran, rechtzeitig zu blinken und den Verkehr hinter dir entsprechend abzusichern.

Geradeaus oder rechts
Du darfst **hinter** dem Schild nur in die beiden angegebenen Richtungen fahren. Blinke rechtzeitig und ordne dich gegebenenfalls richtig ein.

Rechts oder links
Hinter dem Schild darfst du links oder rechts abbiegen, aber nicht geradeaus fahren. Ordne dich rechtzeitig ein und blinke rechtzeitig.

Kreisverkehr
In einen Kreisverkehr musst du, ohne zu blinken, entsprechend der vorgeschriebenen Fahrtrichtung nach rechts einfahren. Beim Verlassen des Kreisverkehrs musst du rechts blinken. Auf der Kreisbahn gilt Haltverbot.

Einbahnstraße
Dieses Vorschriftzeichen steht parallel zur Fahrbahn, um Missverständnisse der vorgeschriebenen Fahrtrichtung zu vermeiden. Du darfst in Einbahnstraßen weder wenden noch rückwärtsfahren.

Auch wenn die Fahrbahn prinzipiell nur in eine Richtung befahren werden darf, musst du mit Gegenverkehr rechnen. Es können dir beispielsweise Einsatzfahrzeuge entgegenkommen.

Wenn dieses Zusatzschild angebracht ist, ist Fahrradfahrern und Elektrokleinstfahrzeugen das Einfahren in die Einbahnstraße entgegen der Fahrtrichtung erlaubt. Achte also besonders beim Einbiegen in die Einbahnstraße auf Gegenverkehr.

Neben der Fahrtrichtung kann auch vorgeschrieben werden, auf welcher Seite man an einem Hindernis wie beispielsweise einer Verkehrsinsel oder einer Baustelle vorbeifahren soll. Das Verkehrszeichen **Links vorbei** schreibt beispielsweise vor, dass du links an einem Hindernis vorbeifahren musst. Du musst beim Ausscheren blinken. Das Verkehrszeichen verbietet dir allerdings nicht, vor oder hinter dem Hindernis rechts abzubiegen.

Seitenstreifen als Fahrstreifen, Haltestellen und Taxistände

Seitenstreifen befahren
Dieses Vorschriftzeichen gibt den Seitenstreifen als rechten Fahrstreifen frei. Es gilt wie immer das Rechtsfahrgebot und du musst – wenn möglich – den Seitenstreifen mit nutzen.

Seitenstreifen nicht mehr befahren
Dieses Verkehrszeichen hebt das Verkehrszeichen **Seitenstreifen befahren** auf.

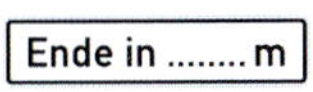

Um plötzliches Einscheren zu vermeiden, wird das Ende der Regelung, dass der Seitenstreifen befahren werden darf, mit diesem Zusatzschild angekündigt.

Seitenstreifen räumen
Wenn du dieses Vorschriftzeichen siehst, musst du den Seitenstreifen räumen und wieder die reguläre Fahrbahn nutzen.

Haltestelle
Jeweils 15 m vor und hinter dem Haltestellenzeichen gilt Parkverbot, man darf jedoch halten. Allerdings dürfen die Fahrgäste weder gefährdet noch behindert werden. Abfahrenden Linien- oder Schulbussen musst du Vorrang gewähren.

Taxistand
An einem Taxistand gilt für alle Fahrzeuge außer Taxis Haltverbot. Fahre besonders vorsichtig an einem Taxistand vorbei, da Taxis plötzlich an- und abfahren könnten.

Sonderwege

Fußgänger, Radfahrer und Reiter müssen die für sie bestimmten Sonderwege nutzen. Diese so gekennzeichneten Wege dürfen von anderen Verkehrsteilnehmern nicht genutzt werden, es sei denn, es wird durch Zusatzzeichen erlaubt. In einem solchen Fall müssen die anderen Verkehrsteilnehmer aber Rücksicht nehmen und ihr Tempo reduzieren.

Radweg
Fahrradfahrer müssen den Radweg nutzen. Wenn durch ein Zusatzzeichen das Befahren des Radwegs für andere Verkehrsteilnehmer erlaubt ist, müssen diese besondere Rücksicht auf die Radfahrer nehmen und ihre Geschwindigkeit anpassen.

Reitweg
Dieser Sonderweg wird ausschließlich von Reitern genutzt. Wie beim Radweg müssen andere Verkehrsteilnehmer, denen durch ein Zusatzschild die Nutzung erlaubt ist, Rücksicht nehmen und mit angepasster Geschwindigkeit fahren.

Bussonderfahrstreifen
Dieser darf nur von Linienbussen und Schulbussen befahren werden. Nur bei entsprechendem Zusatzzeichen dürfen andere Verkehrsteilnehmer diesen Sonderweg befahren. Häufig wird der Fahrstreifen für Radfahrer, Krankenfahrzeuge oder Taxis freigegeben.

Gehweg
Der Gehweg darf ausschließlich von Fußgängern genutzt werden. Auch Fahrrad fahrende Kinder bis zum vollendeten 8. Lebensjahr müssen den Gehweg nutzen, Kinder bis zum vollendeten 10. Lebensjahr dürfen den Radweg nutzen. Neben den Kindern darf auch eine Begleitperson den Gehweg mit dem Fahrrad befahren. Den Radfahrern ist hierbei jedoch besondere Vorsicht geboten.

Bei diesem Zusatzzeichen dürfen Personen, die Waren anliefern, ebenfalls auf dem Gehweg fahren. Sie müssen jedoch mit Schrittgeschwindigkeit fahren und auf die Fußgänger besondere Rücksicht nehmen.

Gemeinsamer Geh- und Radweg
Dieses Zeichen gibt an, dass sich Radfahrer und Fußgänger den Sonderweg teilen. Radfahrer müssen hier auf Fußgänger Rücksicht nehmen und ihre Geschwindigkeit entsprechend anpassen.

Getrennter Rad- und Gehweg
Bei diesem Verkehrszeichen beginnt ein Sonderweg, bei dem der Bereich für die Fußgänger von dem Bereich für Radfahrer durch Markierungen oder bauliche Maßnahmen abgetrennt ist.

Beginn einer Fußgängerzone
Dieses Verkehrszeichen beschreibt den Beginn einer Fußgängerzone, in der die Regelungen eines Gehwegs gelten.

Das **Ende einer Fußgängerzone** ist durch das darunter dargestellte Zeichen markiert.

Beginn einer Fahrradstraße
Hier dürfen nur Radfahrer sowie Elektrokleinstfahrzeuge fahren. Es gilt eine Höchstgeschwindigkeit von 30 km/h. Radfahrer und Elektrokleinstfahrzeuge dürfen nebeneinanderfahren. Wenn die Zufahrt für Pkws oder andere Fahrzeuge durch ein Sonderzeichen freigegeben ist, dürfen Radfahrer nicht behindert oder gefährdet werden. Unter Umständen müssen die anderen Fahrzeugführer ihre Geschwindigkeit noch mehr verringern. Es gelten die Vorschriften der Vorfahrt und der Fahrbahnbenutzung. Das **Ende einer Fahrradstraße** wird ebenfalls kenntlich gemacht.

Beginn einer Fahrradzone
Nur Radfahrer sowie Elektrokleinstfahrzeuge dürfen hier fahren. Die Benutzung durch andere Verkehrsteilnehmer kann durch Zusatzzeichen erlaubt werden. Es gilt eine maximale Höchstgeschwindigkeit von 30 km/h. Radfahrer und Elektrokleinstfahrzeuge dürfen nebeneinanderfahren. Radfahrer dürfen weder gefährdet noch behindert werden. Es gelten die Vorschriften der Vorfahrt und der Fahrbahnbenutzung.

Das **Ende der Fahrradzone** wird durch das Negativzeichen kenntlich gemacht.

Verkehrsverbote

Verkehrsverbote umfassen sämtliche Verkehrszeichen, die die Verkehrsteilnahme für einzelne Fahrzeuge verbieten. Die Strecke kann dabei für bestimmte Fahrzeugtypen grundsätzlich nicht befahrbar sein, oder aber es ist verboten, die Strecken mit einem Fahrzeug mit bestimmten Maßen oder einer bestimmten Gesamtmasse zu befahren. Bei Schildern, die eine Masse angeben, ist die Masse einschließlich der Ladung zu beachten.

Verbot für Fahrzeuge aller Art
In den folgenden Streckenabschnitt dürfen keine Fahrzeuge einfahren. Ausgenommen sind Handfahrzeuge oder Tiere. Fahrräder und Krafträder dürfen geschoben werden.

Bei dem Zusatzzeichen **Anlieger frei** dürfen Anwohner oder Besucher von Anwohnern die Straße befahren.

Das Zusatzzeichen **Spielstraße** erlaubt es Kindern, auch auf der Straße – sowohl auf der Fahrbahn als auch auf dem Seitenstreifen – zu spielen.

Verbot für Kraftwagen
Neben Pkws gilt dieses Zeichen auch für andere mehrspurige Kraftfahrzeuge. Zweiräder dürfen in die Straße einfahren.

Verbot für Kraftfahrzeuge
In Straßen, die mit diesem Schild gekennzeichnet sind, dürfen weder Krafträder, Mofas oder Kleinkrafträder noch Kraftwagen und sonstige mehrspurige Kraftfahrzeuge wie Lkws einfahren.

Verbot für Kraftfahrzeuge über 3,5 t
Dieses Verkehrsverbot gilt für Kfz mit einer zulässigen Gesamtmasse über 3,5 t, einschließlich ihrer Anhänger, und Zugmaschinen. Ausgenommen sind Busse und Pkws.

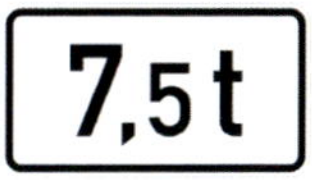

Wenn auf einem Zusatzzeichen eine größere Masse wie z. B. 7,5 t angegeben ist, bezieht sich das Verbot nur auf Kfz oder Zugmaschinen einschließlich des Anhängers, die diese zulässige Gesamtmasse überschreiten.

Verbot für Radverkehr und den Verkehr für Elektrokleinstfahrzeuge im Sinne der Elektrokleinstfahrzeug-Verordnung (eKFV).

Verbot für Krafträder
Die Einfahrt in die so gekennzeichnete Straße ist für Mofas, Kleinkrafträder und Krafträder ohne und mit Beiwagen verboten.

Verbot für Mofas

Verbot für Personenkraftwagen

Verbot für Fußgänger
Dieses Zeichen wird oft an stark befahrenen Straßen aufgestellt, um Fußgängern das Überqueren der Straße zu untersagen.

Verbot für kennzeichnungspflichtige Kfz mit gefährlichen Gütern

Tatsächliches Gewicht
Dieses Verkehrsverbot gilt für Fahrzeuge, die eine Masse von 5,5 t inklusive ihrer Ladung überschreiten. Bei Fahrzeugkombinationen wird das Gewicht jedes einzelnen Fahrzeugs (z. B. Zugmaschine und Anhänger) getrennt gewertet. Wenn eines der beiden Fahrzeuge das Gewicht von 5,5 t übersteigt, darf die Straße nicht befahren werden.

Tatsächliche Achslast
Dieses Zeichen findet sich etwa vor Brücken mit einer begrenzten Tragfähigkeit. Das Gewicht bezieht sich auf die Achslast jeder einzelnen Achse.

Tatsächliche Breite
Du darfst eine so gekennzeichnete Straße nicht befahren, wenn dein Fahrzeug insgesamt (d. h. auch mit Spiegeln und eventueller Ladung) die angegebene Breite (hier 2 m) überschreitet.

Tatsächliche Höhe
Dieses Schild findest du zum Beispiel vor Tunneln oder Unterführungen. Dein Fahrzeug darf die angegebene Höhe (hier 3,8 m) nicht überschreiten.

Tatsächliche Länge
Dieses Verkehrsverbot betrifft Fahrzeugkombinationen, deren Gesamtlänge 10 m überschreitet.

Verbot der Einfahrt
In eine so gekennzeichnete Straße darfst du nicht einfahren, es können aber Fahrzeuge aus dieser Straße herauskommen.

Das Zusatzzeichen **Radverkehr frei** erlaubt es Radfahrern und Elektrokleinstfahrzeugen, in die Straße einzufahren.

Schneeketten vorgeschrieben
So gekennzeichnete Straßen dürfen nur mit Schneeketten und dann mit einer Höchstgeschwindigkeit von 50 km/h befahren werden.

Verbot für Fahrzeuge mit wassergefährdender Ladung
Diese Straße darf nicht von Fahrzeugen befahren werden, die mehr als 20 Liter wassergefährdende Ladung mitführen. Beachte, dass auch alltägliche Güter wie Farbe oder Pflanzenschutzmittel wassergefährdende Ladung sein können!

Verkehrsverbot zur Verminderung schädlicher Luftverunreinigungen in einer Zone
In eine sogenannte Umweltzone darfst du nicht fahren, außer sie ist durch ein Zusatzschild freigegeben.

Ein derartiges Zusatzschild ist beispielsweise das links abgebildete Schild. Hier dürfen Kraftfahrzeuge einfahren, die mit einer Plakette in den entsprechenden Farben gekennzeichnet sind.

Mit diesem Verkehrszeichen wird die Umweltzone wieder beendet.

Das Fahrverhalten kann ebenfalls durch Verkehrsverbote geregelt werden.

Verbot des Wendens
Dieses Verkehrsschild verbietet es dem Fahrzeugführer zu wenden. Es steht an Stellen, an denen das Wenden zwar theoretisch möglich wäre, du damit aber andere Verkehrsteilnehmer gefährden oder behindern würdest. Das Linksabbiegen ist erlaubt.

Verbot des Unterschreitens des angegebenen Mindestabstands
Fahrzeuge mit einer zulässigen Gesamtmasse von über 3,5 t dürfen den angegebenen Mindestabstand zu einem gleichartigen vorausfahrenden Kraftfahrzeug nicht unterschreiten. Pkws und Busse sind von diesem Verbot ausgenommen.

Streckenverbote

Als Streckenverbote werden Geschwindigkeitsbegrenzungen und Überholverbote bezeichnet, da sie für einen bestimmten Streckenabschnitt gelten. Sie werden durch ein weiteres Streckenverbot oder durch ein *Ende des Streckenverbots*-Zeichen aufgehoben. Wenn die Strecke, für die ein Streckenverbot gilt, durch ein Zusatzzeichen angegeben ist, wird das Verkehrszeichen nicht durch ein weiteres aufgehoben.

Zudem gelten Streckenverbote in Kombination mit Gefahrzeichen bis zu der Stelle, ab der die ausgezeichnete Gefahr eindeutig nicht mehr besteht. Dies ist beispielsweise in Baustellenbereichen der Fall.

Zulässige Höchstgeschwindigkeit
Dieses Verkehrszeichen verbietet es, im folgenden Streckenabschnitt schneller als mit der angegebenen Höchstgeschwindigkeit zu fahren. Für bestimmte Fahrzeugtypen festgelegte Höchstgeschwindigkeiten außerhalb geschlossener Ortschaften bleiben trotz des Zeichens bestehen.

Das Zusatzzeichen **bei Nässe** schränkt das Streckenverbot auf nasse Witterungsverhältnisse ein. Bei nasser Fahrbahn darf die Geschwindigkeit nicht überschritten werden.

Bei diesem Zeichen endet die zulässige Höchstgeschwindigkeit und es gelten wieder die regulären Höchstgeschwindigkeiten.

Tempo-30-Zone
Das hier abgebildete Schild beschreibt den Beginn einer Tempo-30-Zone, in der nicht schneller als mit der angegebenen Höchstgeschwindigkeit gefahren werden darf.

Die Höchstgeschwindigkeit gilt überall innerhalb der Zone (auch nach dem Abbiegen!), also bis du auf das Schild **Ende Tempo-30-Zone** triffst.

Vorgeschriebene Mindestgeschwindigkeit
Dieses Verkehrszeichen schreibt eine Geschwindigkeit vor, die mindestens gefahren werden muss. Dies gilt nicht, wenn die Straßen-, Sicht-, Wetter- oder Verkehrsverhältnisse ein Überschreiten der Mindestgeschwindigkeit nicht erlauben. Wenn dein Fahrzeug die Mindestgeschwindigkeit nicht fahren kann, darfst du die Straße nicht nutzen.

Das Ende der Straße mit vorgeschriebener Mindestgeschwindigkeit wird durch einen roten diagonalen Strich im Schild markiert.

Überholverbot von Kraftfahrzeugen aller Art

Das Überholen von mehrspurigen Kraftfahrzeugen und Krafträdern mit Beiwagen ist verboten. Krafträder ohne Beiwagen, Fahrräder (auch mit Hilfsmotor) und Straßenbahnen darfst du aber überholen. Durch ein Zusatzschild kann das Überholverbot auf bestimmte Fahrzeuge begrenzt sein.

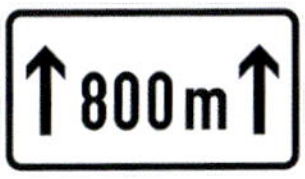

Das Überholverbot kann durch ein Zusatzzeichen auf eine gewisse Strecke (hier 800 m) begrenzt sein.

Das Ende des Überholverbots von Kraftfahrzeugen aller Art wird durch schwarze diagonale Streifen über dem Verkehrszeichen symbolisiert.

Überholverbot für Kraftfahrzeuge über 3,5 t

Kfz mit einer zulässigen Gesamtmasse von über 3,5 t und Zugmaschinen dürfen im folgenden Streckenabschnitt nicht überholen. Die Gesamtmasse umfasst hierbei auch Anhänger. Ausgenommen sind Pkws und Busse.

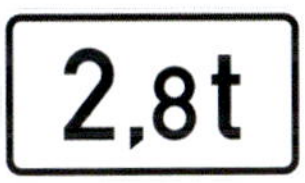

Durch ein Zusatzzeichen kann die zulässige Gesamtmasse geändert werden.

Ein weiteres Zusatzzeichen kann Busse und Pkws mit Anhänger in das Überholverbot mit einschließen.

Durch dieses Verkehrszeichen mit den schwarzen diagonalen Streifen wird das Ende des Überholverbots angezeigt.

Überholverbot von einspurigen Fahrzeugen

Dieses Verkehrszeichen verbietet das Überholen von einspurigen Fahrzeugen wie z. B. Fahrrädern. Das Verbot gilt für alle mehrspurigen Kraftfahrzeuge sowie für Krafträder mit Beiwagen. Es steht an Engstellen, an denen das Überholen einspuriger Fahrzeuge gefährlich sein könnte.

Ende sämtlicher streckenbezogener Geschwindigkeitsbeschränkungen und Überholverbote

Dieses Schild hebt sämtliche vorher geltenden Streckenverbote auf. Beispielsweise eine vorgegebene Höchstgeschwindigkeit oder ein Überholverbot.

TIPP

Sicher ist dir aufgefallen, dass das Ende von Streckenverboten immer mit diagonalen Streifen durch das Verkehrszeichen symbolisiert wird. Du musst dir also nicht jedes Zeichen einzeln merken.

Halt- und Parkverbote

Park- und Haltverbote gelten nur auf der Straßenseite, auf der sie aufgestellt sind. Sie gelten jeweils vom Schild ab bis zur nächsten Kreuzung oder Einmündung auf der gleichen Straßenseite oder bis ein neues Schild eine andere Regelung kennzeichnet.

Absolutes Haltverbot
Dieses Zeichen verbietet es, auf der Fahrbahn zu halten.

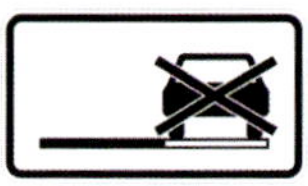

Durch dieses Zusatzzeichen ist es auch verboten, auf dem Seitenstreifen zu halten.

Das untere Zusatzzeichen hingegen beschränkt das Haltverbot auf den Seitenstreifen. Auf der Fahrbahn darf gehalten werden.

Eingeschränktes Haltverbot
Auf dieser Straßenseite ist es verboten, länger als 3 Minuten auf der Fahrbahn zu halten. Nur, wenn du jemanden ein- oder aussteigen lässt oder dein Auto be- oder entlädst, darfst du länger halten. Das Ein- und Ausladen musst du jedoch ohne Verzögerungen durchführen.

Durch das Zusatzzeichen werden schwerbehinderte Personen, die einen besonderen Parkausweis haben, vom Haltverbot ausgenommen. Der Parkausweis muss deutlich sichtbar ausgelegt oder am Fahrzeug angebracht sein.

Auch Anwohner mit besonderem Parkausweis können durch ein Zusatzzeichen vom Parkverbot ausgenommen sein. Auch dieser Ausweis muss gut sichtbar im Fahrzeug ausgelegt oder am Fahrzeug angebracht sein.

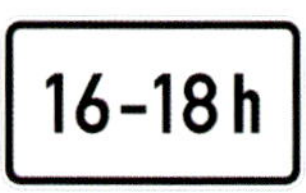

Haltverbote können durch Zusatzzeichen auch zeitlich eingeschränkt werden. Außerhalb der angegebenen Zeiten darf man halten.

Eingeschränktes Haltverbot für eine Zone
Innerhalb der so gekennzeichneten Zone darf man nicht länger als 3 Minuten halten. Auch hier gelten die Ausnahmen für das eingeschränkte Haltverbot. Ein- und Ausladen sowie jemanden ein- oder aussteigen lassen ist also erlaubt. Wenn ein Zusatzzeichen eine Parkscheibe oder einen Parkschein vorschreibt, muss diese(r) gut sichtbar im Fahrzeug ausgelegt werden.

Das untere Verkehrszeichen markiert das Ende der Zone mit eingeschränktem Haltverbot.

Bei länger geltenden Park- und Haltverboten kennzeichnen Schilder mit entsprechenden Pfeilen den Bereich, in dem die Vorschriftzeichen gelten.

Zur Erinnerung können Schilder mit Pfeilen in beide Richtungen aufgestellt werden. Der Beginn der Haltverbotsstrecke wird durch einen zur Fahrbahn weisenden Pfeil angezeigt, das Ende wird durch einen Pfeil markiert, der von der Fahrbahn weg weist.

Markierungen

Markierungen sind meist in Form von weißen Linien auf der Fahrbahn aufgebracht. Sie können aber auch durch Markierungsknopfreihen oder durch andersfarbige Pflastersteine gekennzeichnet werden. Dies ist vor allem in verkehrsberuhigten Zonen der Fall.

Gelbe Markierungen, Markierungsknopfreihen oder Leitmarken (rot-weiße Markierungen) heben weiße Markierungen auf.

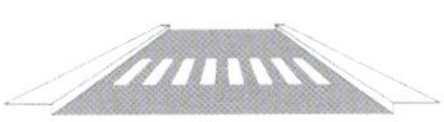

Fußgängerüberweg
Neben dem entsprechenden Schild ist der Fußgängerüberweg auch durch Fahrbahnmarkierungen gekennzeichnet. An einen Fußgängerüberweg musst du vorsichtig heranfahren und Fußgängern das Überqueren der Fahrbahn ermöglichen. Gegebenenfalls musst du anhalten.

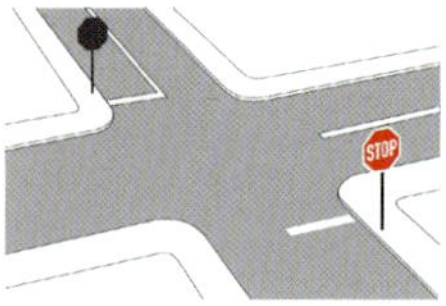

Haltlinie

An vielen Kreuzungen mit Ampeln oder **Halt. Vorfahrt gewähren**-Verkehrszeichen ist eine Haltlinie auf der Fahrbahn eingezeichnet. An dieser musst du anhalten, wenn ein Schild, Bahnschranken oder ein Polizist es anordnen bzw. wenn die Ampel rot ist. Wenn nötig, musst du an der Sichtlinie noch einmal anhalten, damit die Kreuzung sicher überquert werden kann.

Fahrstreifenbegrenzung

Durch Fahrstreifenbegrenzungen sind die Fahrstreifen des Gegenverkehrs von denen in deine Richtung abgegrenzt. Diese Markierung ist eine durchgezogene Linie, die nicht überfahren werden darf. Gegebenenfalls kann die Fahrstreifenbegrenzung auch eine Doppellinie sein.

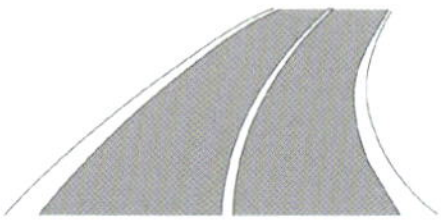

Begrenzung von Fahrbahnen und Sonderwegen

Durch diese Linie wird die Abgrenzung zum Fahrbahnrand oder zu einem Sonderweg kenntlich gemacht. Sie kann auch einen Seitenstreifen von der Fahrbahn abgrenzen.

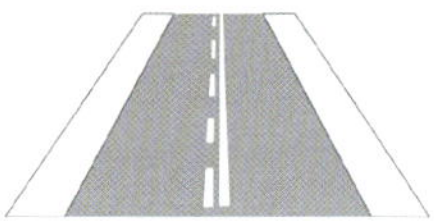

Einseitige Fahrstreifenbegrenzung

Die einseitige Fahrstreifenbegrenzung besteht aus einer durchgezogenen und einer gestrichelten Linie. Wenn du auf der Seite mit der gestrichelten Linie fährst, darfst du die Markierung überfahren. Aber nur, wenn du dadurch den Verkehr nicht gefährdest.

Befindest du dich auf dem Fahrstreifen mit der durchgezogenen Linie, darfst du nicht über die Markierung fahren.

Pfeilmarkierungen

Pfeilmarkierungen kennzeichnen, welche Spur in welche Richtung führt. Ordne dich entsprechend ein und blinke rechtzeitig. Fahrzeuge, die sich links eingeordnet haben, darfst du auch rechts überholen. Wenn du dich in einer entsprechend gekennzeichneten Spur eingeordnet hast, musst du auch dem Verkehr in der angeordneten Richtung folgen. Im Bereich der Pfeilmarkierungen gilt Haltverbot.

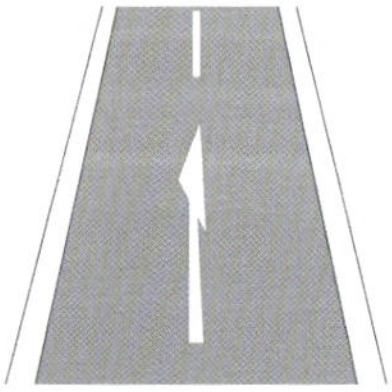

Vorankündigungspfeil

Diese Pfeile auf der Fahrbahn kündigen das Ende eines Fahrstreifens oder eine Fahrstreifenbegrenzung an. Beende gegebenenfalls Überholvorgänge rechtzeitig.

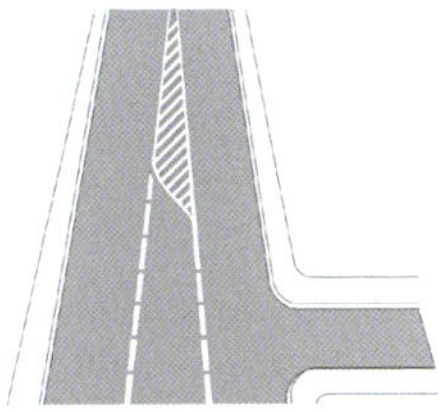

Sperrfläche
So gekennzeichnete Flächen dürfen von Fahrzeugen jeglicher Art nicht genutzt werden.

Parkflächenmarkierungen
Diese Markierungen können auf Parkplätzen, aber auch auf Fahrbahnen oder Gehwegen vorhanden sein. Sie zeigen an, wie du dein Fahrzeug parken musst. Du darfst durchgehende Linien überqueren. Wenn die Parkflächenmarkierung auf dem Gehweg eingezeichnet ist, darf dort ein Fahrzeug mit einer maximal zulässigen Gesamtmasse von 2,8 t geparkt werden.

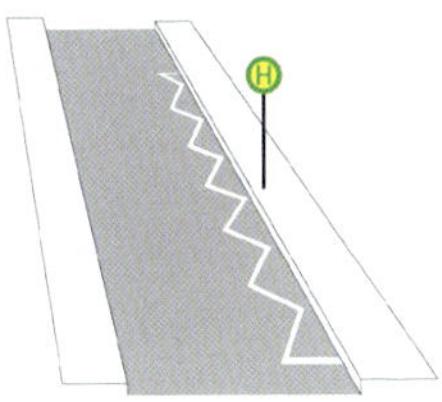

Grenzmarkierung für Halt- oder Parkverbote
Diese Markierungen kennzeichnen, verlängern oder verkürzen vorgegebene Halt- oder Parkverbote.

6.6 Richtzeichen

Richtzeichen haben eine hinweisende oder empfehlende Funktion zur Erleichterung des Verkehrs. Richtzeichen können zudem Anordnungen in Form von Ge- und Verboten enthalten. Üblicherweise gelten sie ab der Stelle, an der das Zeichen angebracht ist, es sei denn, es wird durch Zusatzzeichen etwas anderes angegeben.

Um die Übersicht über die vielen Richtzeichen zu erleichtern, sind sie im Folgenden zu Gruppen zusammengefasst.

Vorrangzeichen

Die Vorrangzeichen regulieren, wer an einer Kreuzung oder Einmündung oder auch beim Vorbeifahren an Hindernissen Vorrang hat, also zuerst fahren darf.

Vorfahrt
Dieses Richtzeichen legt fest, dass du an der nächsten Kreuzung oder Einmündung Vorfahrt vor dem Querverkehr hast.

Vorfahrtstraße
Das Zeichen **Vorfahrtstraße** gibt dir Vorfahrt vor dem Querverkehr. Es gilt so lange, bis ein anderes vorfahrtregulierendes Zeichen wie **Vorfahrt gewähren** oder **Halt. Vorfahrt gewähren** angebracht ist. Außerdem kann es durch das hier abgebildete Zeichen **Ende der Vorfahrtstraße** aufgehoben werden.

An abknickenden Vorfahrtstraßen informiert ein Zusatzzeichen über die Richtung der Vorfahrtstraße. Die Kurve symbolisiert deren Straßenverlauf. Möchtest du ihr folgen, musst du rechtzeitig blinken und dich wie beim Abbiegen verhalten. Achte also auf Fußgänger und warte notfalls.

Vorrang vor dem Gegenverkehr
Dieses Verkehrszeichen gibt dir an Engstellen Vorrang vor dem Gegenverkehr. Es kann vor allem in Baustellenbereichen fälschlicherweise auch verkehrt herum angebracht sein. Dennoch gilt, dass du Vorrang vor dem Gegenverkehr hast. Fahre aber in möglicherweise missverständlichen Situationen besonders aufmerksam und rücksichtsvoll und verzichte zur Not lieber auf dein Recht, bevor es gefährlich wird.

Ortstafeln

Ortstafeln findest du am Anfang und Ende geschlossener Ortschaften.

Vorderseite

Rückseite.

Mit dem Beginn einer geschlossenen Ortschaft treten die entsprechenden Vorschriften für den Verkehr innerorts in Kraft:

- Du darfst höchstens mit einer Geschwindigkeit von 50 km/h fahren (wenn keine anderen Schilder etwas anderes festlegen).
- Du darfst auf den Vorfahrtstraßen parken.
- Zum Parken darfst du im Dunkeln die Parkleuchte verwenden.

- Deinen Überholvorgang darfst du nicht mit Hupe oder Lichthupe ankündigen.
- Du musst häufiger mit Tempo-30-Zonen rechnen.
- Mit einem Kfz bis zu 3,5 t zulässiger Gesamtmasse kannst du deinen Fahrstreifen frei wählen.

Mit dem Ende der geschlossenen Ortschaft werden die oben genannten Regelungen außer Kraft gesetzt. Damit gelten die allgemeinen Regeln für den Verkehr außerhalb geschlossener Ortschaften:

- Du darfst höchstens mit einer Geschwindigkeit von 100 km/h fahren (wenn keine anderen Schilder etwas anderes festlegen).
- Auf Vorfahrtstraßen darfst du nicht parken.
- Deinen Überholvorgang darfst du mit Hupe oder Lichthupe ankündigen.
- Deinen Fahrstreifen darfst du nicht frei wählen. Es gilt das Rechtsfahrgebot.
- Halten und Parken sind nur mit Standlicht erlaubt.

Parken

Um vor allem in Städten den Durchgangsverkehr nicht zu behindern, sind häufig spezielle Parkplätze ausgewiesen oder die Art bzw. Richtung des Parkens wird vorgeschrieben. Parkplätze, die durch ein weißes P auf blauem Hintergrund gekennzeichnet sind, darfst du zum Parken nutzen. Abänderungen des Schildes oder Zusatzzeichen regeln, wie du parken darfst.

Parken auf Gehwegen
Diese Schildervariationen erlauben es dir, auf dem Gehweg zu parken, wenn die zulässige Gesamtmasse deines Fahrzeugs nicht höher als 2,8 t ist. Die Schilder schreiben genau vor, wie du auf dem Gehweg stehen sollst.

Parkraumbewirtschaftungszone
In einer so gekennzeichneten Zone darfst du nur mit einer Parkscheibe oder einem Parkschein (das wird durch ein Zusatzzeichen geregelt) parken. Dieser muss wie immer gut lesbar ausgelegt oder am Fahrzeug angebracht sein.

Diese Regelung gilt, bis die Parkraumbewirtschaftungszone durch das entsprechende Schild beendet wird.

Zusatzzeichen, die das Parken regulieren

- Hier musst du eine Parkscheibe einlegen und darfst maximal 2 Stunden parken.
- Hier musst du einen Parkschein lösen, um parken zu dürfen.
- Hier ist der Parkplatz für Bewohner mit einem entsprechenden Bewohnerausweis reserviert, der gut lesbar ausgelegt oder angebracht sein muss.
- Hier ist der Parkplatz für Personen mit einer schweren Behinderung (z. B. außergewöhnliche Gehbehinderung oder andere Funktionsbeeinträchtigungen, die vergleichbar sind) sowie Begleitpersonen von Blinden reserviert. Der Parkausweis muss wiederum gut lesbar ausgelegt oder angebracht sein.
- Hier ist das Parken für elektrisch betriebene Fahrzeuge frei. Die Freistellung kann aber auch allein nur am Parkscheinautomaten angegeben sein.
- Ein Parkplatz kann auch speziell nur sogenannten Carsharing-Fahrzeugen vorbehalten sein. Dieser wird dann mit dem Zusatzzeichen **Carsharing** und dem Wort **frei** ausgewiesen. Ein Carsharing-Fahrzeug ist durch eine entsprechende Plakette, die auf der Windschutzscheibe angebracht ist, gekennzeichnet.

Verkehrsberuhigter Bereich

Die beiden abgebildeten Schilder markieren den Beginn (links) und das Ende (rechts) eines verkehrsberuhigten Bereichs. In diesem gelten besondere Regeln, da alle Verkehrsteilnehmer nur eine Verkehrsfläche gemeinsam nutzen.

- Du musst auf Fußgänger Rücksicht nehmen.
- Du musst besonders aufmerksam fahren, da Kinder auf der Fahrbahn spielen dürfen.
- Du darfst nur mit Schrittgeschwindigkeit (4–7 km/h) fahren.

- Du darfst nur innerhalb gekennzeichneter Flächen parken (Ausnahme: zum Ein- oder Aussteigen bzw. Be- und Entladen deines Fahrzeugs).
- Du musst bei der Ausfahrt aus dem verkehrsberuhigten Bereich anderen Verkehrsteilnehmern Vorrang gewähren.

Tunnel, Nothalte- und Pannenbucht

Tunnel
Dieses Zeichen findest du an jeder Tunneleinfahrt. Es signalisiert dir, dass du mit Abblendlicht fahren musst und nicht wenden darfst.

Im Notfall oder bei Pannen musst du die Nothalte- und Pannenbuchten nutzen, die entsprechend gekennzeichnet sind.

Nothalte- und Pannenbucht
Dieses Schild weist auf eine Nothalte- und Pannenbucht hin. Wie der Name schon sagt, darfst du hier nur im Notfall oder bei einer Panne halten.

Autobahnen und Kraftfahrstraßen

Autobahn
Dieses Zeichen findest du an Zufahrtsstraßen und Anschlussstellen auf Autobahnen. Ab hier gelten die besonderen Regeln für den Verkehr auf der Autobahn, beispielsweise eine Richtgeschwindigkeit von 130 km/h.

Das Ende der Autobahn wird durch einen roten diagonalen Streifen über das Verkehrszeichen signalisiert.

Kraftfahrstraße
Dieses Zeichen findest du an Einmündungen und Kreuzungen an Kraftfahrstraßen sowie am Beginn der Kraftfahrstraße. Auf einer Kraftfahrstraße dürfen nur Fahrzeuge mit einer bauartbedingten Höchstgeschwindigkeit von mehr als 60 km/h fahren. Es gelten die besonderen Regeln für Kraftfahrstraßen.

Das Ende wird durch einen roten diagonalen Strich gekennzeichnet.

Ausfahrt von Autobahnen

Die Ausfahrt von Autobahnen wird entsprechend gekennzeichnet. Neben dem Schild **Ausfahrt** wird auch der Knotenpunkt mit einer Nummer über der 300-m-Bake angegeben.

Die Ankündigungsbaken zeigen die Entfernung bis zur nächsten Ausfahrt an. Möchtest du die Autobahn verlassen, musst du dies ab der 300-m-Bake durch Blinken ankündigen.

Markierungen

Markierungen befinden sich meist in Form von weißen Linien auf der Fahrbahn. Sie können aber auch durch Markierungsknopfreihen oder durch andersfarbige Pflastersteine gekennzeichnet werden. Dies ist vor allem in verkehrsberuhigten Bereichen der Fall. Gelbe Markierungen, Markierungsknopfreihen oder Leitmarken (rot-weiße Markierungen) heben weiße Markierungen auf.

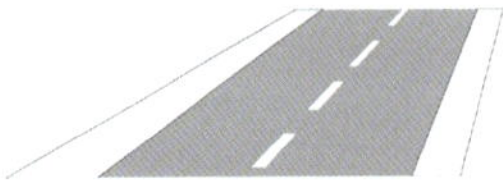

Leitlinie

Die sogenannte gestrichelte Linie darf überfahren werden, wenn dadurch kein anderer Verkehr gefährdet wird. Sie soll dir dein Blickverhalten erleichtern. Sie wird auch zur Kenntlichmachung von Schutzstreifen für Radfahrer verwendet. In diesem Fall darf sie ebenfalls überfahren werden, solange du dabei keinen Radfahrer gefährdest. Auf Schutzstreifen besteht Haltverbot.

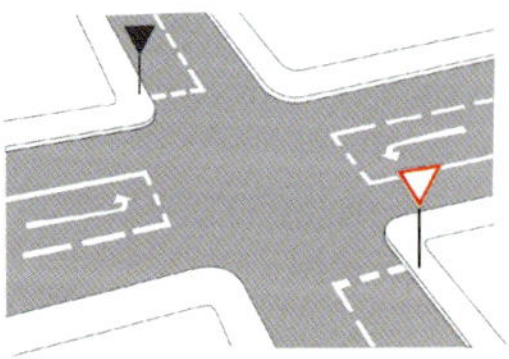

Wartelinie

Wenn du aufgrund des Verkehrs warten musst, ist es zu empfehlen, dort anzuhalten.

Haifischzähne

Diese Markierung hebt die Wartepflicht bei rechts vor links hervor. Sie regelt aber nicht die Vorfahrt und kommt nur außerhalb von Bundes-, Landes-, Kreis- sowie weiteren Hauptverkehrsstraßen zum Einsatz, z. B. in der Tempo-30-Zone. Sie kann auch eingesetzt werden, wenn z. B. eine Straße in einen Radschnellweg einmündet.

Hinweise

Hinweisschilder machen dich vor allem auf bestimmte Verkehrseinrichtungen aufmerksam.

Fußgängerüberweg
Dieses Zeichen steht unmittelbar am Fußgängerüberweg.

Radschnellweg
Hier dürfen nur Fahrräder und Elektrokleinstfahrzeuge im Sinne der eKFV fahren. Andere Fahrzeuge dürfen einen Radschnellweg nicht benutzen. Allerdings kann durch Zusatzzeichen die Benutzung für andere Verkehrsarten freigegeben werden. Ein Radschnellweg regelt nicht automatisch die Vorfahrt, sondern es gelten die allgemeingültigen Vorfahrtsregeln.

Das **Ende des Radschnellwegs** wird ebenfalls kenntlich gemacht.

Wasserschutzgebiet
In einem Wasserschutzgebiet musst du besonders vorsichtig und aufmerksam fahren, wenn du wassergefährdende Ladung transportierst.

Verkehrshelfer
Dieses Zeichen findest du vor allem an Schulen oder Kindergärten, also an Stellen, an denen Kinder häufig die Fahrbahn überqueren müssen. Verkehrshelfer können dich anhalten, um den Kindern das Überqueren der Straße zu erleichtern.

Sackgasse
Eine Sackgasse ist eine Straße, die endet und nicht in andere Straßen einmündet.

Wenn die Sackgasse für bestimmte Verkehrsteilnehmer, etwa Radfahrer, durchlässig ist, wird dies wie hier dargestellt angezeigt. Fußgänger und Radverkehr können diese Straße also beispielsweise auf einem Rad- oder Fußweg verlassen, der nicht von anderen Fahrzeugen befahren werden darf.

Sinnbilder

Hinweise enthalten häufig die in Abschnitt 6.8 dargestellten Sinnbilder, um Verkehrseinrichtungen anzuzeigen. Beispiele sind **Erste Hilfe** oder **Notfallsäule**.

Ortshinweistafel

Diese Verkehrszeichen weisen auf Ortschaften hin, die keine geschlossenen Ortschaften sind.

Hinweis auf touristisch bedeutsame Ziele

Sie stehen vor allem innerorts und weisen auf touristisch bedeutsame Ziele hin oder kennzeichnen touristische Routen. Erkennbar sind sie am braunen Hintergrund.

Mautpflicht

Man unterscheidet die Mautpflicht nach dem Bundesfernstraßenmautgesetz und allgemein mautpflichtige Strecken. Beide werden durch Hinweiszeichen angezeigt.

Zollstelle

Informationstafel an Grenzübergangsstellen

Derartige Tafeln geben einen ganz kurzen Überblick über die wichtigsten Geschwindigkeitsbegrenzungen im Einreiseland. Beachte aber, dass du dich nach den genauen Bestimmungen in anderen Ländern erkundigen musst, wenn du dort ein Fahrzeug fährst.

Laternenring

Ein roter Ring mit zwei weißen Streifen kennzeichnet innerhalb geschlossener Ortschaften Straßenlampen, die nicht die ganze Nacht über eingeschaltet sind. Zum Teil ist im roten Balken in weißer Schrift angegeben, wann die Laterne ausgeschaltet wird.

Wegweisung

Bei der Wegweisung werden verschiedene Straßentypen durch die Farbgebung auf den Schildern voneinander unterschieden. Blaue Wegweiser betreffen Autobahnen, gelbe dagegen Bundesstraßen.

Nummernschilder

Um einen Überblick über die vielen Straßen zu behalten, sind die wichtigsten Straßen wie Bundesstraßen, Autobahnen oder Europastraßen mit Schildern in entsprechender Farbe nummeriert.

Auch Verkehrsknotenpunkte (Autobahnausfahrten, -kreuze oder -dreiecke) werden durch Nummernschilder nummeriert, um ein wenig Ordnung in das Chaos der Straßen zu bringen.

Verkehrsknotenpunkt

Bundesstraße B35

Autobahn A48

Europastraße E36

Wegweiser außerhalb von Autobahnen

Verschiedenste Wegweiser zeigen vorher an, welche Straßen oder Ortschaften sich in welcher Richtung befinden, um ein Erreichen des Ziels zu gewährleisten. So kannst du sicher vorher durch Blinken ankündigen, wohin du fahren wirst. Außerdem geben bestimmte Schilder eine Verteilung der Spuren vor, damit du dich rechtzeitig einordnen kannst.

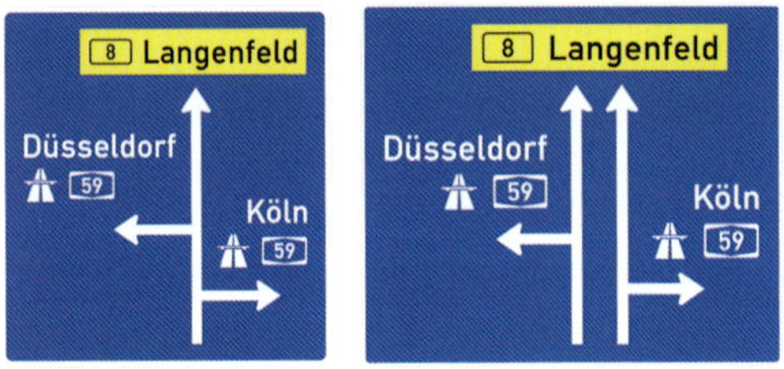

Vorwegweiser

Vorwegweiser können Autobahnen (blau) oder Bundesstraßen (gelb) ankündigen. Die Anzahl der Pfeile gibt dir die Anzahl der Spuren an, sodass du dich rechtzeitig einordnen kannst.

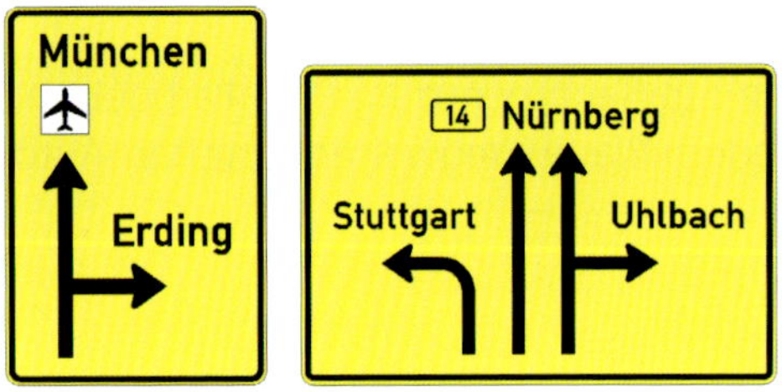

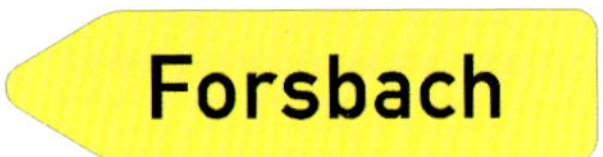

Pfeilwegweiser

Diese Wegweiser geben an, in welcher Richtung sich eine Ortschaft oder eine Autobahn oder eine für die Öffentlichkeit wichtige Einrichtung befindet.

Die Nummern der folgenden Bundesstraßen sind mit angegeben. Wegweiser für Bundesstraßen enthalten zudem eine Kilometerzahl bis zur nächsten Ortschaft und sind schwarz-gelb umrandet.

Wegweiser für sonstige Straßen, die nicht so eine hohe Verkehrsbedeutung haben, haben nur einen schwarzen Rand.

Wie üblich weist der blaue Hintergrund auf eine Autobahn hin. Der Weg zur Auffahrt wird durch die Pfeilrichtung angezeigt. Außerdem wird die Nummer der Autobahn angegeben.

Ziele mit erheblicher Verkehrsbedeutung sind auf weißem Hintergrund entweder als Wort oder mit ihrem Sinnbild (vgl. Abschnitt 6.8) angegeben.

Tabellenwegweiser

Diese Verkehrszeichen geben verschiedene Wege zusammengefasst an. Sie können entweder als ein Schild zusammengefasst sein oder in separaten Schildern vorkommen.

Ausfahrttafel

Wie auf Autobahnen auch, gibt es auf manchen Bundes- oder Kraftfahrstraßen Schilder, die eine Ausfahrt und die wichtigsten nahe gelegenen Städte kennzeichnen. Innerorts kann der Hintergrund auch weiß sein.

Straßennamensschilder

Sogenannte Straßenschilder geben die Namen der Straßen an. Sie können direkt an der Hauswand oder an Laternen befestigt sein oder aber als selbstständige Schilder vorkommen. Manchmal ist der Straßenname in weißer Schrift auf blauem Hintergrund angegeben.

Wegweiser auf Autobahnen

Ankündigungstafeln

Diese Zeichen kündigen Ausfahrten mit ihrer jeweiligen Nummer an. Durch die Angabe der Entfernung bis zur Ausfahrt kannst du besser einschätzen, ob sich beispielsweise noch ein Überholvorgang lohnt oder ob du dich in die rechte Spur einordnen solltest, wenn du die Autobahn verlassen möchtest.

Es werden auch Autohöfe angekündigt, also Raststätten in der Nähe von Autobahnausfahrten.

Vorwegweiser

Diese Richtzeichen geben die Richtung der Autobahn sowie eine Auswahl an Ortschaften nahe der Autobahn an.

Ausfahrttafel
Wie auf Bundes- und Kraftfahrstraßen gibt es auch auf Autobahnen Wegweiser, die die Ausfahrten kennzeichnen.

Entfernungstafel
Dieses Verkehrszeichen gibt die Entfernungen zur Ortsmitte der angegebenen Orte an. Unterhalb des waagerechten Strichs sind Orte angegeben, die du über eine andere Autobahn erreichst. Die andere Autobahn ist über ein Autobahnkreuz oder -dreieck von deiner Autobahn aus erreichbar.

Umleitungsbeschilderung

Wenn eine Straße beispielsweise aufgrund einer Baustelle gesperrt ist, wird mithilfe von Umleitungsschildern eine alternative Strecke angegeben, die dich um die Baustelle herumleitet. Es gibt aber auch dauerhafte Umleitungen, wenn beispielsweise eine Straße für bestimmte Fahrzeuge nicht befahrbar ist.

Umleitungen außerhalb von Autobahnen

Vorwegweiser für bestimmte Verkehrsarten
Diese Zeichen kündigen eine Umleitung für bestimmte Fahrzeugtypen an. Die Fahrzeugart ist als Sinnbild angegeben.

Wegweiser für bestimmte Verkehrsarten
Diese Wegweiser geben die Richtung an, in der die Umleitung für bestimmte Fahrzeugtypen verläuft.

Umleitungsankündigung
In manchen Fällen wird die Umleitung vorher durch dieses Zeichen angekündigt. Durch ein Zusatzzeichen kann die Entfernung bis zur Umleitung und bei Bedarf auch der Zielort angegeben sein.

Umleitungswegweiser
Diese Verkehrszeichen stehen am Beginn der Umleitung und an allen Kreuzungen oder Einmündungen, an denen du den Straßenverlauf verlassen musst.

Fortsetzung der Umleitung
Dieses Zeichen hilft, der Umleitung weiterhin zu folgen.

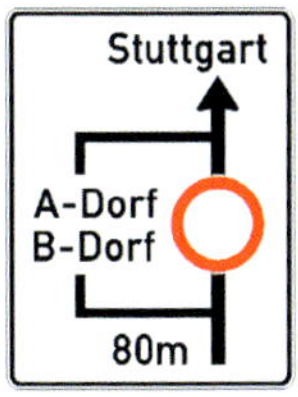

Planskizze
Eine Planskizze kann eine Umleitung ankündigen und den Streckenverlauf der Umleitung grob skizzieren.

Ende der Umleitung
Das Ende der Umleitung kann durch zwei Verkehrszeichen symbolisiert werden.

Bedarfsumleitungen für den Autobahnverkehr

Bedarfsumleitung
Mithilfe dieses Verkehrszeichens wirst du außerhalb der Autobahn zu einer nahe gelegenen Anschlussstelle umgeleitet.

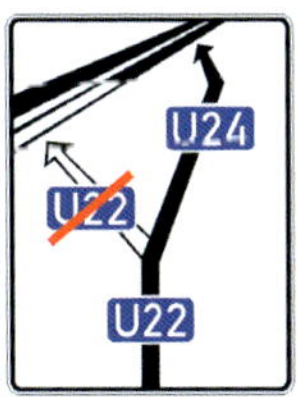

Weiterführende Bedarfsumleitung
Dieses Zeichen wird aufgestellt, wenn die Auffahrt auf die Autobahn an einer Anschlussstelle nicht möglich ist. Du wirst über die nächste Bedarfsumleitung zu einer nahe gelegenen Anschlussstelle umgeleitet.

Sonstige Verkehrsführung

Umlenkungspfeil

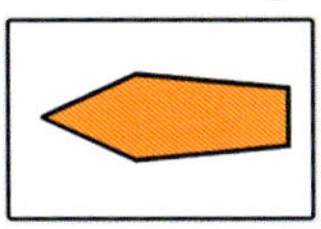

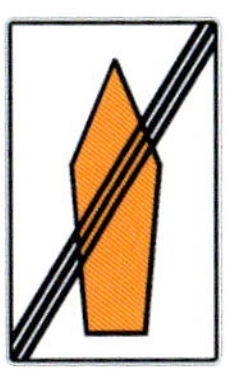

Durch den orangefarbenen Pfeil sind Alternativstrecken auf Autobahnen oder Strecken, die einer Autobahn ähnlich sind, gekennzeichnet. Wenn du auf einen Stau zufährst, kann es beispielsweise sinnvoll sein, die Streckenempfehlung zu nutzen. Wie üblich wird das Ende der Alternativstrecke durch diagonale Striche gekennzeichnet.

Verkehrslenkungstafeln

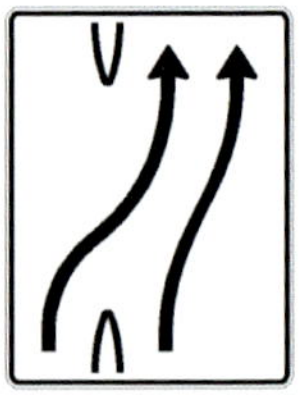

Überleitungstafel

Wird der Verkehr auf die Fahrbahn oder einen Fahrstreifen des Gegenverkehrs übergeleitet, wird dies im Vorfeld durch das links abgebildete Verkehrszeichen angekündigt.

Verschwenkungstafel

Wenn der Verkehr beispielsweise in Baustellen verschwenkt wird, wird dies ebenfalls durch ein Verkehrszeichen angekündigt. Im angegebenen Beispiel verengt sich der linke Fahrstreifen, weshalb Fahrzeuge, die inklusive Spiegel breiter als 2 m sind, den Fahrstreifen nicht mehr nutzen dürfen.

Die Entfernung bis zum Beginn der Verschwenkung kann durch ein entsprechendes Zusatzzeichen gekennzeichnet sein.

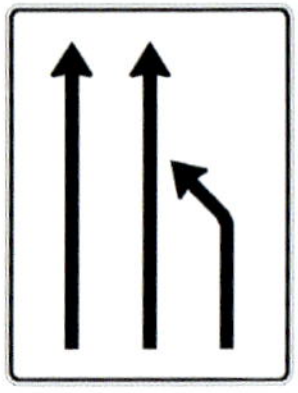

Einengungstafel

Diese Richtzeichen geben an, wenn ein Fahrstreifen endet.

Durch ein Zusatzzeichen kann angegeben sein, an welcher Stelle der Fahrstreifenwechsel durchgeführt werden soll. Der Fahrstreifenwechsel beim Ende eines Fahrstreifens erfolgt nach dem Reißverschlussverfahren.

6.7 Verkehrseinrichtungen

Verkehrseinrichtungen stellen Regeln auf, die den allgemeinen Verkehrsregeln vorgehen. Zu ihnen gehören Schranken, Absperrgeräte, Geländer, Sperrpfosten und Leiteinrichtungen. Du erkennst sie (bis auf Leitpfosten, -borde oder -schwellen) an ihrer rot-weiß gestreiften Optik. Parkuhren, Parkscheinautomaten, Blinklicht- und Lichtzeichenanlagen gehören ebenfalls zu den Verkehrseinrichtungen. Du musst sie also befolgen, auch wenn eine allgemeine Verkehrsregel ein anderes Verhalten von dir einfordern würde.

Einrichtungen zur Kennzeichnung von Unfall- und Arbeitsstellen oder sonstigen vorübergehenden Hindernissen

Die angegebenen Verkehrseinrichtungen verbieten dir das Befahren der gekennzeichneten Fahrbahnfläche und leiten dich daran vorbei. Wenn Warnleuchten an den Verkehrseinrichtungen rotes Licht zeigen, ist die gesamte Fahrbahn gesperrt.

Sind nur Teile der Fahrbahn betroffen, wird dies durch ein gelbes Licht oder ein gelbes Blinklicht angezeigt.

Absperrschranke

Pfeilbake (Leitbake)
Die Pfeilbake kann auf einer Leitschwelle (Mitte) oder einem Leitbord (rechts) angebracht sein. Diese sind gelb, da es sich um vorübergehende Markierungen handelt.

Schraffenbake (Leitbake)
Die Schraffenbake kann ebenfalls auf einer Leitschwelle (Mitte) oder einem Leitbord (rechts) angebracht sein. Diese sind gelb, da es sich um vorübergehende Markierungen handelt.

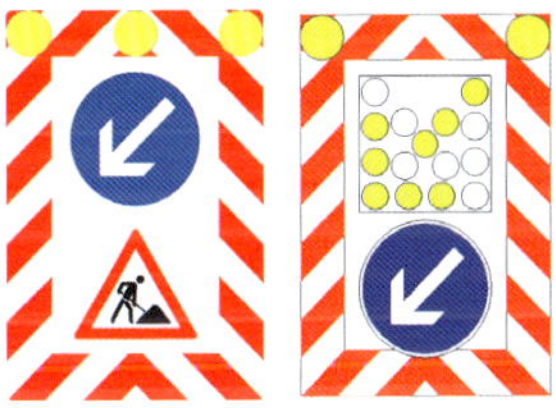

Fahrbahre Absperrtafel
Vor fahrbaren Absperrtafeln können zusätzlich noch Warnschwellen am Boden verwendet werden. Sie sind quer zur Fahrtrichtung angebracht.

Mithilfe von Blinkpfeilen kann zusätzlich die Richtung angegeben sein, in der am Hindernis vorbeigefahren werden soll.

Einrichtung zur Kennzeichnung von dauerhaften Hindernissen oder sonstigen gefährlichen Stellen

Richtungstafel in Kurven

Leitplatte

Leitkegel

Leitmal
Ein Leitmal dient der Kennzeichnung von Gegenständen, die den Verkehr einschränken. Je nach Gegenstand kann das Leitmal unterschiedlich geformt sein.

Einrichtung zur Kennzeichnung des Straßenverlaufs

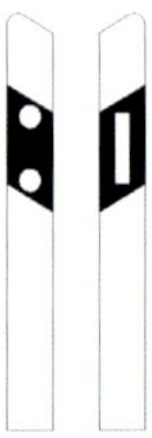

Die Leitpfosten kennzeichnen den Verlauf der Straße. Durch Reflektoren an den Leitpfosten kannst du auch bei schlechten Witterungsbedingungen oder in der Dunkelheit den Straßenverlauf gut erkennen. Diese Verkehrseinrichtungen sind in der Regel 50 m voneinander entfernt, in Kurven ist der Abstand geringer. Am linken Straßenrand ist der links abgebildete Pfosten aufgestellt, am rechten Straßenrand der rechts abgebildete.

Warntafel zur Kennzeichnung von Fahrzeugen und Anhängern bei Dunkelheit

Parkwarntafeln müssen an Kraftfahrzeugen mit einer zulässigen Gesamtmasse von mehr als 3,5 t und an Anhängern, die innerorts geparkt werden, angebracht werden. Alternativ können diese Kraftfahrzeuge auch mit einer eigenen Lichtquelle kenntlich gemacht werden.

6.8 Sinnbilder

Im Folgenden sind die Sinnbilder, die am häufigsten in Zusatzzeichen oder auch Verkehrszeichen verwendet werden, benannt und wenn nötig erklärt. Sie werden einheitlich in Symbolsprache verwendet, um Missverständnisse zu vermeiden und um auch Personen die Teilnahme am Straßenverkehr zu ermöglichen, die nicht lesen können.

Kraftwagen und sonstige mehrspurige Kraftfahrzeuge

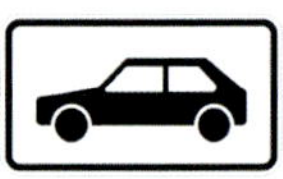

Personenkraftwagen

Mehrfachbesetzte Personenkraftwagen: Personenkraftwagen oder Krafträder mit Beiwagen, die mit mindestens drei Personen besetzt sind

Personenkraftwagen mit Anhänger

Lastkraftwagen: Kraftfahrzeuge mit einer zulässigen Gesamtmasse von über 3,5 t, ausgenommen Pkws und Busse. In der Gesamtmasse sind Anhänger und Zugmaschinen inbegriffen.

Lastkraftwagen mit Anhänger

Wohnmobil

Mofas

Einsitzige zweirädrige Kleinkrafträder mit elektrischem Antrieb, der sich bei einer Geschwindigkeit von mehr als 25 km/h selbsttätig abschaltet – E-Bike

Elektrokleinstfahrzeuge im Sinne der Elektrokleinstfahrzeug-Verordnung (eKFV)

Krafträder, Kleinkrafträder und Mofas – auch mit Beiwagen

Kraftfahrzeuge (und Züge), die nicht schneller als 25 km/h fahren können oder dürfen

Kraftomnibus

Straßenbahn

Radverkehr

Lastenfahrrad

Fußgänger

Reiter

Gespannfuhrwerke

Viehtrieb

Autobahndreieck oder Autobahnkreuz

Autobahnausfahrt

Autobahngasthof

Notfallsäule

Erste Hilfe

Polizei

Carsharing: kann die Bevorrechtigung beim Parken für Carsharing-Fahrzeuge anzeigen. Durch das Wort »frei« unter dem Sinnbild kann auch das Halten oder Parken für Carsharing-Fahrzeuge freigegeben werden.

7. Andere Teilnehmer im Straßenverkehr

Wir alle sind Teilnehmer im Straßenverkehr, sobald wir uns im öffentlichen Verkehrsraum befinden, ob als Fußgänger, Radfahrer, Motorradfahrer oder Pkw-Fahrer, als Nutzer des öffentlichen Nahverkehrs in einem Linienbus oder als Lkw-Fahrer. Sie alle haben verschiedene Interessen, sind mit unterschiedlicher Geschwindigkeit und ungleichen Kenntnissen der Verkehrsregeln unterwegs.

Daher ist eine defensive Fahrweise wichtig, um auf die anderen Verkehrsteilnehmer Rücksicht zu nehmen – vor allem auf die sogenannten verkehrsschwachen Personen wie Kinder und hilfsbedürftige Verkehrsteilnehmer – und so mögliche Gefahren abzuwenden.

7.1 Öffentliche Verkehrsmittel

Der öffentliche Nahverkehr trägt wesentlich zur Entlastung des Verkehrs bei und kann gerade in einer Zeit, in der einerseits die Staus zunehmen und andererseits über Fahrverbote diskutiert wird, seine Vorteile ausspielen. Er bietet vor allem eine umweltschonende Möglichkeit, den vorgesehenen Zielort zu erreichen. Damit der öffentliche Nahverkehr seine Fahrpläne einhalten kann, werden ihm manchmal Vorrechte eingeräumt, etwa durch besondere Busspuren, die ausschließlich für den Nahverkehr bestimmt sind.

Schul- und Linienomnibusse, Straßenbahnen

Gefährliche Situationen entstehen oft an Haltestellen. Hier musst du immer mit ein- und aussteigenden Fahrgästen rechnen, die den restlichen Verkehr nicht beachten, vor oder hinter einem Bus oder einer Straßenbahn plötzlich auf die Fahrbahn treten oder schnell über die Straße laufen, weil sie spät dran sind und den Bus oder die Bahn unbedingt noch erreichen möchten.

Haltestellen

Daher gilt an Haltestellen, an denen Linienbusse, Schulbusse oder Straßenbahnen halten:

Hier darfst du nur vorsichtig vorbeifahren, auch im Gegenverkehr!

Rechne beim Vorbeifahren mit plötzlich auftauchenden Fahrgästen, die vorher durch das öffentliche Verkehrsmittel verdeckt waren. Achte darauf, ausreichenden Seitenabstand zu halten, damit du die Fahrgäste nicht gefährdest.

Möchte ein Linien- oder Schulbus von der Haltestelle abfahren, musst du ihm die Gelegenheit zur Abfahrt sowie zum Einordnen in den Verkehr geben, notfalls musst du warten.

Vor allem bei Straßenbahnlinien kommt es häufiger vor, dass sich die Haltestelle nicht am Fahrbahnrand, sondern in der Fahrbahnmitte befindet. In einem solchen Fall darfst du rechts nur mit Schrittgeschwindigkeit und äußerster Vorsicht vorbeifahren. Notfalls musst du warten, du darfst die Fahrgäste keinesfalls behindern oder gar gefährden.

Eine weitere Maßnahme, um eine Behinderung oder Gefährdung zu vermeiden, ist das Parkverbot, das bis 15 m vor und hinter dem Haltestellenschild gilt. Halten darfst du bis maximal 3 Minuten, unter der Voraussetzung, dass du keinen Bus behinderst.

Schulbushaltestellen

An Schulbushaltestellen musst du ganz besonders vorsichtig und jederzeit bremsbereit sein, denn sie verfügen über ein hohes Gefahrenpotenzial. Kinder achten oft nicht auf den Verkehr, sie rennen unüberlegt über die Straße oder tauchen plötzlich hinter dem Bus auf. Deshalb beobachte die Kinder am Fahrbahnrand, um gefährliche Verhaltensweisen rechtzeitig erkennen und richtig reagieren zu können.

Bus mit Warnblinkanlage

Bei einem Schul- und Linienomnibus mit Warnblinkanlage an einer gekennzeichneten Haltestelle musst du besonders aufpassen. Nähert sich der Bus der Haltestelle und schaltet während der Fahrt schon das Warnblinklicht ein, gilt Überholverbot. Bleibe hinter dem Bus, bis er an der Haltestelle anhält.

Steht der Bus dann mit eingeschaltetem Warnblinklicht an der gekennzeichneten Haltestelle, darfst du nur noch mit Schritttempo, also 4 bis 7 km/h, und mit ausreichend Sicherheitsabstand an ihm vorbeifahren oder musst notfalls warten. Das Gleiche gilt auch für den Gegenverkehr. Denn oft überqueren Fahrgäste die Fahrbahn, um schnell noch den Bus zu erreichen.

Blinkt der Schul- oder Linienomnibus links, weil er von der Haltestelle abfahren möchte, musst du die Abfahrt ermöglichen, notfalls musst du warten.

Straßenbahn

Auf das Verhalten an Straßenbahnhaltestellen in der Straßenmitte wurde bereits hingewiesen. Generell solltest du bei Straßenbahnen bedenken, dass sie aufgrund ihrer Gesamtmasse einen längeren Bremsweg haben und als Schienenfahrzeug nicht einfach einem Hindernis ausweichen können. Hier sind folglich besondere Rücksichtnahme und Vorsicht geboten. Überholen kannst du eine Straßenbahn generell rechts.

Taxis

Aufgrund des harten Wettbewerbs und des Wunsches der Fahrgäste, möglichst schnell zu ihrem Zielort befördert zu werden, stehen Taxifahrer oft unter großem Zeitdruck. Dichter Verkehr in den Städten und besonders zu den Stoßzeiten verstärkt diesen Effekt noch zusätzlich. Daher fahre immer mit erhöhter Aufmerksamkeit und genügend Abstand, sodass du auf ein schnell losfahrendes Taxi, plötzliche

Fahrstreifenwechsel etc. vorbereitet bist. Mit ab- und anfahrenden Taxis musst du natürlich immer an einem Taxistand rechnen. Für alle anderen Fahrzeuge gilt an einem Taxistand absolutes Haltverbot. Ein Zusatzzeichen unter dem Taxistand-Schild kann anzeigen, für wie viele Taxis hier Platz gelassen werden muss.

Zudem gibt es noch weitere Regelungen, die dem Taxifahrer den Alltag erleichtern sollen, so darf ein Taxi in zweiter Reihe halten, um die Fahrgäste ein- und aussteigen zu lassen. Außerdem dürfen Taxis die Bussonderfahrstreifen nutzen, wenn diese durch Zusatzzeichen für Taxis freigegeben sind.

Hier gilt absolutes Haltverbot!

Bei diesem Zusatzzeichen musst du Platz für 5 Taxis lassen. Pro Taxi werden 5 m gerechnet plus 5 m für den An- und Abfahrtsweg.

Beispiel: 5 Taxis à 5 m plus 5 m An- und Abfahrt ergeben 30 m.

Aber auch von den Fahrgästen können Gefahren ausgehen, wenn diese beim schnellen Aussteigen die Tür öffnen, ohne den Verkehr zu berücksichtigen. Oder wenn sie, um schnell noch ein Taxi zu bekommen, einfach die Fahrbahn überqueren und darüber den Verkehr missachten. Dies geschieht nie mit Absicht, darum denke immer daran: Gib acht und halte Abstand zu Taxis!

7.2 Motorradfahrer

Motorradfahren ist für viele eine gute Möglichkeit der Freizeitgestaltung, andere nutzen es, um besser und schneller voranzukommen. Motorradfahren ist allerdings gefährlicher als Autofahren, Motorradfahrer sind aus verschiedenen Gründen gefährdete Verkehrsteilnehmer:

- Der Fahrer ist bei Unfällen einem höheren Verletzungsrisiko ausgesetzt.

- Der Motorradfahrer spürt Witterungseinflüsse wie Nässe, Kälte oder Wind viel direkter.
- Ein Motorrad reagiert unmittelbarer auf die Fahrbahnverhältnisse als ein Auto, so können nasses Laub, Rollsplitt, eine leere Coladose, Schienen etc. schnell zu einem Sturz führen.
- Motorrad samt Fahrer haben eine schmale Silhouette, werden daher oft später gesehen oder gar übersehen.
- Ihre Geschwindigkeit wird häufig falsch eingeschätzt.
- Ein Autofahrer geht an der Ampel gern von seinem Beschleunigungsverhalten aus und unterschätzt das Beschleunigungsvermögen des Motorrads.
- Motorradfahrer können durch Blickfallen (andere Fahrzeuge, Bäume, Litfaßsäule, Baken etc.) verdeckt werden oder sich im Blickschatten anderer Fahrzeuge befinden. Sie müssen auch tagsüber mit Licht fahren.
- Sicht (Visierausschnitt, zerkratztes Visier) und Gehör können durch den Helm durchaus leicht eingeschränkt sein.

Darum achte darauf, wenn du zum Beispiel deinen Fahrstreifen wechselst oder in eine Vorfahrtstraße einfährst, dass du lieber noch einmal einen »zweiten Blick« riskierst, dass sich auch wirklich kein Motorrad nähert oder im toten Winkel »versteckt«.

Ein Motorrad ist ein schmales Fahrzeug und braucht grundsätzlich nicht so viel Platz wie ein Auto, doch das kann sich schnell ändern. Denn in bestimmten Situationen, etwa einer Kurvenfahrt oder beim Ausweichen, wird ein Motorrad fast so breit wie dein Fahrzeug. Gründe hierfür sind die Schräglage bei einer Kurvenfahrt und die einleitende Lenkbewegung beim Ausweichen. Deshalb gib in Rechtskurven acht, denn hier kann es passieren, dass ein entgegenkommender Motorradfahrer bei starker Schräglage mit seinem Oberkörper in deinen Fahrstreifen hineinragt.

Da Motorräder schmal sind, schlängeln sich Motorradfahrer in Staus oder an Ampeln oft an den Autos vorbei. Das ist zwar verboten – aber lass dich dadurch nicht provozieren, sondern lass den Motorradfahrer vorbei.

7.3 Pkw-Fahrer

Als Autofahrer hast du gegenüber anderen Verkehrsteilnehmern wie Motorrad- oder Fahrradfahrern gewisse Annehmlichkeiten, du sitzt bei Kälte im Warmen, bei Nässe im Trockenen, kannst bei großer Hitze die Klimaanlage einschalten, und das Auto bietet viel Schutz durch Sicherheitsgurte, Airbag, Seitenairbag und Fahrerassistenzsysteme wie ABS oder Spurhalteassistent etc., sodass bei Unfällen die Verletzungsgefahr gemindert wird. Du solltest jedoch darauf achten, dass dieses vermeintliche Sicherheitsgefühl bei dir nicht zu einer sorglosen, risikobereiten oder auch rücksichtslosen Fahrweise führt.

Eine weitere Problematik entsteht durch die Persönlichkeit der vielen unterschiedlichen Fahrer. Hier entstehen Reibungspunkte bei den einzelnen Vorstellungen, wie eine gute Fahrweise auszusehen hat, denn diese Vorstellungen decken sich leider nicht immer oder nur teilweise. Du wirst ebenso eine Vorstellung haben, wie »gutes Autofahren« auszusehen hat, und diese Vorstellung wird wahrscheinlich auch nicht überall Anklang finden.

Du wirst in deinem Autofahrerleben auf ganz unterschiedliche Fahrertypen treffen, wie zum Beispiel den Typ »Oberlehrer«, der alles und jeden verbessern und belehren muss, oder Fahrer, die schnelle, teure oder getunte Autos fahren und es eventuell nicht so genau mit der Einhaltung der Höchstgeschwindigkeit nehmen. Du wirst aber auch auf Fahrer treffen, denen es gerade gesundheitlich nicht gut geht und die daher etwas langsamer fahren. Oder auch auf Touristen, die vielleicht auch etwas langsamer fahren, um sich die schöne Gegend anzusehen, oder weil sie ortsfremd und folglich unsicher sind. Erkennen kannst du diese anhand des fremden Nummernschilds.

Solche Fahrer solltest du aufmerksam beobachten, genügend Abstand halten und durchaus auf plötzliche Fahrmanöver vorbereitet sein. Und bewahre die Ruhe, denn irgendwann bist vielleicht du ortsfremd und dann froh, wenn du nicht gleich angehupt oder angepöbelt wirst.

Um alle diese Fahrertypen sicher durch den Verkehr zu bringen, gibt es verschiedene Möglichkeiten zur Verständigung untereinander. So kannst du durch deutliches Fahren signalisieren, was du als Nächstes vorhast. Du kannst beispielsweise vor dem Verlassen einer abknickenden Vorfahrtstraße in gerader Richtung deutlich vorher langsamer werden und so demonstrieren, dass du nicht dem Verlauf der Vorfahrtstraße folgen möchtest.

Des Weiteren musst du rechtzeitig den Blinker setzen, um anzukündigen, was du vorhast. Viele Fahrer beschweren sich beispielsweise auf der Autobahn vor einem Überholmanöver, dass kein anderer eine ausreichend große Lücke schafft. Sie blinken jedoch nicht, um anzuzeigen, dass sie überholen möchten. Woher soll der nachfolgende Verkehr dann ihre Absicht erahnen?

In gefährlichen Situationen kann zudem das Nutzen der Hupe, Lichthupe oder des Warnblinklichts der Verständigung dienen. Außerorts können Hupe und Lichthupe auch dabei helfen, dass sich ein eher langsam fahrender Verkehrsteilnehmer und ein »Raser« miteinander verständigen. Der schnellere Autofahrer sollte vor dem Überholvorgang mithilfe der Hupe oder Lichthupe ankündigen, dass er überholen will. **Doch Vorsicht!** Das bedeutet nicht, dass du als schnellerer Fahrer deinem Vorausfahrenden möglichst nah auffährst und dauerhaft die Lichthupe gibst. Dieses Signal dient nur dazu, dem langsameren Fahrer zu zeigen, was du vorhast, und nicht dazu, ihn zu nötigen, dir dieses Manöver zu ermöglichen.

Auch Handzeichen können ein sehr wichtiges Mittel zur Verständigung sein. Beachte jedoch beim Nutzen all dieser Signale immer, dass sie nicht eindeutig sein müssen und es auf beiden Seiten zu Fehlinterpretationen kommen kann und somit unter Umständen auch zu einer gefährlichen Situation.

7.4 Radfahrer

Radfahren lernen wir in der Regel alle, und vermutlich haben auch alle, die mit dem Fahrrad im Straßenverkehr unterwegs sich, schon Situationen erlebt, in denen sie sich über Autofahrer geärgert haben, die den Radfahrer beim Abbiegen übersehen haben, oder sie haben sich unsicher gefühlt, weil ein Autofahrer zu wenig Sicherheitsabstand eingehalten hat. Umgekehrt regen sich Autofahrer oft über Radfahrer auf, die nebeneinanderfahren und so das Überholen verhindern oder die sich an der Ampel zwischen den wartenden Autos hindurchschlängeln.

Da Radfahrer im Gegensatz zu Autofahrern keinen Schutz durch ihr Fahrzeug haben, gilt für dich als Autofahrer, dass du Vorsicht gegenüber Radfahrern walten lässt.

Als Autofahrer kannst du Radfahrer schützen, indem du dich bereits vorher auf bestimmte Verhaltensweisen der Radfahrer einstellst. Sie brauchen beispielsweise manchmal etwas mehr Platz, um Steinen, Wasserlachen oder Unebenheiten auf der Fahrbahn auszuweichen. Wenn du also eine derartige Situation vorfindest, halte ausreichend Abstand zum Radfahrer und erzwinge keinen Überholvorgang, bei dem du den Radfahrer und dich gefährdest.

Bedenke vor dem Überholen in Steigungen auch, dass der Radfahrer mit Lenkbewegungen das Kippen verhindern muss, wenn er sehr langsam unterwegs ist. Er wird daher mehr Platz auf der Fahrbahn benötigen. In Steigungsbereichen kann es außerdem dazu kommen, dass den Radfahrer die Kräfte verlassen und er absteigen muss. Beobachte den Radfahrer genau und versuche, dich auf sein Verhalten einzustellen.

Auf der sicheren Seite bist du aber nur, wenn du ausreichend Abstand hältst. Beim Überholen musst du zu Radfahrern innerhalb geschlossener Ortschaften einen Mindestabstand von 1,5 m und außerhalb geschlossener Ortschaften einen Mindestabstand von 2 m einhalten. Gleiches gilt auch bei Fußgängern und bei Elektrokleinstfahrzeugen wie zum Beispiel dem E-Scooter.

Was muss ich mir merken, wenn ich einen Radfahrer überholen will?		
1. Wo?	2. Wie viel?	3. Wen?
innerhalb geschlossener Ortschaften	mindestens 1,5 m	Fußgänger Radfahrer Elektrokleinstfahrzeuge
außerhalb geschlossener Ortschaften	mindestens 2 m	

Gerade bei Kindern, älteren Menschen oder Radfahrern, deren Verhalten unsicher wirkt, solltest du jedoch mehr Abstand halten, um niemanden zu gefährden. Achte darauf, dass du immer ausreichend weite Sicht hast. Beim Überholen von Gruppen brauchst du entsprechend länger und kannst nicht unbedingt zwischen den einzelnen Radfahrern wieder einscheren. Radfahrer dürfen nebeneinanderfahren, solange sie dadurch den Verkehr nicht behindern, sonst müssen sie hintereinanderfahren.

Radfahrer und Mofafahrer dürfen wartende Fahrzeuge (beispielsweise an einer Ampel) rechts überholen, wenn ausreichend Platz ist. Sie müssen dabei besonders vorsichtig und entsprechend langsam fahren. Viele drängen sich jedoch auch vorbei, wenn nur sehr wenig Platz vorhanden ist. Daher ist es äußerst wichtig, dass du dich, bevor du anfährst, noch einmal durch einen Schulterblick absicherst, dass sich kein Radfahrer neben dir befindet. Möchtest du mit dem Auto rechts abbiegen, musst du berücksichtigen, dass geradeaus fahrende Radfahrer Vorrecht haben. Auch hier ist es wichtig, durch einen Schulterblick zu prüfen, ob ein Radfahrer vorzulassen ist.

Um Radfahrer zu schützen, sind an vielen Stellen Sonderwege für sie eingerichtet. Als Radfahrer musst du entsprechend gekennzeichnete Wege auch nutzen.

Wenn Radwege vorhanden sind, gibt es oft auch eine Ampel für sie, die wahlweise auch mit der Fußgängerampel kombiniert sein kann. Du bist als Radfahrer verpflichtet, diese Lichtzeichen zu beachten und dich entsprechend zu verhalten. Als Autofahrer darfst du den Radweg nicht benutzen, auch nicht zum Ausweichen oder um an einem Linksabbieger vorbeizufahren.

Neben Radwegen gibt es auch Schutzstreifen für Radfahrer, die – im Gegensatz zu Radwegen mit ihrer durchgezogenen Linie – durch eine gestrichelte Linie von der Fahrbahn der anderen Fahrzeuge abgetrennt sind. Diese darfst du als Kraftradfahrer zwar überfahren, jedoch nur, wenn ausgeschlossen ist, dass du dabei einen Radfahrer gefährdest. Zudem darfst du auf diesen Schutzstreifen nicht halten, da Radfahrer sonst beim Umfahren deines geparkten Autos gefährdet werden könnten, da sie auf die Fahrbahn für Kraftfahrzeuge ausweichen müssten und somit die Funktion des Schutzstreifens nicht mehr gegeben wäre.

Endet ein Schutzstreifen oder ein Radweg, musst du damit rechnen, dass Radfahrer, ohne sich abzusichern, auf die Fahrbahn wechseln. Andere sichern sich zwar mit Blicken ab, fahren aber dennoch auf die Fahrbahn, ohne zu beachten, dass du zuerst fahren darfst. Beobachte die Radfahrer genau und stell dich auf ein mögliches Fehlverhalten ein, um niemanden zu gefährden.

TIPP

Sind Radfahrer vor dir, beobachte sie genau, an ihrem Verhalten kannst du ihre Absichten oft schon im Voraus erkennen, wie beispielsweise in der hier gezeigten Situation: Wenn der Radfahrer mehrmals Blicke nach links wirft, kannst du davon ausgehen, dass er – wie in diesem Fall – gleich links ausscheren oder nach links abbiegen wird.

Für radfahrende Kinder gelten besondere Regelungen. Hier kommt es darauf an, wie alt das Kind ist:

- Kinder bis zum vollendeten 8. Lebensjahr müssen,
- Kinder bis zum vollendeten 10. Lebensjahr dürfen den Gehweg benutzen.
- Ist ein baulich von der Fahrbahn getrennter Radweg vorhanden, dürfen sie auch diesen benutzen.

Sie dürfen von einer geeigneten Begleitperson, die ebenfalls auf dem Gehweg fahren darf, begleitet werden. Eine geeignete Begleitperson ist mindestens 16 Jahre alt. Wird vor dem Überqueren einer Fahrbahn ein Gehweg benutzt, müssen Kinder sowie die Begleitperson absteigen.

Wenn du auf dem Fahrrad eine Person mitnehmen möchtest, musst du Folgendes beachten:

- Du musst mindestens 16 Jahre alt sein,
- das Fahrrad muss für die Personenbeförderung gebaut und ausgelegt sein und
- Kinder bis zum vollendeten 7. Lebensjahr dürfen nur mitgenommen werden, wenn ein Kindersitz vorhanden ist und die Füße durch Radverkleidungen oder eine ähnlich wirksame Schutzeinrichtung nicht in die Speichen geraten können.

Die Mitnahme von Personen auf einsitzigen Fahrrädern ist verboten.

7.5 Große und schwere Fahrzeuge

Wenn du dich mit Autofahrern unterhältst, sind sich wahrscheinlich alle einig: Lkws verstopfen die Straßen und halten den Verkehr daher auf. Dabei wird jedoch außer Acht gelassen, dass die Lkws viele wichtige Güter transportieren, auf die wir sonst nicht zurückgreifen könnten. Dabei sind Lkw-Fahrer oft unter großem zeitlichem Druck, da die Waren beim Verbraucher oder den Firmen zu einer bestimmten Zeit ankommen müssen, egal, ob eine Vollsperrung auf der Autobahn war, der Lkw-Fahrer im Stau stand oder ähnliche Ereignisse ihn vom Vorankommen abhalten. Aus dieser Perspektive ist es auch verständlich, dass Lkw-Fahrer versuchen zu überholen, wenn es möglich ist, um die verloren gegangene Zeit wieder aufzuholen. Da Lkw-Fahrer oft über 100.000 km in einem Jahr zurücklegen, kannst du dir denken, dass auch eine wenig schnellere Geschwindigkeit ausreicht, um Zeit zu gewinnen – im Gegensatz zum Autofahrer, der in der Regel deutlich weniger Strecke zurücklegt.

Vielleicht kannst du verstehen, dass Lkw-Fahrer deshalb im Verkehr oft angespannt sind, was zu einer leichtsinnigen oder aggressiven Fahrweise führen kann, wodurch dann wiederum andere Verkehrsteilnehmer gefährdet werden. Hilf daher mit, den Stress zu reduzieren, und zeige Geduld und Verständnis den Berufskraftfahrern gegenüber.

Doch nicht nur auf der Autobahn oder gut ausgebauten Landstraßen sind die Lkw-Fahrer unter Druck. Ihre Fahrzeuge sind über 18 m lang und 40 Tonnen schwer.

Du kannst dir sicher vorstellen, dass es viel Konzentration und Rangierfähigkeit braucht, um diese Fahrzeuge sicher durch kleine Straßen, um enge Kurven oder sogar rückwärts in Einfahrten zu steuern. Halte daher ausreichend Abstand, wenn ein Lkw in eine Einfahrt oder um eine Kurve rangiert, damit der Fahrer – wenn nötig – noch einmal korrigieren kann. Zeige Geduld und denke daran, dass der Fahrer dich nur sehen kann, wenn du ihn über die Spiegel auch sehen kannst. Achte also darauf, nicht in seinen toten Winkel zu gelangen. Bedenke außerdem, dass Fahrer größerer Fahrzeuge oft zunächst links ausscheren, wenn sie nach rechts abbiegen, da sie sonst die Kurve schneiden müssten.

Wenn du hinter einem großen Fahrzeug parkst, halte ausreichend Rangierabstand, um dem anderen Fahrer das Ausparken zu ermöglichen. Und beachte beim Fahren in der Nähe größerer Fahrzeuge immer, dass sie gegebenenfalls kleinere Fahrzeuge, Schilder oder auch Fußgänger verdecken könnten. Fahre daher besonders aufmerksam und vorsichtig.

Das gilt auch, wenn du hinter einem landwirtschaftlichen Fahrzeug fährst. Bedenke, dass es zu folgenden Situationen kommen könnte:

- Es könnten Teile der Ladung verloren werden.
- Schmutz an den Reifen könnte sich lösen und die Fahrbahn verunreinigen.
- Blinker und Bremslichter könnten verschmutzt sein, sodass du Signale zu spät erkennst.
- Anhänger oder andere Anbaugeräte könnten beim Abbiegen ausschwenken.
- Frontanbaugeräte hindern den Fahrer daran, alles zu sehen, bevor er in eine Straße einfährt.

Halte daher ausreichend Abstand und beobachte das landwirtschaftliche Fahrzeug genau.

7.6 Fußgänger

Du, ich, wir alle waren schon einmal als Fußgänger im Straßenverkehr unterwegs und waren dabei etwas unaufmerksam, als wir die Straße überqueren wollten. Dieses Szenario kann natürlich uns allen mal passieren, denn Fußgänger sind wir alle. Und als solcher sind wir einer der schwächeren Verkehrsteilnehmer, da wir keinen Schutzraum durch ein Fahrzeug haben, die einzige Schutzzone des Fußgängers ist der Gehweg. Deshalb denke daran, falls ein Fußgänger in Gedanken versunken vor dir die Fahrbahn überquert, dies geschieht nicht mit Absicht und kann uns allen mal passieren! Achte in solchen Situationen bewusst auf das Verhalten des Fußgängers!

- Geht er auf die Fahrbahn zu und blickt nach links und rechts, kannst du davon ausgehen, dass der Fußgänger wahrscheinlich warten wird, wenn er dich sieht.
- Blickt er in eine andere Richtung oder hält den Kopf gesenkt und schaut auf sein Smartphone, hat er dich nicht gesehen, du solltest dann davon ausgehen, dass er die Fahrbahn unachtsam überqueren wird, und du solltest bremsbereit sein und schnell reagieren können.

Weitere Hinweise darauf, dass der Fußgänger dich wahrscheinlich nicht wahrgenommen hat und du dich mit erhöhter Aufmerksamkeit und bremsbereit verhalten solltest, sind die folgenden Szenarien:

- Befindet sich ein Hindernis auf seinem Weg, beispielsweise ein zugeparkter Gehweg oder im Winter ein nicht geräumter Gehweg, wird der Fußgänger ausweichen und vielleicht kurz auf die Fahrbahn treten.
- Er verrichtet gerade Arbeiten, z. B. Schneeräumen, telefoniert, liest etwas auf dem Smartphone, unterhält sich mit einem anderen Fußgänger oder sucht etwas in seinen Taschen.
- Er hat es sehr eilig und hastet über den Gehweg.

- Eine größere Veranstaltung ist zu Ende gegangen und viele Fußgänger sind gleichzeitig auf dem Weg zum Parkplatz oder zu einer Haltestelle.
- Vor allem samstags und generell in der Vorweihnachtszeit sind die Innenstädte sehr voll, Fußgänger sind gedanklich beim Shopping und denken nicht an den Verkehr.
- Geparkte Autos verdecken die Sicht.
- An Haltestellen steigen Fahrgäste aus Bus oder Bahn und achten nicht auf den restlichen Verkehr, sondern überqueren einfach die Straße.

Denke einfach daran, wie du dich als Fußgänger oft in solchen Situationen verhältst, dann kannst du auch auf ähnliche Verhaltensweisen der anderen schließen.

In der Dunkelheit ist es oft schwer, Fußgänger zu erkennen, etwa wenn sie dunkle Kleidung tragen, du durch andere Fahrzeuge oder Lichtspiegelungen geblendet wirst oder schlechte Sicht durch unzureichende Beleuchtung, Regen, Nebel oder Schneefall herrscht.

Eine besondere Regelung für Fußgänger gilt außerhalb geschlossener Ortschaften. Hier muss der Fußgänger, wenn es keinen Gehweg gibt, am linken Fahrbahnrand laufen, damit er sich besser auf den entgegenkommenden Verkehr einstellen kann.

Fußgängerüberweg

An Fußgängerüberwegen, im Volksmund auch Zebrastreifen genannt, hat der Fußgänger Vorrang. Hier soll dem Fußgänger sowie Fahrern von Krankenfahr- und Rollstühlen das sichere Überqueren der Fahrbahn ermöglicht werden.

Achte schon von Weitem auf Fußgängerüberwege. Nähert sich ein Fußgänger oder befinden sich Fußgänger in seiner unmittelbaren Nähe? Bei der Annäherung musst du dich folgendermaßen verhalten:

- Nähere dich mit mäßiger Geschwindigkeit, sodass der Fußgänger erkennen kann, dass du ihm Vorrang gewähren wirst.
- Wenn nötig, musst du vor dem Fußgängerüberweg anhalten und warten.
- Deute ein Stehenbleiben des Fußgängers nicht als Vorrangverzicht, vielleicht ist er verunsichert.
- Gib ihm stattdessen deutliche Handzeichen, dass du wartest.
- Nimm vor allem Rücksicht bei Älteren, Kindern, Personen mit Gehhilfen oder Rollstühlen oder Blinden (weißer Stock und gelbe Armbinde mit drei schwarzen Punkten).

Ein paar weitere wichtige Vorschriften zum Fußgängerüberweg solltest du auch kennen:

- An Fußgängerüberwegen darfst du nicht überholen.
- Du musst bei stockendem Verkehr den Zebrastreifen frei halten.
- Auf dem Überweg sowie bis zu 5 m davor darfst du nicht halten.

Fußgängerfurt

Die Aufgabe einer Fußgängerfurt ist eine ganz andere als die des Fußgängerüberwegs. Deshalb darfst du diese beiden nicht miteinander verwechseln!

Denn während ein Fußgängerüberweg dem Fußgänger unbedingt Vorrang einräumt, macht eine Fußgängerfurt das nicht. Sie hat die Aufgabe zu verdeutlichen, wo der Fußgänger die Fahrbahn überqueren und der Kraftfahrer warten soll.

Häufig werden Fußgängerfurten im Bereich von Fußgängerampeln markiert. Hier musst du beim Abbiegen, wenn die Fußgängerampel grün ist, dem Fußgänger unbedingt Vorrang gewähren. Fahre deshalb mit mäßiger Geschwindigkeit heran und warte vor der Markierung, bis der Fußgänger die Fahrbahn überquert hat.

Bedenke allerdings, dass Fußgänger eine Fußgängerfurt mit einem Zebrastreifen verwechseln könnten und einfach die Straße überqueren, unabhängig davon, ob sie Vorrecht haben. Beobachte daher das Verhalten des Fußgängers.

Hier im Bild siehst du eine Fußgängerfurt mit Querungshilfe.

Querungshilfe

Eine Querungshilfe ist eine Insel in der Mitte der Fahrbahn, die dem Fußgänger das Überqueren der Fahrbahn erleichtern soll. Sie bildet quasi eine »sichere Ruhezone« für den Fußgänger, damit dieser in Etappen die Fahrbahn überqueren kann. Hier hat der Fußgänger keinen Vorrang, was manchem Fußgänger allerdings nicht klar ist. Fahre an solchen Stellen also vorsichtig und beobachte auch hier aufmerksam das Verhalten des Fußgängers.

7.7 Kinder

Kinder sind die schwächsten und damit am meisten gefährdeten Verkehrsteilnehmer. Du kannst von einem Kind kein verkehrsgerechtes Verhalten erwarten, sondern musst quasi für das Kind mitdenken und immer mit unerwarteten Reaktionen rechnen. Kinder leben in ihrer eigenen kleinen Welt und vergessen beim Spielen oft ihre Umwelt. Sie besitzen noch kein ausgeprägtes Gefahrenbewusstsein und sehen den Straßenverkehr nicht als Gefahr, sondern müssen das erst allmählich lernen. Wenn ein Kind beim Spielen etwa einem Ball nachrennt und dabei auf die Straße läuft, wird es zunächst daran denken, den Ball zu bekommen, und weniger an die Gefahren des Straßenverkehrs.

Dadurch, dass Kinder noch nicht so groß sind, kann es ohne Weiteres passieren, dass du Kinder zwischen geparkten Fahrzeugen nicht erkennen kannst. Umgekehrt sieht aber auch ein Kind ein herannahendes Auto nicht so gut und kann auch die Geschwindigkeit nicht richtig einschätzen.

Deshalb fahre an Orten, an denen sich häufig Kinder aufhalten, mit besonderer Aufmerksamkeit, reduziere deine Geschwindigkeit und sei immer bremsbereit. Dies ist vor allem an Spielplätzen, Kindergärten, Schulen und Haltestellen für Schulbusse der Fall.

Aber auch in Wohngebieten und auf den Zufahrtswegen zu Schulen musst du bedenken, dass jederzeit ein Kind auf die Straße laufen kann. Achte daher auf Anzeichen, die darauf hinweisen, dass sich Kinder in der Nähe aufhalten könnten, zum Beispiel:

- Kreidestriche auf der Straße,
- Spielzeug am Fahrbahnrand,
- Kinderfahrräder oder
- Schultaschen an Bushaltestellen.

Bedenke auch, dass Kinder meist nicht allein unterwegs sind, sondern wenn ein Kind zu sehen ist, rechne durchaus damit, dass plötzlich noch ein zweites Kind oder mehr Kinder aufkreuzen.

Es gibt auch Verkehrszeichen, die an Stellen, an denen vermehrt mit Kindern zu rechnen ist, aufgestellt werden und dich auf Kinder hinweisen können.

Eine Horrorsituation für jeden Autofahrer ist, wenn plötzlich ein Ball auf die Straße rollt. Denn dem Ball folgt meist kurz darauf ein Kind, das oft, ohne zu schauen, auf die Fahrbahn läuft. Hier musst du unbedingt sofort langsamer werden und bremsbereit sein, damit du in jedem Fall anhalten kannst. Oder wenn Kinder mit einem Ball auf der Straße spielen, beobachte das Verhalten der Kinder genau, da eines der Kinder umkehren könnte, um den Ball zu holen, oder ein Kind, das auf die andere Seite läuft, umkehren und zu den anderen Kindern zurücklaufen könnte.

Bedenke bei Kindern im Straßenverkehr auch, dass sie nicht deinen Wissensstand des Erwachsenen haben, sondern auch noch nicht das volle Entwicklungsstadium erreicht haben.

So ist das räumliche Sehen erst ab etwa neun Jahren mit dem der Erwachsenen vergleichbar, sodass Kinder Entfernungen und Geschwindigkeiten nicht richtig einschätzen können. Ebenso ist das Gesichtsfeld noch erheblich kleiner, viele Bewegungen können sie daher gar nicht wahrnehmen. Auch das Gehör ist bei einem Kind noch nicht voll ausgereift, so kann ein Kind Geräusche nur schwer unterscheiden oder ausmachen, woher ein Geräusch kommt, also beispielsweise auch nicht die Richtung erkennen, aus der ein Fahrzeug kommt.

Achte immer auf Kinder! Sei stets reaktions- und bremsbereit!

7.8 Ältere und hilfsbedürftige Menschen

Unsere Lebenserwartung steigt stetig an, daher nehmen viele auch im hohen Alter noch aktiv am Straßenverkehr teil. Solange man gesund ist, ist das für viele auch kein Problem, aber mit dem Alter kommen leider auch oft gesundheitliche Beeinträchtigungen hinzu, man hört und sieht schlechter, kann daher Entfernungen und Geschwindigkeiten nicht mehr so gut abschätzen.

Zudem kann man im Alter nicht mehr so schnell laufen, das Überqueren von Straßen oder Zebrastreifen dauert daher länger, und auch die Reaktionsgeschwindigkeit lässt nach. Dadurch fühlen sich viele im schnellen Straßenverkehr von heute häufig bedrängt und unsicher und reagieren deshalb zögerlich.

Sie bleiben vielleicht plötzlich stehen oder drehen um und gehen wieder zurück, weil sie sich durch ein sich näherndes Fahrzeug verunsichert fühlen oder unsicher werden, weil die Ampelphase zu kurz erscheint.

Ähnlich kann es einem Menschen mit einer Behinderung ergehen. Achte daher auf Hinweise, die dich erkennen lassen, dass jemand eine Behinderung hat:

- Ein Sehbehinderter hat einen weißen Stock oder eine gelbe Armbinde mit drei schwarzen Punkten oder auch beides.
- Vielleicht hat er auch einen Blindenhund dabei.
- Ein Rollstuhl, Rollator oder Krücken weisen auf eine Gehbehinderung hin.

Unabhängig davon, welche Behinderung ein Verkehrsteilnehmer hat oder ob er einfach Probleme aufgrund seines Alters im Straßenverkehr hat, nimm auf alle Fälle Rücksicht! Vermindere deutlich deine Geschwindigkeit oder halte nötigenfalls an, um zu signalisieren, dass du warten wirst.

Hat ein Rollstuhlfahrer Probleme, einen Bordstein zu überwinden, solltest du anhalten, das Warnblinklicht einschalten und danach aussteigen und deine Hilfe anbieten.

7.9 Maßnahmen zur Verkehrsberuhigung

Verkehrsberuhigter Bereich

In einem verkehrsberuhigten Bereich sind Fahrzeuge und Fußgänger gleichberechtigt, es gibt daher keine extra Fahrbahn und du musst als Autofahrer Rücksicht auf spielende Kinder und Fußgänger nehmen.

- Fahrzeugführer dürfen nur mit Schrittgeschwindigkeit fahren (4–7 km/h).
- Fußgänger dürfen die Straße in ihrer gesamten Fläche nutzen und Kinderspiele sind erlaubt.
- Als Fahrzeugführer darfst du Fußgänger und spielende Kinder nicht behindern oder gefährden, notfalls musst du warten.

- Parken darfst du nur auf den extra gekennzeichneten Flächen.
- Wenn du den verkehrsberuhigten Bereich verlässt, musst du den Vorrang der anderen Verkehrsteilnehmer beachten. Eine Gefährdung anderer musst du ausschließen.

Tempo-30-Zone

In immer mehr Wohngebieten werden Tempo-30-Zonen eingerichtet, um die Verkehrssicherheit für die Anwohner zu erhöhen. Diese Höchstgeschwindigkeit gilt für alle Straßen der Zone, die entsprechenden Schilder sind nur am Anfang und Ende angebracht, innerhalb der Zone erfolgen keine weiteren Hinweise zur geltenden Geschwindigkeit. Das Schild zum Ende der Tempo-30-Zone steht auf der linken Fahrbahnseite, also gib gut acht, dass du es nicht übersiehst.

In Tempo-30-Zonen gilt rechts vor links, wodurch das Einhalten der Geschwindigkeit unterstützt werden soll. Das Spielen auf der Straße ist im Gegensatz zu verkehrsberuhigten Zonen zwar nicht erlaubt, da es sich bei Tempo-30-Zonen aber in der Regel um Wohngebiete handelt, musst du durchaus damit rechnen, dass auch mal Kinder auf der Fahrbahn spielen.

Verkehrsberuhigter Geschäftsbereich – Tempo-20-Zone

Ein verkehrsberuhigter Geschäftsbereich, in dem in der Regel eine Höchstgeschwindigkeit von 20 km/h gilt, wird oft in den Einkaufsstraßen der Innenstädte eingerichtet. Vor allem Fußgänger sind mit den Gedanken meistens beim Shoppen und gehen über die Straße, ohne weiter auf den Verkehr zu achten. Häufig gibt es dann auch ein Zonenhaltverbot, sodass man nur in speziell markierten Bereichen und zeitlich begrenzt halten darf.

Fußgängerzone

In einer Fußgängerzone ist Fahrzeugverkehr grundsätzlich nicht erlaubt, sie ist, wie der Name schon sagt, ausschließlich für Fußgänger gedacht. Durch Zusatzzeichen wird es oft zum Beispiel den Anwohnern oder dem Lieferverkehr erlaubt, zu bestimmten Zeiten die Fußgängerzone zu nutzen. In diesem Fall gelten die folgenden Regelungen:

1. Du darfst nur mit Schrittgeschwindigkeit fahren.

2. Fußgänger dürfen weder gefährdet noch behindert werden, wenn nötig, müssen Fahrzeuge warten.

3. Bei der Ausfahrt aus dem Fußgängerbereich besteht Wartepflicht, eine Gefährdung anderer Verkehrsteilnehmer muss ausgeschlossen sein.

Auch Radfahren ist in Fußgängerzonen verboten, es sei denn, es ist durch ein Zusatzzeichen erlaubt. In dem Fall gilt ebenso, die Interessen der Fußgänger zu berücksichtigen und sie nicht zu gefährden.

Bauliche Maßnahmen zur Verkehrsberuhigung

Oftmals wird versucht, eine Verkehrsberuhigung durch bauliche Maßnahmen herbeizuführen. Meist werden diese an Stellen angewandt, wo Fahrzeugführer dazu neigen, die Höchstgeschwindigkeit nicht einzuhalten. Um die Geschwindigkeit zu senken, greifen die Behörden auf verschiedene Mittel zurück wie Pflanzkübel und Bepflanzungen auf der Fahrbahn, eine Fahrbahnverengung zum Beispiel bei Ortseinfahrten, Schwellen, Poller, Aufpflasterung oder den Fahrbahnversatz.

Kemnath

8. Geschwindigkeit und Abstand

8.1 Geschwindigkeit

Den Begriff der Geschwindigkeit hast du sicher schon einmal gehört. Dennoch ist es schwierig, eine konkrete Vorstellung von den Zahlenwerten zu erhalten, die hinter einer Geschwindigkeit stecken. Was bedeutet es beispielsweise in Zahlen ausgedrückt, wenn es heißt, du darfst nur Schrittgeschwindigkeit fahren? Die durchschnittliche Geschwindigkeit, mit der sich Menschen beim normalen Gehen fortbewegen, beträgt ca. 4–7 km pro Stunde. Beim Radfahren erreichst du im Durchschnitt 10–25 km/h.

Wenn du nun ein Auto fährst, steigst du auf ein deutlich leistungsstärkeres Verkehrsmittel um. Du musst dir bewusst sein, dass du mit einem Auto deutlich höhere Geschwindigkeiten erreichen kannst. Der technische Fortschritt hat dazu geführt, dass Autos heutzutage auch bei hohen Geschwindigkeiten leise und ruhig laufen, sodass man sich der Geschwindigkeit oft gar nicht bewusst ist. Vor allem, wenn man längere Zeit auf der Autobahn hohe Geschwindigkeiten fährt, nimmt man sie nicht mehr als solche wahr und unterschätzt sie.

Diese ungewohnten und für den Menschen unnatürlichen Geschwindigkeiten fordern den menschlichen Körper auf verschiedene Weise heraus. Die Reaktionsgeschwindigkeit kann irgendwann mit der Fahrgeschwindigkeit nicht mehr mithalten, die Reaktion auf eine bestimmte Situation im Verkehr dauert länger, als es angesichts der Geschwindigkeit gut wäre, und die Gefahr von Fehlreaktionen steigt. Auch die Vielzahl an Informationen kann bei hohen Geschwindigkeiten vom Gehirn nicht mehr gefiltert werden, da immer mehr Signale in der gleichen Zeit ankommen, es gehen also Informationen verloren oder werden falsch bewertet.

Neben den Begrenzungen der körperlichen Leistungsfähigkeit kann es jedoch auch durch andere Faktoren zu falschen Einschätzungen kommen. So können auch Emotionen zu falschem Fahrverhalten führen. Man kann in einen Geschwindigkeitsrausch kommen, möchte anderen mit seinem Auto oder Fahrstil imponieren oder ärgert sich über andere Verkehrsteilnehmer, die einen mit ihrer ruhigen Fahrweise vermeintlich aufhalten.

Und dann kommen noch die äußeren Bedingungen als wichtiger Faktor hinzu, die eine falsche Einschätzung der Geschwindigkeit bewirken können. Wenn du längere Zeit etwa auf der Autobahn mit hoher Geschwindigkeit fährst, nimmst du dein hohes Tempo nicht mehr wahr und läufst Gefahr, immer schneller zu werden. Auch das Fahren auf gut ausgebauten Straßen kann dazu führen, die Geschwindigkeit falsch einzuschätzen.

Warum ist es jedoch so wichtig, seine Geschwindigkeit richtig einzuschätzen und die Geschwindigkeitsbestimmungen einzuhalten? Statistisch gesehen ist eine falsche Wahl der Fahrgeschwindigkeit die häufigste Unfallursache bei Unfällen mit Personenschaden. Besonders gefährdet sind dabei Fahranfänger bzw. junge Fahrer im Alter von 18 bis 24 Jahren. Diese Personengruppe verursacht ca. 38 % der Unfälle mit Personenschäden aufgrund überhöhter Geschwindigkeit. In dieser Altersgruppe ist ein Überschreiten der Geschwindigkeit außerdem das am häufigsten verzeichnete Fehlverhalten.

8.2 Anhalteweg

Es ist wichtig, sich mit den Geschwindigkeiten auseinanderzusetzen, um zu wissen, wie lange man braucht, um in einer Gefahrensituation zum Stehen zu kommen. Den Weg, den man dabei zurücklegt, nennt man Anhalteweg. Er setzt sich aus zwei Komponenten zusammen, und zwar aus dem Reaktionsweg und dem Bremsweg, also wie lange du brauchst, um zunächst die gefährliche Situation zu erkennen und dann das Fahrzeug zum Halten zu bringen.

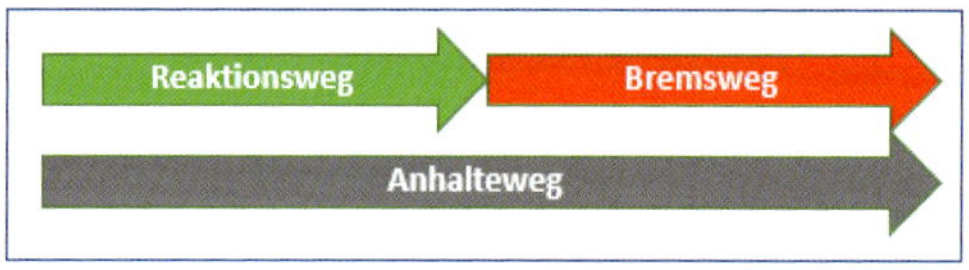

Reaktionsweg

Wenn du eine Gefahr erkannt hast, musst du schnell reagieren, um das Kupplungs- und Bremspedal kräftig durchzutreten, also eine Gefahrbremsung durchzuführen. Es benötigt jedoch einige Zeit, bis das Gehirn die entsprechenden Signale zum Erkennen der Gefahr ausgewertet hat und das Signal an die entsprechenden Organe gibt, richtig zu handeln. Diese Zeit nennt man Reaktionszeit und sie beträgt beim Menschen ca. eine Sekunde.

In dieser Zeit bewegt sich dein Fahrzeug mit der Geschwindigkeit weiter, die du beim Erkennen der Gefahr fährst. Den Weg, den du in deinem Fahrzeug dabei zurücklegst, bis du reagierst und beginnst zu bremsen, nennt man Reaktionsweg.

Diesen Weg kannst du mit folgender Faustformel berechnen:

$$\text{Reaktionsweg} = \frac{\text{Geschwindigkeit}}{10} \times 3$$

Wenn du in diese Formel die Geschwindigkeit in km/h einsetzt, erhältst du in etwa den Reaktionsweg in Metern. Wie genau man auf diese Formel kommt, wird im Folgenden erklärt.

Die Geschwindigkeit **v** beschreibt den Weg s, der in einer bestimmten Zeit **t** zurückgelegt wird. Mathematisch beschreibt man sie also über folgende Formel:

$$v = \frac{s}{t}$$

Stellt man diese Formel um, erhält man für die Strecke folgende Gleichung:

$$s = v \times t$$

Setzt man nun für die Geschwindigkeit 10 km/h ein und für die Zeit eine Sekunde, erhält man folgenden Reaktionsweg:

$$s = \frac{10.000\ \text{m}}{3.600\ \text{s}} \times 1\text{s} = 2{,}78\ \text{m}$$

Da wir eine Geschwindigkeit von 10 km/h gewählt haben, muss man in der allgemeinen Formel die angegebene Geschwindigkeit noch durch 10 teilen. Die 2,78 m werden auf 3 m gerundet und so ergibt sich die oben genannte Formel.

Auf die reale Geschwindigkeit deines Autos übertragen heißt das: Fährst du mit einer Geschwindigkeit von 100 km/h, fährst du noch 30 m weiter, bis du beginnst zu bremsen.

Bremsweg

Der Bremsweg ist der zweite Teil des Anhaltewegs, also der Weg, den du mit deinem Fahrzeug von dem Zeitpunkt an zurücklegst, an dem du beginnst zu bremsen, bis dein Fahrzeug vollständig steht.

Da der Bremsweg nicht nur von deiner Geschwindigkeit abhängt, sondern auch von der Haftung der Reifen auf der Fahrbahn, ist es wichtig, in regelmäßigen Abständen zu kontrollieren, ob die Profiltiefe der Reifen noch ausreichend ist.

Es gibt jedoch auch Faktoren, die den Bremsweg verlängern, die du nicht beeinflussen kannst, beispielsweise ein Gefälle, eine nasse, glatte oder schneebedeckte Fahrbahn oder wenn du einen ungebremsten Anhänger mitführst.

Obwohl es von verschiedenen Faktoren abhängig ist, wie lang der Bremsweg genau ist, kannst du dir die folgende Formel zur ungefähren Berechnung des Bremswegs merken:

$$\text{Bremsweg}_{\text{normal}} = \frac{\text{Geschwindigkeit}}{10} \times \frac{\text{Geschwindigkeit}}{10}$$

Diese Formel gilt für eine normale Bremsung. Wenn du eine Gefahr bemerkst, solltest du jedoch eine Gefahrbremsung durchführen, das heißt sowohl Kupplungs- als auch Bremspedal ganz durchtreten. Wenn du in einer Gefahrensituation richtig handelst, verkürzt sich also dein Bremsweg. Bei einer perfekt ausgeführten Gefahrbremsung halbiert sich dein Bremsweg sogar, weshalb es so wichtig ist, diese zu beherrschen.

$$\text{Bremsweg}_{\text{Gefahr}} = \frac{\text{Geschwindigkeit}}{10} \times \frac{\text{Geschwindigkeit}}{10} : 2$$

Egal, ob du eine Gefahrbremsung durchführst oder eine normale Bremsung, du musst bedenken, dass dein Bremsweg bei **doppelter** Geschwindigkeit **viermal** so lang ist.

Anhalteweg

Den Anhalteweg berechnest du, indem du den Reaktionsweg und den Bremsweg zusammenzählst:

$$\text{Anhalteweg} = \text{Reaktionsweg} + \text{Bremsweg}$$

Bleiben wir bei dem oben genannten Beispiel von 100 km/h. Wenn du also bei einer Geschwindigkeit von 100 km/h normal bremst, kannst du berechnen, wie viele Meter du noch fährst, bevor du ganz stehst.

Dafür musst du zunächst deinen Reaktionsweg in Metern berechnen:

$$\text{Reaktionsweg} = \frac{100}{10} \times 3 = 30$$

Deinen Bremsweg bei einer normalen Bremsung kannst du über die oben genannte Formel berechnen:

$$\text{Bremsweg}_{\text{normal}} = \frac{100}{10} \times \frac{100}{10} = 100$$

Daraus ergibt sich ein gesamter Anhalteweg von 130 m:

$$30 + 100 = 130$$

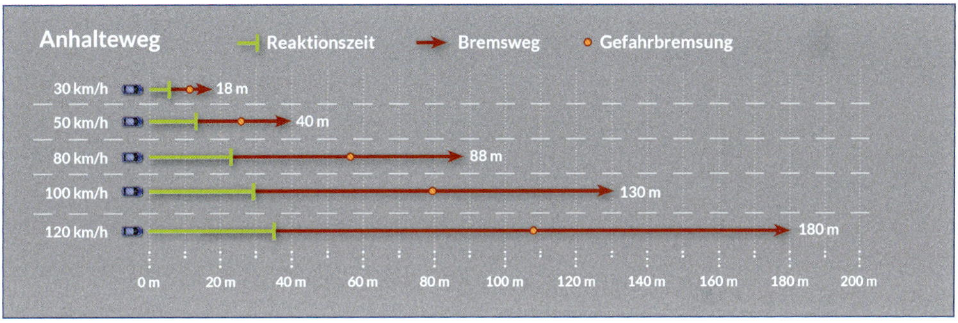

Auf die gleiche Art und Weise kannst du deinen Anhalteweg bei einer Gefahrbremsung bei 100 km/h berechnen. Der Reaktionsweg ändert sich nicht, der Bremsweg halbiert sich.

Daraus ergibt sich ein Anhalteweg von 80 m:

$$\text{Bremsweg}_{\text{Gefahr}} = \frac{100}{10} \times \frac{100}{10} : 2 = 50$$

$$30 + 50 = 80$$

Dieses Beispiel soll dir verdeutlichen, wie wichtig eine Gefahrbremsung sein kann. Stell dir vor, du fährst innerorts mit 50 km/h auf einer Straße und siehst, dass 30 m vor dir ein Kind auf die Fahrbahn rennt. Dein Reaktionsweg beträgt dann schon 15 m.

Du bremst – wie du es gelernt hast – so stark es geht, führst also eine Gefahrbremsung durch, damit hast du noch einen Bremsweg von 12,5 m. Dein Anhalteweg ergibt insgesamt 27,5 m, du schaffst es gerade noch rechtzeitig, zum Stehen zu kommen.

Wenn du zu schwach bremst, erfasst du das Kind und gefährdest sein Leben.

8.3 Angepasste Geschwindigkeit

Im Abschnitt 8.1 hast du bereits erfahren, weshalb die Wahl der richtigen Geschwindigkeit so wichtig ist. Doch welche Geschwindigkeit ist die jeweils richtige?

Als Faustregel kannst du dir merken: Du solltest dein Fahrzeug jederzeit im Griff haben, sodass du dich selbst und andere Verkehrsteilnehmer nicht gefährdest und notfalls auf plötzliche Ereignisse noch rechtzeitig reagieren kannst. Dann fährst du mit der richtigen Geschwindigkeit.

Bisher wurden immer die Gefahren des zu schnellen Fahrens betont, aber auch grundloses zu langsames Fahren kann gefährlich werden. Du behinderst den Verkehrsfluss, wodurch die Gefahr von Auffahrunfällen erhöht wird. Außerdem verleitest du schnellere Fahrer durch zu langsames Fahren dazu, gefährliche Überholmanöver durchzuführen. Hierbei geht es jedoch nur um langsames Fahren ohne Grund, damit ist nicht gemeint, dass du deine Geschwindigkeit in engen Straßen, bei Schnee- oder Eisglätte oder ähnlichen Bedingungen anpasst. Es kann gute Gründe geben, die maximal erlaubte Geschwindigkeit zu unterschreiten. In diesem Fall spricht man von einer Anpassung der Geschwindigkeit.

Straßenverhältnisse

Zunächst musst du die Geschwindigkeit an die jeweils vorherrschenden Straßenverhältnisse anpassen. Schon allein dein Bauchgefühl sollte dir sagen, dass du bei den drei Straßen eine unterschiedliche Geschwindigkeit wählen solltest.

Während du auf einer gut ausgebauten und weit einsehbaren Straße wie rechts abgebildet eher die maximal zugelassene Höchstgeschwindigkeit fahren kannst, wirst du auf der mittleren Straße vermutlich langsamer fahren, da du mit Unebenheiten der Fahrbahn rechnen musst und die Sichtverhältnisse schlecht sind. Zudem ist die Straße sehr eng und du musst gegebenenfalls auf Gegenverkehr reagieren.

Wurden Straßen ausgebessert, können deine Reifen durch die wechselnden Untergründe gegebenenfalls nicht ausreichend haften und du musst mit Rutsch- oder Schleudergefahr sowie einer Verlängerung des Bremswegs rechnen. Das gilt auch etwa in Innenstädten, wenn du auf Straßenbahnschienen triffst, sowie in Baustellenbereichen oder Einmündungen von Feldwegen, da die Straßen dort verschmutzt sein könnten, sodass die Haftung auf der Fahrbahn ebenso wenig gewährleistet ist.

Wenn die Fahrbahn nass ist, solltest du deine Geschwindigkeit ebenfalls reduzieren, insbesondere im Bereich von Kurven, da auch die Gefahr besteht, dass du ins Schleudern oder Rutschen kommst und womöglich von der Fahrbahn abkommst.

Auch in Alleen oder auf ländlichen Straßen, an denen das Getreide hochsteht, ist es sinnvoll, deine Geschwindigkeit rechtzeitig zu reduzieren. Du kannst die Kurven meist nicht vorher einblicken und musst damit rechnen, dass sie eng sind. In Alleen ist die Fahrbahn zudem durch Wurzeln oft uneben und die Bäume am Straßenrand fuhren zu schlechten Sichtverhältnissen. Achte darauf, dass du vorsichtig fährst und nur so schnell, dass du rechtzeitig und sicher zum Stehen kommen könntest, wenn dir auf der engen Fahrbahn beispielsweise ein Fahrzeug entgegenkommen würde.

Verkehrsverhältnisse

Nicht nur wegen der Beschaffenheit der Straßen musst du deine Geschwindigkeit anpassen, sondern auch an die Verkehrsverhältnisse, also das Verkehrsaufkommen.

Dass du im Stau nicht so schnell vorankommst wie auf freier Strecke, ist einleuchtend. Stell dir zur Wahl deiner Geschwindigkeit folgende Fragen:

- Sind viele weitere Verkehrsteilnehmer auf einer Straße, die langsamer fahren?
- Kündigt sich an, dass du aufgrund der Vorfahrtsituation – beispielsweise einer Ampel – warten musst?
- Musst du auf Radfahrer oder Fußgänger Rücksicht nehmen?
- Kommst du an Kindergärten oder Schulen vorbei, wo mit vielen Kindern neben oder gar auf der Straße zu rechnen ist?
- Sind landwirtschaftliche Fahrzeuge unterwegs, die die Fahrbahn verschmutzen und zu breit zum Überholen sind?

Sichtverhältnisse

Eigentlich sollte es selbstverständlich sein, doch viele halten sich nicht daran: Wenn du nicht ausreichend viel sehen kannst, musst du dein Tempo entsprechend reduzieren und an die Sichtweite anpassen, sodass du im Notfall innerhalb dieser Sichtweite anhalten könntest.

Deine Geschwindigkeit im Dunkeln wird von deinem Abblendlicht bestimmt, auch wenn du mit Fernlicht fährst. Dies liegt daran, dass du – beispielsweise bei Gegenverkehr – abblenden musst und sich dabei deine Sicht schlagartig verringern kann.

Gründe für schlechte Sicht gibt es viele: Nebel, Schneefall oder starker Regen.

Neben den Witterungsverhältnissen, die im nächsten Abschnitt noch gesondert behandelt werden, sorgen auch stark variierende Lichtverhältnisse nicht für eine gute Sicht, etwa bei Tunnelein- und -ausfahrten, in Waldgebieten oder in Straßen durch Wohngebiete, wo es im Dunkeln durch Einfahrten, Bäume und unregelmäßige Beleuchtung zu Dunkelfeldern kommt. Dies führt dazu, dass du Entfernungen weniger gut einschätzen kannst und andere Verkehrsteilnehmer vielleicht zu spät siehst. Halte daher ausreichend Sicherheitsabstand und verringere wenn nötig deine Geschwindigkeit.

Eine weitere Faustregel besagt, dass du in engen Straßen innerhalb der halben Sichtweite sicher zum Stehen kommen musst, da gegebenenfalls ein Ausweichen bei Gegenverkehr nicht ohne Weiteres möglich ist. Gesetzlich vorgeschrieben ist, dass du nicht schneller als 50 km/h fahren darfst, wenn du aufgrund von Regen, Schneefall oder Nebel weniger als 50 m weit sehen kannst. Nur so kannst du sicher rechtzeitig zum Stehen kommen.

Je nach Tages- und Jahreszeit kann es auch zu schlechten Sichtverhältnissen kommen, wenn dich die Sonne blendet oder deine Scheiben im Winter verschmiert sind. Beachte, dass du deine Geschwindigkeit reduzieren musst, wenn du weniger siehst. Auch entgegenkommende Fahrzeuge können deine Sicht einschränken, wenn sie dich blenden.

Bedenke, dass du an Bergkuppen oder in Kurven, die nicht ganz überschaubar sind, möglichst schnell halten können musst, da du nicht weißt, was sich dahinter befindet. Es könnte beispielsweise ein langsam fahrendes Fahrzeug oder ein Hindernis hinter der Kuppe oder Kurve sein und du musst dann schnell richtig reagieren können. Passe daher vorher schon deine Geschwindigkeit an und fahre möglichst weit rechts, da dir auch Fahrzeuge entgegenkommen könnten.

Auch im Bereich von Gewässern musst du immer wieder mit schlechten Sichtverhältnissen rechnen. Häufig kommt es in diesen Bereichen zu plötzlich auftretendem Nebel und deine Sicht wird ohne Vorwarnung eingeschränkt. Nutze daher vorsorglich dein Abblendlicht und achte vor allem in diesen Gebieten darauf, innerhalb deiner Fahrbahn zu bleiben.

Andernfalls gefährdest du nicht nur dich selbst, sondern auch andere Verkehrsteilnehmer, da diese dich erst entsprechend später sehen können.

Witterungsverhältnisse

Bei schlechter Witterung ist nicht in jedem Fall die Sicht betroffen. Stell dir vor, du fährst an einem sonnigen Tag durch die Alpen – die Sicht ist gut, aber die Straße ist schneebedeckt. Sicher kannst du dir denken, dass du auch in einer derartigen Situation deine Geschwindigkeit anpassen musst, da die Reifen auf dem Schnee weniger Halt haben. Aber nicht nur Schnee, auch starker Regen und demzufolge Nässe oder Laub auf der Fahrbahn beeinträchtigen das Verhalten deines Fahrzeugs, dein Fahrverhalten und somit die Sicherheit im Verkehr – besonders, wenn du sehr schnell fährst.

Regen

Der erste Regenschauer nach längerer Zeit führt oftmals zu einem schmierigen Film auf der Straße, der dich ins Rutschen bringen kann, da die Bodenhaftung der Reifen dann schlechter ist. Hier gilt es für dich, die Geschwindigkeit anzupassen und einen größeren Sicherheitsabstand zu halten.

Bei Nässe besteht außerdem die Gefahr des Aquaplanings. In dieser Situation lässt sich dein Fahrzeug nicht mehr abbremsen oder lenken, da deine Reifen überhaupt keinen Griff mehr haben. Du kannst es dir so vorstellen, als würdest du mit deinem Auto über das Wasser gleiten. Da dieser Vorgang vollkommen unkontrolliert ist, kann es passieren, dass du von der Fahrbahn abkommst und einen Unfall riskierst.

Je langsamer du fährst, desto weniger leicht kommst du von der Fahrbahn ab. Du hast dein Fahrzeug schneller wieder unter Kontrolle und kannst dich wieder sicher fortbewegen. Achte daher vor allem unter diesen Bedingungen darauf, dass du nicht zu schnell fährst und ausreichend Sicherheitsabstand hältst.

Glatte Fahrbahn

Gleiches gilt auf glatter Fahrbahn. Diese kommt nicht nur durch Schneefall oder vereiste Flächen zustande, sondern auch durch feuchtes Laub auf der Fahrbahn. Bedenke dies, wenn du bei Regen durch ein Gebiet mit Bäumen fährst. Indem du einen Bremstest machst, kannst du feststellen, ob die Fahrbahn glatt ist. Fahre dazu mit geringer Geschwindigkeit, sichere den Verkehrsraum ab und führe – wenn möglich – eine Bremsung durch. Hierbei kannst du feststellen, wie gut du dein Fahrzeug noch unter Kontrolle hast. Ist die Fahrbahn glatt, solltest du nur ganz vorsichtig Gas geben und Bremsen sowie ruckartige Lenkbewegungen vermeiden, da diese Vorgänge die Stabilität deines Fahrzeugs beeinflussen.

An vereisten Stellen kann es dazu kommen, dass du oder andere Verkehrsteilnehmer in Kreuzungsbereichen nicht rechtzeitig zum Stehen kommen. Fahre daher äußerst vorsichtig und langsam an Kreuzungen oder Einmündungen heran und verzichte im Zweifel auf deine Vorfahrt, wenn du siehst, dass ein anderer Verkehrsteilnehmer seinen Bremsweg unterschätzt hat. So gefährdest du weder dich noch andere.

Beachte, dass sich in Waldgebieten oder auf Brücken Schnee und Glatteis länger halten als in offenen Landschaften. In Bereichen von Feldern musst du dagegen mit Schneeverwehungen rechnen. Sei stets konzentriert beim Fahren und achte auf die aktuellen Straßenbedingungen. Auch wenn du bei sonnigem Wetter auf einer geräumten Straße in deinem Wohngebiet losgefahren bist, heißt das nicht, dass du auf deiner gesamten Strecke nicht mit glatter Fahrbahn rechnen musst. Sei daher stets bremsbereit und verringere deine Geschwindigkeit, wenn nötig.

8.4 Geschwindigkeitswahl beim Befahren von Kurven

In Kurven herrscht große Schleudergefahr – vor allem, wenn die Fahrbahn nass ist. Doch auch auf trockener Fahrbahn kann es gefährlich werden, wenn du zu schnell in Kurven einfährst. Da auch heftiges Bremsen in Kurven dazu führen kann, dass dein Fahrzeug ins Schleudern gerät, ist es wichtig, bereits vor der Kurve abzubremsen. Nur so kannst du gewährleisten, dein Fahrzeug jederzeit unter Kontrolle zu haben.

Bedenke auch, dass du nicht immer freie Sicht auf die Straße nach der Kurve hast. Du musst damit rechnen, dass sich hinter der Kurve ein Hindernis befindet und du plötzlich abbremsen musst. Wähle deine Geschwindigkeit entsprechend.

8.5 Sicherheitsabstand

Abstand nach vorne

Nicht nur auf der Autobahn kannst du oft Fahrzeuge beobachten, die sehr dicht beieinander fahren. Hinter Lastkraftwagen bilden sich lange Schlangen – die folgenden Fahrzeuge fahren beinahe Stoßstange an Stoßstange. Viele unterschätzen dabei jedoch die Gefahr, die von einem zu geringen Sicherheitsabstand ausgeht. Egal, was die anderen Fahrer falsch machen – lass dich nicht dazu verleiten, den Sicherheitsabstand ebenfalls zu unterschreiten. Wenn dein Vordermann aufgrund einer Gefahr plötzlich abbremst, kannst du nur so dafür garantieren, rechtzeitig zum Stehen zu kommen.

Häufig kommt es zu Auffahrunfällen, weil Verkehrsteilnehmer sich selbst oder die Bremsleistung ihres Fahrzeugs überschätzen, unaufmerksam fahren oder einfach nicht damit rechnen, dass der Vordermann bremsen könnte. Denke immer daran, dass die Reaktionszeit im Durchschnitt eine gute Sekunde beträgt, egal, wie schnell du bist. Aber je schneller du bist, desto länger ist die Strecke, die du während der Reaktionszeit zurücklegst (siehe in Kapitel 8.2 den Abschnitt »Reaktionsweg«). Erst dann beginnt dein eigener Bremsvorgang, während dein Vordermann schon bremst. Daher ist der an deine Geschwindigkeit angepasste Sicherheitsabstand auch so wichtig.

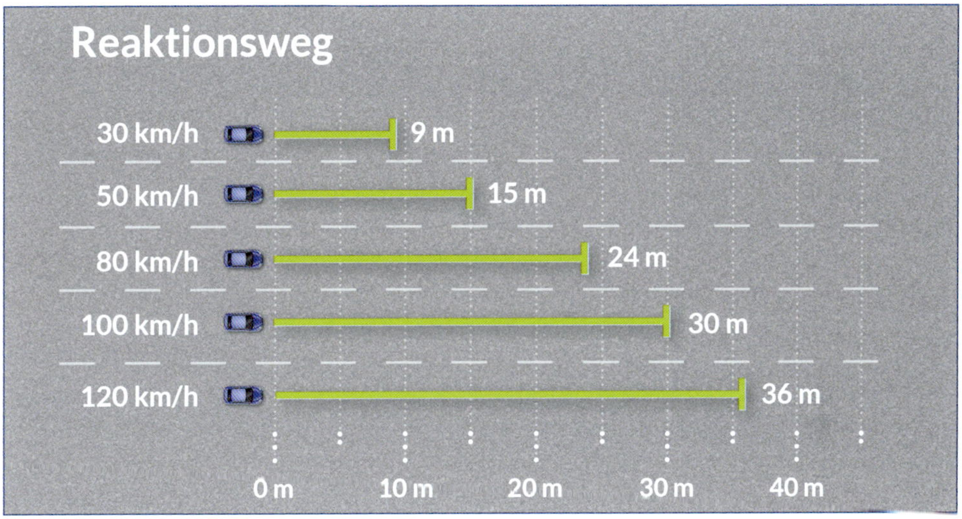

Im Diagramm kannst du sehen, dass sich dein Reaktionsweg vergrößert, je schneller du fährst. Dies erklärt sich dadurch, dass deine Reaktionszeit unabhängig von der Geschwindigkeit immer ca. eine Sekunde beträgt, du in dieser Zeit jedoch je nach deiner Geschwindigkeit unterschiedlich viel Wegstrecke zurücklegst. Für den Sicherheitsabstand nach vorne gibt es zwei Faustregeln, die du dir merken musst:

- die »Zwei-Sekunden-Abstand-Regel« und
- die Regel »halber Tacho in Metern«.

Beide geben dir an, wie groß dein Sicherheitsabstand mindestens sein muss. Damit die »Zwei-Sekunden-Abstand-Regel« funktioniert, suchst du dir einen festen Punkt, etwa einen Leitpfosten, eine Brücke etc. Ab dem Moment, wenn das vor dir fahrende Fahrzeug diesen Punkt erreicht, zählst du »21, 22«, was üblicherweise zwei Sekunden dauert. Erst dann darfst du an dem ausgesuchten Punkt ankommen, dann ist dein Abstand ausreichend groß. Dieser »Zwei-Sekunden-Abstand« gilt außerhalb geschlossener Ortschaften, innerorts nimmt man den »Ein-Sekunden-Abstand« an, da die Geschwindigkeit dort nicht so groß ist.

Die Regel »Halber-Tacho-Abstand« besagt, dass du so viel Sicherheitsabstand zu deinem Vorausfahrenden halten musst, dass er mindestens so groß ist wie die

Hälfte deiner Geschwindigkeit in Metern. Fährst du also auf einer Landstraße mit 100 km/h, musst du mindestens 50 m Abstand halten. Diesen Abstand kannst du anhand der Leitpfosten gut abschätzen, da diese außerorts in einer Entfernung von 50 m angebracht sind. Bei anderen oder höheren Geschwindigkeiten geht die Einschätzung mit dieser Regel schwieriger, dann empfiehlt sich eher die »Zwei-Sekunden-Abstand-Regel«. Der halbe Tacho puffert nur eineinhalb Sekunden, somit ist der Zwei-Sekunden-Abstand der eigentlich noch sicherere Abstand.

Die Abstände, die du mit diesen Faustregeln errechnest, sind lediglich Mindestabstände. Um deine Sicherheit und die deines Vordermanns zu erhöhen, lohnt es sich, den Abstand etwas größer zu wählen. Zudem gelten sie nur bei generell guten Verhältnissen. Wie bereits beschrieben wurde, musst du bei schlechtem Wetter mehr Abstand zum Vorausfahrenden einhalten, da sich das Bremsverhalten der Fahrzeuge verändern kann. Zusätzlich zum Sicherheitsabstand trägt auch vorausschauendes Fahren zu einer sicheren Teilnahme am Straßenverkehr bei. Du kannst Gefahren oft vermeiden, indem du vorher abschätzt, wie der vorausfahrende Verkehrsteilnehmer reagieren wird. Fährt er auf eine rote Ampel zu, kannst du beispielsweise bereits bremsen, bevor du seine Bremslichter siehst.

Abstand nach hinten

Auf den Abstand nach hinten musst du achten, wenn du gerade einen Überholvorgang beendet hast und wieder eingeschert bist. Wenn du deinen Hintermann im Innenspiegel siehst, kannst du wieder sicher einscheren. Fällt dir auf, dass dein Hintermann drängelt und dicht auffährt, ermögliche es ihm, an dir vorbeizufahren. So kannst du Stress vermeiden, gelassener fahren und provozierst keine riskanten Überholmanöver seinerseits.

Einscherabstand

Für Kraftfahrzeuge mit einer besonderen Geschwindigkeitsbeschränkung und für Fahrzeugkombinationen mit mehr als 7 m Länge – dazu zählen auch Wohnwagengespanne – gibt es eine besondere Regelung: Fährst du ein solches Fahrzeug, musst du außerhalb geschlossener Ortschaften einen besonders großen Abstand zu deinem Vordermann einhalten, das heißt in der Regel den doppelten Sicherheitsabstand. Du musst es anderen Verkehrsteilnehmern ermöglichen, dass sie während eines Überholvorgangs zwischen dir und dem vorausfahrenden Kfz gefahrlos einscheren können.

Abstand zur Seite

Um keine anderen Verkehrsteilnehmer zu gefährden, darfst du beim Überholen und Vorbeifahren an stehenden Fahrzeugen auch den Seitenabstand nicht vergessen. Bei Fahrzeugen muss dieser Abstand mindestens 1 m betragen – dann passiert auch nichts, wenn in dem Moment, in dem du an einem haltenden Auto vorbeifährst, die Autotür geöffnet wird. Zu Radfahrern, Elektrokleinstfahrzeugen und Fußgängern gilt innerorts ein Mindestabstand von 1,5 m und außerorts ein Mindestabstand von 2 m. Das lässt genügend Spielraum, falls ein Fußgänger mal einen Ausfallschritt macht oder ein Radfahrer beispielsweise einem Stein auf der Fahrbahn ausweichen will.

TIPP

Aber egal, welcher Abstand, ob nach vorne, hinten, zur Seite oder zum Einscheren – mehr Abstand ist immer besser für deine Sicherheit und die Sicherheit im Straßenverkehr.

8.6 Geschwindigkeitsvorschriften

Besondere Regelungen

Außerhalb geschlossener Ortschaften gelten besondere Regelungen. Wenn du dich nicht auf einer Autobahn befindest, gilt grundsätzlich:

- eine zulässige Höchstgeschwindigkeit von **100 km/h** für alle Pkws und Kraftfahrzeuge mit einer zulässigen Gesamtmasse bis zu 3,5 t.
- eine zulässige Höchstgeschwindigkeit von **80 km/h** für alle Pkws mit Anhänger, für Lkws und Wohnmobile mit einer zulässigen Gesamtmasse bis zu 3,5 t mit Anhänger sowie für Kraftfahrzeuge mit einer zulässigen Gesamtmasse zwischen 3,5 und 7,5 t.
- eine zulässige Höchstgeschwindigkeit von **60 km/h** für Kraftfahrzeuge mit einer zulässigen Gesamtmasse über 7,5 t sowie für Kraftfahrzeuge mit Anhänger, für die nicht oben genannte Bedingungen gelten.

Verkehrszeichen

Neben diesen allgemeinen Regelungen gibt es auch Verkehrszeichen, die die Geschwindigkeitswahl einschränken.

Vorschrift	Aufhebung der Vorschrift
Die zulässige Höchstgeschwindigkeit verbietet dir, schneller als mit der angegebenen Geschwindigkeit zu fahren. 	

<table>
<tr><th>Vorschrift</th><th>Aufhebung der Vorschrift</th></tr>
<tr><td>Innerhalb von Tempo-Zonen darfst du die angegebene Geschwindigkeit nicht überschreiten. Der Bereich endet erst, wenn das entsprechende Zeichen angebracht ist.

</td><td>
</td></tr>
<tr><td>Innerhalb von geschlossenen Ortschaften gilt prinzipiell eine maximale Höchstgeschwindigkeit von 50 km/h, solange keine anderen Regelungen getroffen sind.

</td><td>
</td></tr>
<tr><td>In so gekennzeichneten verkehrsberuhigten Bereichen darfst du mit 4–7 km/h, also mit Schrittgeschwindigkeit, fahren. Das liegt daran, dass in diesen Bereichen das Spielen auf der Fahrbahn erlaubt ist und so Gefahren begrenzt werden.
</td><td></td></tr>
<tr><td>Dieses Zeichen gibt dir eine Mindestgeschwindigkeit an. Du darfst die Straße nur befahren, wenn es prinzipiell möglich ist, diese Geschwindigkeit mit deinem Fahrzeug einzuhalten. Selbstverständlich musst du diese Geschwindigkeit nicht einhalten, wenn es die Straßen-, Verkehrs-, Sicht- oder Witterungsverhältnisse nicht zulassen.

</td><td>
</td></tr>
</table>

8.7 Umweltbewusstes Fahren

In Zeiten des Klimawandels wird es zunehmend wichtig, auch beim Autofahren das Thema »Umwelt« im Blick zu haben. So gibt es schon einige Möglichkeiten, mit denen du deinen Kraftstoffverbrauch und auch deinen Schadstoffausstoß reduzieren kannst.

Vor allem in den Innenstädten wird durch oft sinnloses Beschleunigen und kurz darauf erfolgendes Bremsen Kraftstoff verschwendet. Durch eine vorausschauende Fahrweise an Kreuzungsbereichen kannst du möglichst geldbeutel- und umweltschonend fahren. Beschleunige nicht noch, wenn du die Kreuzung nicht mehr überqueren kannst. Bremse langsam und vorsichtig ab, wenn du an rote Ampeln fährst, gegebenenfalls schalten sie bereits wieder auf Grün um, bevor du stehst. So sparst du sowohl Nerven als auch Geld und tust nebenbei noch etwas für die Umwelt.

Auch das Fahren mit hoher Geschwindigkeit kommt weder dem Geldbeutel noch der Umwelt zugute. Wenn du auf der Autobahn mit 160 km/h statt der Richtgeschwindigkeit von 130 km/h fährst, verbrauchst du durchschnittlich 35 % mehr Kraftstoff, da der Luftwiderstand größer wird und du mehr Energie brauchst, um deine Geschwindigkeit zu halten.

Fahre bei kaltem Motor erst einmal nur im niedrigen Drehzahlbereich, dies spart Sprit und schont deinen Motor. Hat der Motor Betriebstemperatur, achte darauf, dass du frühzeitig hochschaltest, fahre die Gänge nur weit aus, wenn es nicht anders geht, beispielsweise wenn du eine Lücke nutzt, eine Steigung hochfährst oder im Einfädelungsstreifen beschleunigst, um auf die Autobahn einzufahren. Achte auch darauf, dass du, wenn du deine erlaubte Höchstgeschwindigkeit erreicht hast, deinen Gang so wählst, dass die Drehzahl möglichst in einem niedrigen Bereich ist. Dieses niedertourige Fahren spart Sprit, schont deinen Motor und natürlich auch deinen Geldbeutel. Stehst du im Stau oder musst längere Zeit warten, schalte deinen Motor aus, damit dein Fahrzeug nicht unnötig Schadstoff ausstößt und sinnlos Sprit verbraucht wird.

8.8 Warnzeichen

Um andere Verkehrsteilnehmer zu warnen, sind Fahrzeuge mit verschiedensten Einrichtungen wie Warnblinklicht, Lichthupe oder Hupe ausgestattet. Diese sind für den Notfall vorgesehen, weshalb deren Nutzung auch klar geregelt ist.

Warnblinklicht

Das Warnblinklicht muss in den folgenden Situationen eingeschaltet werden:

- wenn ein Fahrzeug abgeschleppt wird oder abschleppt. Beide Fahrzeugführer sind verpflichtet, ihr Warnblinklicht einzuschalten.
- wenn sich ein Linienbus oder Schulbus einer Haltestelle nähert oder dort Fahrgäste ein- und aussteigen lässt.
- wenn ein Fahrzeug an einer Engstelle liegen bleibt und dort erst spät erkannt werden kann. In diesem Fall muss zusätzlich ein Warndreieck aufgestellt werden.

Zusätzlich darf das Warnblinklicht genutzt werden, um andere vor Gefahren wie beispielsweise einem Stauende zu warnen. Es ist allerdings verboten, das Warnblinklicht einzusetzen, um etwa ein fälschlicherweise auf dem Gehweg haltendes Fahrzeug zu kennzeichnen.

Lichthupe

Du darfst die Lichthupe in diesen Situationen einsetzen:

- wenn du denkst, dass du oder andere Verkehrsteilnehmer gefährdet sind.
- wenn du außerhalb geschlossener Ortschaften überholen möchtest.

Hupe

Die Hupe kann anstelle der Lichthupe in den gleichen Situationen eingesetzt werden. Manchmal ist der Einsatz der Hupe vielleicht sinnvoller als der der Lichthupe, etwa wenn du außerhalb einer geschlossenen Ortschaft überholen möchtest. Da nimmt der Fahrer des zu überholenden Fahrzeugs die Hupe vielleicht eher wahr als die Lichthupe.

Geh jedoch mit dem Einsatz der Hupe sehr bedacht um, da auch die Gefahr besteht, damit andere Verkehrsteilnehmer zu erschrecken, sodass du zu einer größeren Gefährdung beiträgst. Unter Umständen kann die Hupe auch dazu führen, dass sich der andere Verkehrsteilnehmer angegriffen fühlt und aggressives Verhalten zeigt.

Fahrräder und Mofas haben statt einer Hupe eine Glocke, die sie in Gefahrensituationen verwenden können.

Notizen

Notizen

9. Verhalten bei Fahrmanövern und Verkehrsbeobachtung

Im Straßenverkehr gibt es viele unterschiedliche Fahrmanöver, die du als Fahrer ausführen musst.

Bei jedem Manöver gilt es, auf verschiedene Gefahren und Verhaltensweisen zu achten, um die Gefährdung anderer so gering wie möglich zu halten.

9.1 Ein- und Anfahren

Das erste Fahrmanöver, das du durchführen musst, nachdem du in dein Auto gestiegen bist, ist das Ein- und Anfahren. Ganz wichtig ist, den Vorrang zu beachten: Wenn du ein Grundstück verlässt, aus einer Fußgängerzone oder einem verkehrsberuhigten Bereich auf die Straße einfahren möchtest, musst du immer warten, die anderen Verkehrsteilnehmer haben dann Vorrang.

Warten musst du ebenfalls, wenn du von Parkplätzen, Park- oder Seitenstreifen oder anderen Straßenteilen und über einen abgesenkten Bordstein auf die Straße einfährst. Du musst vorsichtig und bremsbereit fahren, sodass du eine Gefährdung der anderen ausschließen kannst.

Das heißt, du musst alle anderen Verkehrsteilnehmer durchfahren lassen, selbst wenn du – wie zum Beispiel beim entgegenkommenden Linksabbieger, normalerweise bevorrechtigt wärest. Fährst du aus einer Hofeinfahrt über einen Geh- und Radweg hinweg in den fließenden Verkehr ein, achte zuerst besonders auf Kinder, Fußgänger und Radfahrer. Hast du schlechte Sicht, taste dich langsam vor, bis du die Übersicht hast, und beachte auch: Wenn du schlecht sehen kannst, können die anderen dich auch nur schlecht sehen.

Bedenke zudem, dass du aus dem Stand in den Verkehr einfährst und deshalb länger benötigst, um auf die Geschwindigkeit des fließenden Verkehrs zu kommen. Je schneller sich der fließende Verkehr bewegt, desto größer muss die Lücke sein, die du nutzen möchtest. Beantworte dir folgende Fragen, um die richtige Entscheidung treffen zu können:

- Wie groß ist die Lücke?
- Wie weit ist das herankommende Fahrzeug entfernt und wie schnell kommt es näher?
- Kann ich schnell genug anfahren? (Untergrund? Haftung der Reifen? Wie gut kann ich mit meinem Auto umgehen? Wie leistungsstark ist mein Fahrzeug?)
- Muss ich eventuell noch andere Verkehrsteilnehmer durchlassen, zum Beispiel Fußgänger, Radfahrer, andere Fahrzeuge?

Beobachte den Verkehr mit kurzen und bewussten Blicken, um Lücken besser und richtig abschätzen zu können.

Anfahren vom Fahrbahnrand

Fährst du vom Fahrbahnrand in den fließenden Verkehr ein, achte auch hier darauf, dass du eine Gefährdung oder Behinderung anderer Verkehrsteilnehmer ausschließen musst. Eine konsequente Beobachtung über die Spiegel ist daher unerlässlich.

Gewöhne dir deswegen die folgende Reihenfolge zum Anfahren an:

- Innenspiegel,
- linker Außenspiegel (wenn du vom linken Fahrbahnrand anfährst, nutze den rechten Außenspiegel),
- Blinker setzen,
- Seiten- oder Schulterblick, um den toten Winkel zu berücksichtigen.

Wird deine Sicht in den Spiegeln durch ein größeres Fahrzeug verdeckt, dann taste dich ganz langsam und mit schleifender Kupplung vor, bis du eine gute Sicht hast. Ist die Parklücke enger, ist auch deshalb das langsame Fahren wichtig, da du, um nirgends anzustoßen, stark und schnell lenken musst. Wird dein Auto zu schnell, kann dies sehr leicht zu einer gefährlichen Situation führen. Denke auch hier daran, wenn du schlechte Sicht hast, kann dich der andere auch schlecht erkennen! Ist viel Verkehr, warte geduldig, bis du eine entsprechende Lücke gefunden hast oder ein anderer Fahrer dich anfahren lässt, vergiss aber nicht, dich dafür zu bedanken.

9.2 Nebeneinanderfahren

Beim Nebeneinanderfahren ist es, je schneller du fährst, umso schwieriger, deine Fahrspur und den Abstand zum Fahrzeug neben dir zu halten. Du musst also nicht nur die Verkehrsteilnehmer vor und hinter dir im Blick haben, sondern auch diejenigen rechts und links von dir. Du musst folglich sehr vorausschauend fahren und deine Verkehrsbeobachtung muss gut sein. Folgende Überlegungen können dir dabei behilflich sein, um dich auf das Verhalten der anderen Verkehrsteilnehmer einzustellen: Warum bremst er? Weshalb blinkt er? Will er das langsamer werdende Fahrzeug überholen? Wechselt er jetzt gleich den Fahrstreifen oder biegt er ab? Hat er mich gesehen?

Jedes Fahrzeug hat Sichtbereiche, die man über die Spiegel nicht einsehen kann! Diese Sichtbereiche heißen »tote Winkel«. Die Größe der toten Winkel variiert je nach Fahrzeug und Spiegeleinstellung des Fahrers. So passiert es sehr leicht, dass Fußgänger, Rad- oder Motorradfahrer, ja sogar ein ganzer Pkw im Spiegel allein nicht zu sehen sind. Gewissheit, dass sich neben deinem Fahrzeug kein anderer Verkehrsteilnehmer befindet, kannst du dir nur durch einen Schulterblick verschaffen.

TIPP

Beobachte während der Fahrt oft deine Spiegel, um dir eine gute Rundumsicht zu verschaffen, und versuche, durch die Scheiben deines Vordermanns oder links oder rechts an ihm vorbei einen Blick auf dessen Vordermann zu erhaschen, so kannst du dich auf eventuelles Bremsen besser einstellen.

Fahrstreifenwechsel

Beim mehrspurigen Fahren solltest du auf unnötige Fahrstreifenwechsel verzichten, da ein Wechsel des Fahrstreifens nicht unbedingt ein leichtes Fahrmanöver ist. Oftmals ist ein Fahrstreifenwechsel allerdings unerlässlich, wenn beispielsweise ein Fahrstreifen endet, du ein Hindernis umfahren musst, dich zum Abbiegen einordnest oder überholst.

Einen Fahrstreifenwechsel nimmst du in mehreren Schritten vor, dabei ist wiederum wichtig, dich und andere nicht zu gefährden. Zunächst beobachtest du über die Innen- und Außenspiegel den Verkehr hinter und neben dir. Du setzt den Blinker, um dem nachfolgenden Verkehr rechtzeitig anzukündigen, was du beabsichtigst. Dann verfolge aufmerksam, wie sich der nachfolgende Fahrzeugführer verhält: Hat er erkannt, was du vorhast, und lässt dir Platz zum Einfädeln? Dann musst du einschätzen, ob die Lücke passt, und per Schulterblick klären, dass sich kein Fahrzeug im toten Winkel befindet. Wenn das alles erfolgreich abgelaufen ist, wechselst du ganz ruhig mit sanften Lenkbewegungen den Fahrstreifen.

Wie gesagt, ein Fahrstreifenwechsel ist nicht unbedingt ein einfaches Fahrmanöver, was dabei oft hilft, ist die gegenseitige Rücksichtnahme. Achte darauf, ob andere Fahrer eventuell auch ihren Fahrstreifen wechseln wollen, und trage dazu bei, dass ihnen dies auch gelingt. Ein bisschen Tempo rausnehmen reicht hier oft schon aus, um den Wechsel zu ermöglichen. Denn du freust dich genauso darüber, wenn ein anderer Verkehrsteilnehmer dich einfädeln lässt.

TIPP

Achtung! Hast du drei Fahrstreifen nebeneinander, denke daran, dich zu vergewissern, dass nicht ein Fahrer von der anderen Seite auch in den mittleren Fahrstreifen wechseln möchte.

Reißverschlussverfahren

Das Reißverschlussverfahren soll den Verkehrsfluss so weit wie möglich aufrechterhalten. Es muss angewandt werden, wenn ein Fahrstreifen endet oder ein durchgehendes Befahren eines Fahrstreifens nicht möglich ist, um den Fahrzeugen den Wechsel der Spur zu ermöglichen.

Das Reißverschlussverfahren funktioniert so, dass abwechselnd eingefädelt wird, also jeder Fahrer auf dem durchgehenden Streifen ermöglicht einem Fahrzeug des endenden Fahrstreifens den Wechsel auf den durchgehenden Fahrstreifen. Damit dies flüssig abläuft, fahre bis kurz vor die Engstelle und wechsle erst dann deinen Fahrstreifen. Beachte dabei, keinen anderen Verkehrsteilnehmer zu gefährden.

9.3 Vorbeifahren an Hindernissen

Fährst du an einer Fahrbahnverengung, einer Baustelle, an einem haltenden oder parkenden Fahrzeug oder einem sonstigen Hindernis auf deinem Fahrstreifen vorbei, gilt für dich, entgegenkommenden Fahrzeugen Vorrang zu geben, notfalls musst du anhalten. Grundsätzlich gilt, dass derjenige warten muss, der die Verengung auf seiner Seite hat.

Ist die Verengung beidseitig, fährt das Fahrzeug, das zuerst an der Verengung ist, oder man verständigt sich untereinander.

Beim Vorbeifahren musst du vor dem Ausscheren auf deinen nachfolgenden Verkehr achten, um eine Gefährdung auszuschließen. Nutze hierzu wieder deinen Innen- und Außenspiegel. Ebenso musst du dein Aus- und Einscheren durch den Blinker signalisieren.

Fährst du an parkenden Autos vorbei, denke an einen ausreichenden Sicherheitsabstand (mindestens 1 m oder eine Türbreite Abstand), falls ein Fahrer plötzlich unbedacht seine Autotür öffnet oder Kinder und Fußgänger hinter einem parkenden Fahrzeug auftauchen, um die Straße zu überqueren.

Engstelle

Kommst du an eine Stelle, wo du diese Verkehrszeichen siehst, bist du an einer Engstelle angekommen. Diese kann einen oder auch beide Fahrstreifen betreffen.

Wer Vorrang hat, also wer zuerst fahren darf, wird manchmal auch durch Schilder geregelt. Wenn nicht, ist es grundsätzlich so, dass derjenige, auf dessen Seite die Verengung besteht, den Gegenverkehr zunächst durchlassen muss. Ist das entgegenkommende Fahrzeug schon in der Engstelle, musst du warten, bis es die Engstelle passiert hat oder eventuell eine Lücke zum Warten findet, etwa zwischen zwei parkenden Fahrzeugen.

Ist die Verengung beidseitig, hat derjenige Vorrang, der die Verengung zuerst erreicht. Nötigenfalls müssen die Fahrer sich untereinander verständigen.

Wird in einer Engstelle der Vorrang durch Verkehrszeichen geregelt, bedeutet dieses Verkehrszeichen, dass du Vorrang hast.

Dieses Verkehrszeichen zeigt dir deine Wartepflicht gegenüber dem Gegenverkehr an.

Wenn es sich bei den Engstellen beispielsweise um Unterführungen oder Durchfahrten unter Brücken handelt, gibt es oftmals durch Vorschriftzeichen auch ergänzende Hinweise über die erlaubte Höhe oder Breite des Fahrzeugs, die es maximal haben darf, um die Engstelle zu passieren.

Diese beiden Verkehrszeichen zeigen dir die maximal erlaubte tatsächliche Höhe sowie die tatsächliche Breite an.

Bleibt der Gegenverkehr, obwohl du Vorrang hast, nicht stehen, reduziere dein Tempo und bleibe notfalls stehen. Verzichte auf waghalsige Ausweichmanöver über den Gehweg.

9.4 Ausweichen

Hindernisse wie Baustellen, Fahrbahnverengungen oder andere Engstellen sind in der Regel ausgeschildert, sodass du dich darauf einstellen und dein Fahrverhalten entsprechend anpassen kannst, um daran vorbeizufahren.

Aber wie reagierst du bei einem plötzlich auftretenden Hindernis? Die erste richtige Reaktion ist in den meisten Fällen eine sofortige Gefahrbremsung, besonders, wenn sich Gegenverkehr nähert. Wenn das allerdings nicht ausreicht, musst du im Notfall versuchen auszuweichen.

Um hier Sicherheit zu bekommen, mache am besten ein spezielles Fahrsicherheitstraining mit. Es ist ein großer Unterschied, ob du in einem Auto mit oder ohne ABS sitzt. Ohne ABS werden die Reifen bei einer Gefahrbremsung blockieren, das Fahrzeug wird dadurch nicht mehr lenkfähig sein und in das Hindernis rutschen. Um das zu verhindern, musst du vor dem Ausweichlenken die Bremsen wieder lösen. Mit ABS bleibst du auf der Bremse, während du lenkst.

9.5 Überholen

Im Abschnitt 9.3 geht es um das Vorbeifahren u. a. an parkenden oder haltenden Autos. Überholt werden dagegen Fahrzeuge, die in die gleiche Richtung unterwegs sind wie du, die also entweder an einer Ampel oder Kreuzung auf das Weiterfahren warten oder die mit weniger Tempo fahren. Daher ist Überholen oft mit einem großen Risiko behaftet, und du musst dich vor jedem Überholmanöver vergewissern, ob du an der Stelle überholen darfst oder eventuell ein Überholverbot besteht und ob du überholen kannst, ohne dich und andere Verkehrsteilnehmer zu gefährden. Denn schnell verschätzt man sich bei der eigenen Geschwindigkeit oder Entfernung und Geschwindigkeit des Gegenverkehrs. Oder man überholt, weil man in Eile ist, aber die Sicht eigentlich nicht ausreicht. Oftmals resultieren daraus dann folgenschwere Unfälle.

Deshalb solltest du deinen Überholvorgang gründlich überdenken, **bevor** du überholst. So ist das Überholen niemals sinnvoll, wenn du dich einer Ampel näherst oder in einiger Entfernung zäh fließenden Verkehr erkennen kannst. Auch wenn dein Vordermann den Blinker zum Abbiegen schon gesetzt hat oder du demnächst abbiegen willst, lohnt sich ein Überholmanöver nicht.

Und natürlich solltest du auch die Witterungs- und Straßenverhältnisse berücksichtigen, bei schlechter Sicht, glatter Fahrbahn oder vergleichbaren Beeinträchtigungen solltest du auf ein Überholmanöver möglichst verzichten.

Grundlegendes in Sachen Überholen

Bist du zu dem Entschluss gekommen, dass dein Überholvorgang sinnvoll und vernünftig ist, musst du folgende Regelungen beachten:

In der Regel musst du links überholen.

Von dieser Regel gibt es allerdings ein paar Ausnahmen: Linksabbieger, die ihre Absicht bereits signalisieren und sich zum Abbiegen eingeordnet haben, musst du rechts überholen. Schienenfahrzeuge werden rechts überholt, wenn die Schienen sich in der Mitte der Fahrbahn befinden, was meistens der Fall ist. Liegen sie dagegen zu weit rechts, darfst du auch links überholen. Das Gleiche gilt für Einbahnstraßen.

Wenn sich auf Richtungsfahrbahnen Fahrzeugschlangen gebildet haben, die auf den Fahrstreifen links von dir stehen oder langsam fahren, darfst du vorsichtig und mit geringfügig höherer Geschwindigkeit rechts überholen. Wenn rechts ausreichend Raum vorhanden ist, dürfen Rad- und Mofafahrer Fahrzeuge, die auf dem rechten Fahrstreifen warten, mit mäßigem Tempo (maximal Schrittgeschwindigkeit) und besonderer Vorsicht rechts überholen. Achte hierauf besonders, wenn du nach rechts abbiegen willst, damit sich kein Rad- oder Mofafahrer in deinem unmittelbaren Nahbereich befindet!

Überholverbote

In den folgenden Situationen ist Überholen grundsätzlich verboten:

- an schlecht oder gar nicht einsehbaren Straßenbereichen, beispielsweise vor Bergkuppen, Kurven und Kreuzungen.
- wenn du den Gegenverkehr oder den nachfolgenden Verkehr behindern bzw. gefährden würdest.
- bei unklarer Verkehrslage, wenn zum Beispiel der Lkw vor dir deine Sicht einschränkt und du nicht erkennst, was dein Vordermann vorhat.
- wenn du dabei eine Fahrstreifenbegrenzung (durchgezogene Linie) oder eine Sperrfläche überfahren müsstest.
- an Fußgängerüberwegen und Bahnübergängen.
- wenn vor dir ein Linien- oder Schulbus fährt, der das Warnblinklicht eingeschaltet hat.
- wenn der Überholvorgang nur durch Überschreiten der erlaubten Höchstgeschwindigkeit gelingen würde.

Und selbstverständlich darfst du nicht überholen, wenn es durch Verkehrszeichen verboten wird.

Für ein Überholverbot gibt es zwei Vorschriftzeichen:

<table>
<tr><th>Diese Zeichen verbieten das Überholen</th><th>Wem wird das Überholen verboten?</th><th>Wer darf nicht überholt werden?</th></tr>
<tr><td></td><td>Hier dürfen Führer von Kraftfahrzeugen aller Art nicht überholen.</td><td rowspan="2">Mehrspurige Kraftfahrzeuge und Motorräder mit Beiwagen dürfen nicht überholt werden.
Es gibt einen Merksatz, den du dir leicht merken kannst: Alles, was zwei Spuren im Schnee hinterlässt, darf nicht überholt werden.</td></tr>
<tr><td></td><td>Hier dürfen Führer von Kraftfahrzeugen mit einer zulässigen Gesamtmasse über 3,5 t einschließlich ihrer Anhänger und Zugmaschinen nicht überholen.</td></tr>
</table>

Gefahren beim Überholen

Immer wieder kommt es beim Überholen zu Fehleinschätzungen, die den Überholvorgang gefährlich werden lassen. Wenn du deine Geschwindigkeit und die der anderen unmittelbar beteiligten Verkehrsteilnehmer falsch einschätzt, kann das fatale Folgen für alle haben. Diese Fehler passieren besonders häufig:

- Du denkst, dass der Gegenverkehr noch viel weiter entfernt ist, als es tatsächlich der Fall ist.
- Du unterschätzt die Geschwindigkeit des Gegenverkehrs.
- Du hältst deinen Überholweg für kürzer, als er tatsächlich ist.

Wenn du während deines Überholmanövers merkst, dass du dich verschätzt hast und es eng wird, hast du zwei Optionen: Du kannst den Überholvorgang abbrechen, also bremsen und dich wieder in deiner alten Spur einordnen. Oder du musst stark beschleunigen, um dein Überholmanöver sehr schnell zu beenden.

Aber nicht nur du verschätzt dich! Auch anderen Verkehrsteilnehmern passiert das, sodass es für dich auch mal brenzlig werden kann aufgrund des Überholmanövers eines anderen Fahrzeugs. Wie verhältst du dich dann am besten? Denke daran, dass deine Sicherheit und die der anderen immer Vorrang hat. Wenn du überholt wirst und der Überholer dicht vor dir einschert, brems ab, um den Sicherheitsabstand direkt wieder zu vergrößern. Vermeide es, dies persönlich zu nehmen und zu dicht aufzufahren.

Kritisch werden kann es auch, wenn ein Überholvorgang im Gegenverkehr misslingt. Kommst du einmal in die Situation, dass sich ein Überholer im Gegenverkehr verschätzt hat und den Überholvorgang nicht mehr rechtzeitig beenden kann, brems ab und fahr so weit wie möglich nach rechts.

Kolonnenverkehr

Schwierige Situationen können sich auch ergeben, wenn sich hinter einem langsam fahrenden Fahrzeug eine Fahrzeugschlange gebildet hat. Auch wenn du am Ende der Kolonne fährst und ungeduldig wirst, du solltest nicht »das Feld von hinten aufrollen«. Das Risiko wäre zu groß, da der Überholweg einfach zu lang ist, es könnte plötzlich Gegenverkehr auftauchen und du müsstest dich in die Kolonne »hineinquetschen«, was dich und die anderen Fahrzeugführer gefährden könnte. Zudem müsstest du damit rechnen, dass eines der Fahrzeuge vor dir auch aus der Schlange ausschert.

Hat sich eine solche Fahrzeugkolonne gebildet, sollte nach Möglichkeit immer das erste Fahrzeug direkt hinter dem langsamen Fahrzeug als Erstes überholen. Fährst du in einer Kolonne, sei auch immer darauf gefasst, dass dich trotzdem von hinten ein Fahrzeug überholen könnte.

Landwirtschaftliche Fahrzeuge

Landwirtschaftliche Fahrzeuge sind für schwere Arbeiten gemacht. Kommen sie auf die Straße, sind sie oft verschmutzt, sodass weder die Beleuchtung noch der Blinker zu erkennen sind, oder der Fahrer ist durch seine Ladung oder Anbaugeräte in seiner Sicht eingeschränkt. Auch sind landwirtschaftliche Fahrzeuge oftmals sehr breit und die Anbaugeräte können beim Abbiegen ausschwenken.

Darum sei beim Überholen eines solchen Fahrzeugs besonders vorsichtig und achte auf einen ausreichenden Seitenabstand.

Langsame Fahrzeuge

Langsame Fahrzeuge stellen die Geduld der anderen Fahrer oftmals auf die Probe. Dies kann dann zu waghalsigen Überholmanövern führen. Um dem vorzubeugen, musst du als Fahrer eines solchen langsamen Fahrzeugs anderen schnelleren Fahrzeugen das Überholen ermöglichen, indem du beispielsweise an einer übersichtlichen Stelle am rechten Fahrbahnrand, in einer Haltebucht, einem Seiten- oder Parkstreifen dein Tempo reduzierst oder, falls erforderlich, sogar anhältst und wartest.

Langsamfahrer

Langsames Fahren ohne triftigen Grund behindert den fließenden Verkehr, fördert die Gefahr von Auffahrunfällen und reizt die anderen Fahrer zu riskanten Überholmanövern. Daher ist grundloses langsames Fahren im Straßenverkehr nicht erlaubt.

Hält dich ein Langsamfahrer auf, bleib cool und gelassen. Vielleicht gibt es ja einen bestimmten Grund, warum der andere Fahrer langsam fährt? Vielleicht weiß er nicht genau, wo er abbiegen muss, oder er hat irgendein anderes Problem. Auf alle Fälle macht er das nicht, um dich zu ärgern! Warte ab, bis eine geeignete Stelle kommt, an der du gut überholen kannst. Verzichte nach dem Überholen auf »Vergeltung«, schere wieder mit sauberem Sicherheitsabstand ein und fahre normal weiter.

Drängler

Hast du einmal einen dicht auffahrenden und drängelnden Fahrer hinter dir, lass dich nicht irritieren oder gar in ein unüberlegtes Überholmanöver hineindrängen. Bleib hier ebenfalls ruhig und gelassen und lass den Drängler so bald wie möglich überholen.

Radfahrer

Wenn du einen Radfahrer überholen möchtest, musst du darauf achten, einen ausreichenden Seitenabstand von mindestens 1,5 m einzuhalten. Es ist aber nicht verkehrt, mehr Seitenabstand zu schaffen, da du damit rechnen solltest, dass der Radfahrer eventuell nach links ausschert, ohne auf den nachfolgenden Verkehr zu achten.

Insgesamt ist die Fahrweise von Radfahrern nicht so stabil, etwa wenn sie am Berg langsam fahren oder wenn sie etwas transportieren, können sie beginnen zu wackeln, daher solltest du Radfahrer immer aufmerksam beobachten, vorausschauend fahren und dir das Überholen gut überlegen.

Lkw

Lkws zu überholen, ist mitunter – bedingt durch ihre Größe – ein heikles Unterfangen. Vor allem solltest du einen Lkw nie vor Kreuzungen überholen. Denn er könnte die Sicht auf vorfahrtregelnde Verkehrszeichen oder auf den von rechts kommenden Verkehr verdecken oder vor dem Abbiegen nach links ausscheren.

Allee

Alleen verfügen oft nur über eine geringe Fahrbahnbreite oder auch eine unebene gewölbte Fahrbahn oder Äste ragen tief über die Fahrbahn. Dadurch kann es beim Überholen selbst schmaler Fahrzeuge wie zum Beispiel Radfahrern schwierig werden, falls Gegenverkehr kommt oder große Fahrzeuge den Ästen ausweichen und dazu in der Fahrbahnmitte fahren.

Achte beim Befahren von Alleen auf das Gefahrzeichen **Fehlendes Lichtraumprofil**, es weist dich darauf hin, dass dir große Fahrzeuge in der Mitte der Fahrbahn entgegenkommen könnten

Vor dem Überholen

Bevor du zum Überholen ausscherst, überzeuge dich zunächst, dass das Überholen an der Stelle auch tatsächlich erlaubt ist. Dann prüfe, ob du auch wesentlich schneller fährst als das Fahrzeug, das du überholen möchtest, und ob du eine ausreichende Strecke überblicken kannst, denn du darfst den Gegenverkehr in keiner Phase deines Überholmanövers behindern oder gar gefährden.

Also muss die Strecke, die du überblicken kannst, doppelt so lang sein wie dein Überholweg.

Dann vergewissere dich, dass hinter dir nicht bereits ein anderes Fahrzeug zu einem Überholvorgang angesetzt hat. Sollte das der Fall sein, musst du diesem Vorrang gewähren und deinen Wunsch zu überholen so lange zurückstellen.

Und dann musst du natürlich noch abklären, was das Fahrzeug macht, das du überholen möchtest. Plant der Fahrzeugführer vielleicht selbst ein Überholmanöver, muss er einem Hindernis ausweichen oder will er abbiegen? Wird der Fahrer vielleicht gerade wieder schneller, weil er zuvor etwas gesucht und sich orientiert hat?

Wenn all diese Faktoren abgeklärt sind und nichts deinem Wunsch zu überholen entgegensteht, kannst du dein Überholmanöver starten.

Durchführung eines Überholvorgangs

- Beobachte sowohl den nachfolgenden Verkehr als auch den Gegenverkehr. Den Verkehr hinter dir verfolgst du über die Innen- und Außenspiegel, am hilfreichsten ist der linke Außenspiegel, da hier die Gefahr des toten Winkels am wenigsten besteht. Zwischen der Spiegelbeobachtung wirfst du immer wieder einen Blick zum Gegenverkehr, so verschaffst du dir Übersicht.
- Fahre gleichzeitig nicht zu dicht auf den Vorausfahrenden auf, bei etwas mehr Abstand hast du eine bessere Sicht nach vorne. Das erreichst du zusätzlich dadurch, dass du leicht versetzt in deiner Spur fährst.
- Dann setzt du den Blinker nach links, du musst deine Absicht zum Überholen rechtzeitig ankündigen.
- Nun sicherst du dich noch einmal nach hinten ab. Vorgeschrieben ist ein Blick über die Schulter, um das Risiko des toten Winkels auszuschließen.
- Jetzt kannst du ausscheren – lenke dabei nicht zu stark – und kräftig beschleunigen. Achte hierbei auf die richtige Gangwahl und fahre den Gang gut aus. Die zulässige Höchstgeschwindigkeit darf natürlich nicht überschritten werden!
- Nun überholst du. Halte während des Überholvorgangs einen ausreichenden Sicherheitsabstand zur Seite von mindestens 1 m ein – bei Fußgängern und Radfahrern sind es mindestens 1,5 m.
- Das Wiedereinscheren zeigst du rechtzeitig durch Setzen des Blinkers nach rechts an.
- Wenn du das überholte Fahrzeug komplett im Innenspiegel sehen kannst, scherst du wieder ein, so ist ein ausreichender Sicherheitsabstand zum Überholten gewährleistet und er wird nicht behindert.

Während des gesamten Überholvorgangs dürfen andere Fahrzeugführer weder behindert noch gefährdet werden!

Was tun, wenn ich überholt werde?

Jetzt haben wir ausführlich erläutert, was du alles beachten musst, wenn du ein Fahrzeug überholen möchtest. Aber du wirst nicht nur selbst überholen, sondern auch mal überholt werden. Worauf solltest du dann achten?

Wenn du überholt wirst, dann fahre möglichst weit rechts und verzichte darauf zu beschleunigen. Nötigenfalls musst du das Tempo reduzieren, um deinem Überholer das Einordnen zu erleichtern, wenn Gegenverkehr kommt.

Solltest du dich zum Linksabbiegen eingeordnet haben und wirst links überholt, warte, bis der Überholende vorbeigefahren ist, und biege dann erst ab. Achte auch darauf, vor dem Abbiegen nochmals einen Schulterblick zu machen, damit du weitere Fahrzeuge, die dich eventuell überholen, siehst.

Überholweg

Wie lang ist die Strecke, die du zum Überholen brauchst, eigentlich? Diesen Faktor solltest du nicht unterschätzen, denn der Überholweg ist sehr lang. Wie lang genau er ist, hängt davon ab, wie schnell du fährst und welches Tempo der Überholende hat. Also je geringer der Unterschied zwischen euren beiden Geschwindigkeiten ist, desto länger werden Überholweg und Überholdauer. Darum achte darauf, dass du nur überholen darfst, wenn du mit wesentlich höherer Geschwindigkeit überholen kannst!

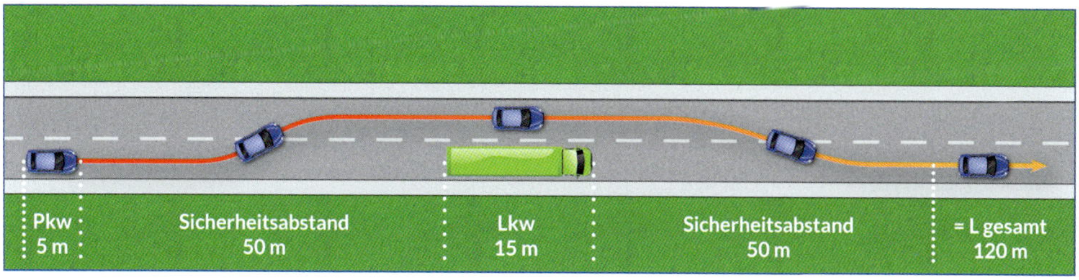

Du fährst mit deinem Auto mit 100 km/h auf der Landstraße und möchtest einen Lkw mit 70 km/h überholen. Welche Streckenlänge musst du dafür einplanen?

Die Formel dazu lautet:

$$\frac{V1}{(V1 - V2)} \times L = \text{Überholweg}$$

- V1 = eigene Geschwindigkeit von 100 km/h
- V2 = Geschwindigkeit des zu überholenden Lkws von 70 km/h
- L = Summe der Fahrzeuglängen und Sicherheitsabstände

$$\frac{100}{(100 - 70)} \times 120 = 400$$

Dein Überholweg beträgt rund 400 m. Da während eines Überholvorgangs aber auch Gegenverkehr auftauchen könnte und sich auf dich zubewegt, muss die für dich überschaubare Strecke das Doppelte deines Überholwegs betragen, um wirklich gefahrlos einen Überholvorgang durchführen zu können, in unserem Beispiel also 800 m.

9.6 Abbiegen

Überholen musst du nicht unbedingt, erscheint dir ein Überholmanöver zu riskant, musst du es nicht unbedingt durchführen. Das ist beim Abbiegen anders, möchtest du deinen Zielort erreichen, wirst du auf Abbiegemanöver nicht verzichten können. Auch beim Abbiegen gilt, so wie für die anderen bisher in diesem Kapitel vorgestellten Fahrmanöver, dass du mit besonderer Vorsicht vorgehst und darauf achtest, dich und die anderen Verkehrsteilnehmer nicht zu gefährden.

Ein Abbiegevorgang ist einer der Fahrvorgänge, die du am häufigsten durchführen wirst. Dieses Manöver wird dir schnell in Fleisch und Blut übergehen, aber hierin liegt auch die Gefahr, denn gern wird man bei Fahrmanövern, die man häufig durchführt, auch nachlässig und begeht Fehler. Laut der Unfallstatistik des Statistischen Bundesamtes gehört in den Jahren 2013–2016 das Fehlverhalten beim Abbiegen, Wenden, Rückwärtsfahren, Ein- und Anfahren neben nicht angepasster Geschwindigkeit, ungenügendem Abstand und Vorfahrtsverletzungen zu den häufigsten Unfallursachen.

Zwei grundlegende Voraussetzungen für den Abbiegeprozess musst du immer berücksichtigen: Zum einen musst du auch hier jeweils den Blinker setzen, um dein Abbiegen anzukündigen, zum anderen musst du beachten, ob das Abbiegen bzw. die Abbiegerichtung durch Verkehrszeichen erlaubt bzw. vorgeschrieben ist.

Abbiegen ist wie das Überholen ein mehrschrittiger Vorgang, der in den folgenden Abschnitten erläutert wird.

Kreuzung und Vorfahrt

Um eine Kreuzung oder Einmündung zu erkennen, gibt es verschiedene Merkmale, zum Beispiel Straßennamenschilder, vorfahrtregelnde Verkehrszeichen, Wegweiser oder Vorwegweiser.

Vorwegweiser helfen dir vor allem, wenn du ortsunkundig bist, rechtzeitig zu erkennen, wo es weitergeht. Sie verdeutlichen, in welche Richtung du fahren musst, wie viele Fahrstreifen es an der Kreuzung gibt und wie du dich am besten einordnest.

Kläre jetzt auch schon ab, was für eine Vorfahrtslage an der Kreuzung gilt. Steht dort ein sogenanntes Stoppschild, sodass du sowieso anhalten musst, oder steht dort das Verkehrszeichen **Vorfahrt gewähren** oder bist du auf einer Vorfahrtstraße? Ist an der Kreuzung eine Ampel? Gilt rechts vor links? Wen musst du durchlassen? Wie ist die Sicht? Ist die Kurve eng oder lang gezogen? Wie stark musst du also deine Geschwindigkeit drosseln?

Blick in Innen- und Außenspiegel

Das Absichern nach hinten über die Spiegel, das du schon vom Überholen kennst, ist ein wichtiger Vorgang, denn es zeigt dir, wie es mit dem nachfolgenden Verkehr bestellt ist.

Praktischerweise beginnst du mit einem Blick in den Innenspiegel, da du so am besten siehst, was direkt hinter dir ist. Anschließend folgt der Blick in den Außenspiegel, hier nimmst du den Spiegel in Abbiegerichtung, also, wenn du nach links abbiegst, den linken, und nach rechts den rechten Außenspiegel.

Beim Blick in den Spiegel achte auf Folgendes:

- Wie stark ist das Verkehrsaufkommen?
- Fährt der Hintermann dicht auf?
- Biegt er auch ab oder fährt er geradeaus weiter?
- Was für ein Fahrzeug ist hinter dir? Ist es ein großes Fahrzeug oder ein Motorradfahrer oder Radfahrer?

Blinker setzen

Der Blinker ist ein wichtiges Kommunikationsmittel im Straßenverkehr.

Darum kündige deine Absicht abzubiegen rechtzeitig an, denn dann hat der nachfolgende Verkehr genügend Zeit, sich auf dein anschließendes Verhalten einzustellen.

Denn »Überraschungen« können den Unmut der anderen Autofahrer schüren und zu gefährlichen Situationen führen, wie beispielsweise dichte Auffahrmanöver, weil der Hintermann von deinem Bremsen überrascht wird.

Seiten- oder Schulterblick und Einordnen

Je früher du dich in den richtigen Fahrstreifen einordnest, umso leichter wird die Situation für dich, da du ruhiger, entspannter und mit mehr Zeit zum Agieren an die Abbiegestelle kommst.

Vor dem Einordnen musst du dich aber vergewissern, dass du den nachfolgenden Verkehr nicht gefährdest oder behinderst. Deshalb sichere durch einen sauberen Schulterblick den toten Winkel ab. Den Schulterblick machst du wie den Blick in den Außenspiegel in die jeweilige Abbiegerichtung.

Beim Einordnen gilt es, Folgendes zu beachten:

- Zum Rechtsabbiegen ordnest du dich so weit wie möglich rechts im Fahrstreifen oder im Rechtsabbiegerfahrstreifen ein.
- Zum Linksabbiegen ordnest du dich zur Fahrbahnmitte ein oder auf dem Linksabbiegerfahrstreifen und auf Fahrbahnen für eine Richtung, etwa in Einbahnstraßen, so weit wie möglich links.
- Beim Linksabbiegen darfst du dich nur auf längs verlegten Schienen einordnen, wenn kein Schienenfahrzeug behindert wird.

Grundsätzlich nimmst du die rechte Fahrlinie zum Linksabbiegen, in Einbahnstraßen musst du die linke Fahrlinie wählen.

Geschwindigkeit an die Situation anpassen

Geh vor dem Abbiegen entsprechend der Situation etwas mit deiner Geschwindigkeit herunter. Achte hierbei auf die Sicht, ob die Kurve eng oder lang gezogen ist, auf den Zustand der Fahrbahnoberfläche, ob es beispielsweise rutschig oder glatt ist, und darauf, ob sich andere Verkehrsteilnehmer in der Nähe der Abbiegestelle befinden, die du eventuell durchlassen musst. Und prüfe noch mal die Vorfahrtslage.

Deshalb fahre immer nur so schnell, dass du jederzeit gefahrlos anhalten kannst. Es ist auch wichtig, mit deiner Geschwindigkeit den anderen Verkehrsteilnehmern, die vor dir Vorfahrt oder Vorrang haben, zu zeigen, dass du anhalten wirst.

Vorfahrt und Vorrang beachten

Nun hast du es fast geschafft! Wenn du dich nun ruhig und mit mäßiger Geschwindigkeit der Kreuzung oder Einmündung näherst, leg dir in Gedanken zurecht, wer Vorfahrt hat und wer warten muss. Denn dann kannst du deine Entscheidung, ob du anhalten musst oder direkt abbiegen kannst, ohne große Eile treffen. Falls du Vorfahrt gewähren musst, kannst du beim Heranfahren an die Abbiegestelle durch mehrere kurze Blicke in den Querverkehr abklären, ob du eine Lücke im Verkehr hast oder ob du anhalten musst. Machst du dies rechtzeitig und mit mäßiger Geschwindigkeit, lässt sich das Anhalten oftmals vermeiden.

Bevor du abbiegst, musst du noch auf Fußgänger warten, die in Längsrichtung die Fahrbahn überqueren wollen. Dabei ist es egal, ob sie aus deiner Richtung kommen oder ob sie dir entgegenkommen. Das Gleiche gilt auch für Radfahrer. Signalisiere ihnen durch reduzierte Geschwindigkeit, dass du ihren Vorrang beachtest. Oft sind aber vor allem Fußgänger verunsichert und bleiben stehen. Bleib dann ebenfalls stehen und nimm Blickkontakt auf. **Ein Stehenbleiben des anderen Verkehrsteilnehmers ist niemals der Verzicht auf den Vorrang!**

Linienbussen und Straßenbahnen oder Fahrzeugen auf Sonderfahrstreifen musst du vor dem Abbiegen ebenfalls Vorrang gewähren.

Als Linksabbieger musst du deinen entgegenkommenden Verkehr durchfahren lassen. Dem Linksabbieger, der dir entgegenkommt, musst du Platz in der Kreuzung lassen, sodass er ebenfalls abbiegen kann, ihr also voreinander abbiegt, im Fachjargon spricht man hier vom tangentialen Linksabbiegen. Ist eine Kreuzung so angelegt, dass man hintereinander abbiegen muss, oder wird es durch Verkehrszeichen angeordnet, musst du erst an deinem entgegenkommenden Linksabbieger vorbeifahren und hinter ihm abbiegen.

Bevor du abbiegst, mach zur Sicherheit noch einen zweiten Schulterblick, dass sich wirklich kein anderer Verkehrsteilnehmer in deinem unmittelbaren Nahbereich aufhält oder du gar überholt wirst.

Das eigentliche Abbiegen

Nun kannst du abbiegen. Achte beim Abbiegen nach rechts darauf, dass du dabei einen engen Rechtsbogen am Fahrbahnrand entlangfährst, damit die dir entgegenkommenden Fahrzeuge ausreichend Platz haben. Im Gegensatz dazu fährst du beim Abbiegen nach links eine weitere Fahrlinie, orientiere dich am besten am rechten Fahrbahnrand der Straße, in die du hineinfährst. Bist du abgebogen, beschleunigst du direkt. Wirf dabei kurze Blicke in den Innenspiegel, damit du siehst, was der Verkehr hinter dir macht und ob du eventuell noch stärker beschleunigen musst, falls der nachfolgende Verkehr zu schnell herannaht.

Fahrzeugführer, die ein Kraftfahrzeug über 3,5 t zulässiger Gesamtmasse führen, dürfen innerorts beim Rechtsabbiegen nur mit Schrittgeschwindigkeit fahren, wenn auf oder neben der Fahrbahn mit geradeaus fahrenden Radfahrern zu rechnen ist! Hier soll vor allem der Radfahrer geschützt werden, der sich eventuell im toten Winkel des Kraftfahrzeugs befindet und somit für den Lkw-Fahrer nicht sichtbar ist. Solltest du als Radfahrer unterwegs sein, denke daran, dass du dich hinter dem Lkw aufhältst, damit der Lkw-Fahrer dich im Spiegel erkennen kann. Unfälle zwischen Lkw und Radfahrer enden sehr schwer, ja sogar meist tödlich.

Richtungspfeile auf markierten Fahrstreifen

Sind auf markierten Fahrstreifen Richtungspfeile angebracht, schreiben diese dir die Fahrtrichtung vor. Ordne dich immer rechtzeitig in deinen Fahrstreifen ein und nimm nie unmittelbar vor der Kreuzung einen Fahrstreifenwechsel vor. Solltest du dich einmal falsch eingeordnet haben, dann bleib in deiner Spur und mach in diesem Fall lieber einen Umweg oder ein anschließendes Wendemanöver, um dich und andere nicht zu gefährden.

Einspuriges Abbiegen

Achte beim Einordnen darauf, wie viele Abbiegerfahrstreifen vorhanden sind. Ist nur ein Abbiegerfahrstreifen für deine Richtung markiert und sind in der Straße, in die du abbiegst, zwei Fahrstreifen vorhanden, darfst du von der freien Fahrstreifenwahl Gebrauch machen, du darfst dir also den Fahrstreifen, auf dem du rauskommst, aussuchen. Überlege dir vorher, ob du an der nächsten Ampel vielleicht gleich wieder nach links abbiegen möchtest, und wähle dann direkt den linken Fahrstreifen. Achte beim Abbiegen darauf, deinen Abbiegebogen deutlich zu fahren, damit die anderen Abbieger erkennen können, was du vorhast.

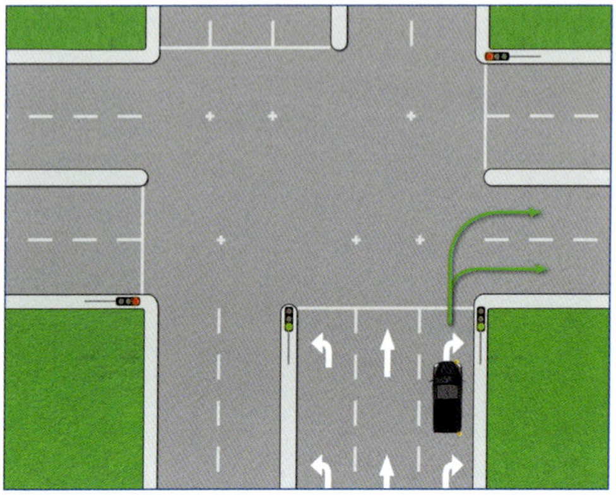

Einspuriges Abbiegen nach rechts mit freier Fahrstreifenwahl

Mehrspuriges Abbiegen

Mehrspuriges Abbiegen bedeutet, dass du mindestens zwei Abbiegerfahrstreifen in eine Richtung hast. Hier musst du dir auf alle Fälle schon vorher Gedanken darüber machen, wie du anschließend weiterfahren möchtest. Sind zum Beispiel zwei Rechtsabbiegerfahrstreifen vorhanden und du möchtest an der nächsten Kreuzung gleich wieder links abbiegen, ordne dich gleich in den linken Rechtsabbiegerfahrstreifen ein. Achte dann darauf, beim Abbiegen deine Spur genau ein-

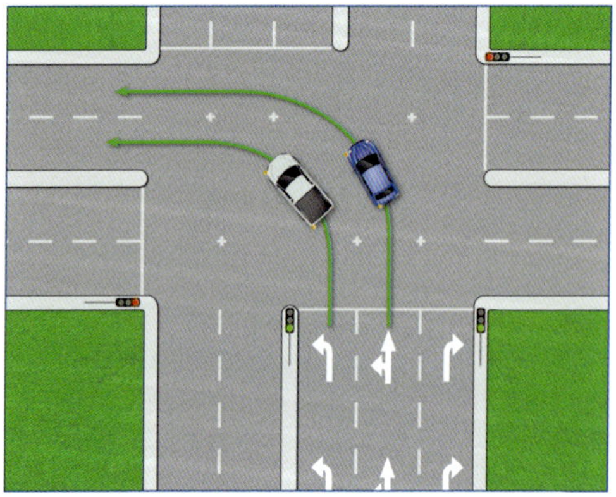

Mehrspuriges Abbiegen nach links – Fahrstreifen unbedingt einhalten

zuhalten, und komm auch auf dem Fahrstreifen heraus, auf dem du dich eingeordnet hast. Achte auch darauf, dass du nicht zu nah an das neben dir fahrende Fahrzeug kommst, damit es keine Kollision gibt. Bemerkst du, dass du dich doch besser in dem anderen Fahrstreifen eingeordnet hättest, bleib cool und in deinem gewählten Fahrstreifen, und wechsle anschließend bei guter Verkehrsbeobachtung den Fahrstreifen.

Wechsle niemals während des mehrspurigen Abbiegens, egal ob beabsichtigt oder unbeabsichtigt, den Fahrstreifen, denn das ist sehr gefährlich und verboten!

9.7 Wenden

Das Wenden ist ein wichtiges Manöver, bei dem es viele Möglichkeiten gibt, es umzusetzen. Am Anfang wird es etwas schwieriger für dich sein, dich für eine geeignete Stelle zu entscheiden, bitte deshalb deinen Fahrlehrer, dieses Manöver gut mit dir zu üben, damit dir die Entscheidung für eine geeignete Möglichkeit zum Umkehren leichter fällt.

Solltest du in die Lage kommen, umkehren zu müssen – dies ist auch eine mögliche Grundfahraufgabe in der Prüfungsfahrt –, bleib entspannt und entscheide dich für eine Möglichkeit, die du einfach umsetzen kannst. Du übst das Umkehren normalerweise in deinen Fahrstunden, sodass du schon etwas Routine haben solltest, die richtigen Stellen zu erkennen, deshalb höre auch auf dein Bauchgefühl, wenn es in der Prüfung darum geht, umzukehren.

Beachte auch, dass es Stellen gibt, an denen das Wenden verboten ist, weil du sonst eine Gefährdung der anderen Verkehrsteilnehmer nicht ausschließen kannst, so ist das Wenden grundsätzlich auf Autobahnen, Kraftfahrstraßen sowie in Einbahnstraßen verboten. Das gilt auch auf anderen Straßen bei schnell fließendem Verkehr, auf viel befahrenen Kreuzungen und an unübersichtlichen Stellen, etwa Bergkuppen und Kurven. Hier solltest du ein Stück weiterfahren und dir eine geeignete Stelle suchen, eventuell verlässt du die Straße und fährst in eine weniger stark befahrene Straße oder in einen ruhigeren Bereich wie etwa ein Industriegebiet, um dann zu wenden.

Immer wenn du das Vorschriftzeichen **Wendeverbot** siehst, heißt das für dich, dass du auf keinen Fall wenden darfst.

Wenn du diese Verkehrszeichen siehst, weißt du, dass du weder wenden noch rückwärtsfahren darfst, also weder auf Autobahnen, Kraftfahrstraßen noch Einbahnstraßen. Ebenso ist das Wenden auf Fahrbahnen für eine Richtung verboten.

Auch bei einem Wendemanöver musst du darauf achten, dass es zu keiner Gefährdung anderer Verkehrsteilnehmer kommt. Wenn du auf einer breiten, gut ausgebauten Straße unterwegs bist, kannst du, wenn du keine anderen Verkehrsteilnehmer behinderst, in einem Zug umkehren. Da dies nicht so häufig vorkommt, musst du nach bestimmten Verkehrsbereichen Ausschau halten, die es dir ermöglichen zu wenden.

So kannst du etwa Parkplätze oder Tankstellen zum Wenden nutzen oder – besonders praktisch – einen Kreisverkehr. Oder du fährst einmal um den Häuserblock. Und dann gibt es noch die Option, eine ruhige Seitenstraße, eine Einmündung oder Grundstückseinfahrt zu nutzen, indem du dort rückwärts reinfährst.

9.8 Rückwärtsfahren

Es ist immer gefährlich, wenn du rückwärtsfahren musst. Achte darauf, andere Verkehrsteilnehmer auf keinen Fall zu gefährden!

Die Sicht nach hinten ist bei den meisten Fahrzeugen sehr schlecht. Hinter deinem Fahrzeug befindet sich ein großer Raum, den du nicht einsehen kannst. Hier könntest du Hindernisse oder besonders Kinder leicht übersehen. Ein mögliches Hilfsmittel kann eine sogenannte Rückfahrkamera sein. Aber Achtung! Kontrolliere trotzdem deinen Fahrweg nach hinten, da Rückfahrkameras nicht für die Sicht in die Ferne geeignet sind!

Am besten ist es, wenn du weitgehend darauf verzichtest, rückwärts in den fließenden Verkehr einzufahren. Lässt sich ein solches Fahrmanöver allerdings nicht vermeiden – beispielsweise bei einer Garagenausfahrt – und du hast schlechte Sicht, lass dich sicherheitshalber einweisen.

Deine Hauptblickrichtung ist nach hinten durch das Heckfenster. Aber du musst auch die Situation nach vorne und zur Seite absichern. Fahre auf jeden Fall sehr vorsichtig und langsam und vermeide große Lenkbewegungen, da dein Auto sonst vorne ausschert.

10. Ruhender Verkehr

10.1 Halten und Parken

Im Gegensatz zum betriebsbedingten Stopp aufgrund eines technischen Schadens oder des Wartens an einer roten Ampel gelten sowohl Halten als auch Parken im Straßenverkehr als freiwillige und gewollte Unterbrechungen der Fahrt und werden daher dem ruhenden Verkehr zugeordnet.

Unterschieden werden die beiden Vorgänge anhand der Dauer der Fahrtunterbrechung: Wer länger als drei Minuten hält oder sein Fahrzeug verlässt, also nicht mehr innerhalb von Sekunden wegfahren könnte, parkt.

Dagegen versteht man unter dem Halten aufgrund einer Verkehrssituation ein Warten, wie beispielsweise

- im Stau,
- vor einer roten Ampel oder einem Fußgängerüberweg,
- wenn du jemandem Vorfahrt gewähren musst,
- an einem Stoppschild oder
- vor einer geschlossenen Schranke.

10.2 Haltverbote

Im Straßenverkehr darfst du nicht überall anhalten. Beachte hierbei den Unterschied zwischen Warten und Halten. Selbstverständlich darfst du anhalten, wenn es das Verkehrsgeschehen nicht anders zulässt. Doch das Halten im Sinne eines ruhenden Verkehrs ist in verschiedenen Situationen nicht erlaubt. Du darfst beispielsweise an engen und unübersichtlichen Stellen sowie in scharfen Kurven nicht halten.

Ebenso darfst du nicht an Stellen halten, an denen du die Sicht behindern und so dich und andere Verkehrsteilnehmer gefährden könntest. Dazu zählen die folgenden Stellen:

- auf Fußgängerüberwegen und bis zu 5 m davor,
- auf Schutzstreifen für Radfahrer,
- auf Bahnübergängen,
- auf Ein- und Ausfädelungsstreifen,
- auf Strecken, die mit Pfeilen markiert sind, die durch Leitlinien oder Fahrstreifenbegrenzungen voneinander abgetrennt sind,
- an Taxiständen,
- auf Fahrstreifen mit Dauerlichtzeichen,
- bis zu 10 m vor Lichtzeichen und folgenden vorfahrtregelnden Verkehrszeichen:

Eine große Gefahr stellt auch das Halten auf Bahnübergängen, auf der Fahrbahn innerhalb eines Kreisverkehrs und auf Autobahnen und Kraftfahrstraßen dar, weshalb Halten dort ebenfalls verboten ist.

Folgende Verkehrszeichen verbieten ein Halten auf der Fahrbahn im angegebenen Streckenabschnitt:

Dabei beschreibt das linke Verkehrszeichen ein absolutes Haltverbot und die drei rechten Schilder ein eingeschränktes Haltverbot, in dem einige Ausnahmen gelten.

Du darfst:

- bis zu drei Minuten halten,
- zum Ein- und Aussteigen halten,
- zum Be- und Entladen deines Fahrzeugs halten.

Die Pfeile im Verkehrszeichen geben an, in welche Richtung und über welche Strecke das Haltverbot gilt.

Auch Grenzmarkierungen verbieten das Halten. Um im Notfall keine Einsatzfahrzeuge zu behindern, darfst du auch vor und in amtlich gekennzeichneten Feuerwehrzufahrten nicht halten. Wenn es rechts von Fahrbahnbegrenzungen ausreichend Platz – beispielsweise auf Seiten- oder Parkstreifen – gibt, darfst du links davon ebenfalls nicht halten.

10.3 Parkverbote

Das Parken ist an folgenden Stellen verboten:

- Bei bereits geltendem Haltverbot.
- Wenn du andere Fahrzeuge daran hinderst, gekennzeichnete Parkflächen zu nutzen.
- Bis zu je 5 m vor und hinter Einmündungen oder Kreuzungen (Schnittpunkte der Fahrbahnkanten als Bezugspunkt). Wenn rechts in Fahrtrichtung ein baulich angelegter Radweg verläuft, gilt bis zu 8 m Parkverbot.

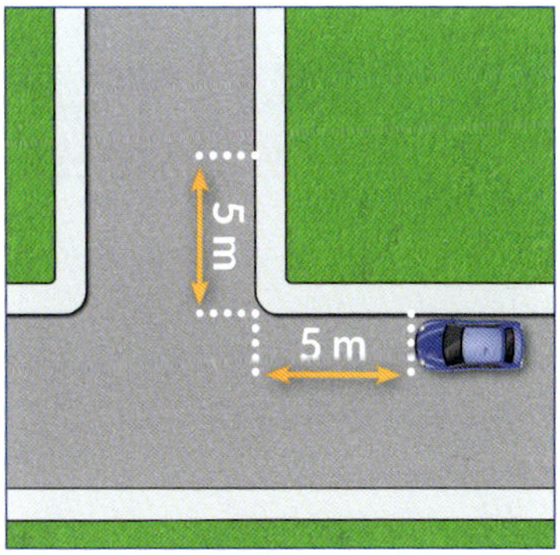

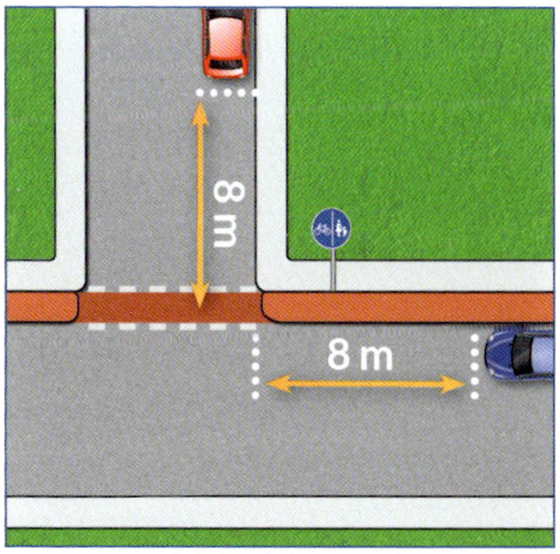

- Vor abgesenkten Bordsteinen.
- Vor Ein- oder Ausfahrten von Grundstücken (bei enger Fahrbahn auch gegenüber).
- Auf Vorfahrtstraßen außerhalb geschlossener Ortschaften.
- Auf Gehwegen.
- Wenn es durch Grenzmarkierungen verboten ist.
- Im verkehrsberuhigten Bereich (außerhalb gekennzeichneter Flächen).

Auch vor und hinter Andreaskreuzen gilt ein Parkverbot – innerhalb geschlossener Ortschaften bis zu 5 m und außerhalb geschlossener Ortschaften bis zu 50 m. Auch bis zu 15 m vor und hinter Haltestellenzeichen gilt Parkverbot. An Fahrstreifenbegrenzungen – auch einseitigen – darfst du nur parken, wenn zwischen deinem Fahrzeug und der durchgezogenen Linie mindestens 3 m Platz sind.

Folgende Verkehrszeichen erlauben dagegen das Parken in entsprechend angegebener Position auf dem Gehweg für Fahrzeuge bis zu 2,8 t. Die Berechtigung kann durch Zusatzzeichen (vgl. Kapitel 6) an Bedingungen geknüpft sein. Befinden sich auf dem Gehweg Schachtdeckel oder andere Verschlüsse, gilt über diesen Parkverbot. Unter anderem könnten sich hier nämlich Unterflurhydranten befinden, die dann im Notfall von der Feuerwehr nicht benutzt werden könnten.

Wenn du deinen Anhänger parken möchtest, darfst du das bis zu zwei Wochen lang ohne Zugfahrzeug. Über einen längeren Zeitraum ist es an öffentlichen Straßen jedoch verboten, diesen abzustellen. Für Kraftfahrzeuge über 7,5 t zulässiger Gesamtmasse und Anhänger über 2 t zulässiger Gesamtmasse gilt innerorts in reinen und allgemeinen Wohngebieten, in Sondergebieten, die der Erholung dienen, in Kurgebieten sowie in Klinikgebieten von 22:00 bis 6:00 Uhr sowie an Sonn- und Feiertagen Parkverbot. Selbstverständlich gilt das Parkverbot nicht auf entsprechend gekennzeichneten Parkplätzen oder für Linienomnibusse an Endhaltestellen.

Ausnahmen von allen aufgezählten Regelungen zum Parken legt das Verkehrszeichen **Parkraumbewirtschaftungszone** fest. Wenn eine Zone durch diese Verkehrszeichen gekennzeichnet ist, darfst du dort nur mit einem Parkschein, einer Parkscheibe oder einem Parkausweis für Anwohner parken. Welche Art der Parkberechtigung du benötigst, legt ein entsprechendes Zusatzzeichen fest. Achte dabei darauf, dass du – wie immer – deine Parkberechtigung gut sichtbar und lesbar in deinem Auto anbringst oder auslegst. Beachte, dass du auch in einer so gekennzeichneten Parkraumbewirtschaftungszone nicht parken kannst, wie du möchtest. Verbieten entsprechende Schilder oder gesetzliche Regelungen das Parken, gelten diese weiterhin.

10.4 Kontrolle der Parkzeit

In vielen Bereichen ist es nur erlaubt, innerhalb eines bestimmten Zeitraums zu parken, oder man zahlt entsprechend der Dauer des Parkens für seinen Parkplatz. Damit die Kontrolleure feststellen können, dass diese Zeitfristen eingehalten werden, gibt es verschiedene Einrichtungen, die zeigen, wie lange du schon parkst.

Gebührenfreie Parkplätze

An unbezahlten Parkplätzen wird häufig gefordert, eine Parkscheibe einzulegen, da die Parkdauer begrenzt ist. Du musst eine Parkscheibe immer gut lesbar im oder am Fahrzeug anbringen. Die festgelegte Höchstparkdauer darf hierbei nicht überschritten werden. Beachte jedoch beim Befahren des Parkplatzes, ob die Verwendung einer Parkscheibe nur während bestimmter Tage oder Uhrzeiten vorgeschrieben ist. Außerhalb dieser Zeiten darfst du dann auch ohne Parkscheibe parken.

Da die kontrollierende Person nur dann die Zeit überprüfen kann, wenn du angibst, wie lange du schon stehst, musst du die Ankunftszeit einstellen. Dabei darfst du auf die nächste halbe Stunde aufrunden. Kommst du beispielsweise um 17:25 Uhr auf einem Parkplatz an, darfst du 17:30 Uhr einstellen. Beginnst du den Parkvorgang um 13:49 Uhr, stellst du 14:00 Uhr als Ankunftszeit ein.

Es gibt aber auch elektronische Parkscheiben, die du in die Frontscheibe kleben kannst und die automatisch, sobald du dein Fahrzeug abstellst, die richtige Parkzeit einstellen. Hier musst du beachten, dass die Parkscheibe eine Freigabe vom Kraftfahrt-Bundesamt besitzt.

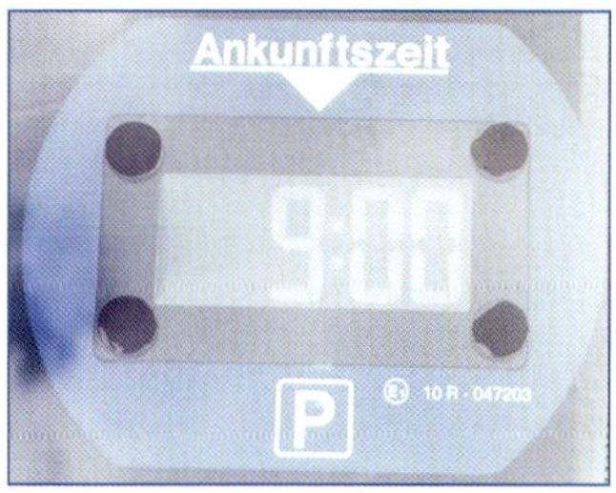

Elektronische Parkscheibe in der Frontscheibe

Gebührenpflichtige Parkplätze

Auch an bezahlten Parkplätzen wird durch Zusatzschilder signalisiert, an welchen Tagen und zu welchen Zeiten du die Gebühr entrichten musst, um parken zu dürfen. Außerhalb dieser Zeiten darfst du auch ohne das Zahlen von Gebühren dort parken.

Um die Gebühr zu entrichten, gibt es verschiedene Einrichtungen. Auf manchen Parkplätzen findest du Parkuhren, in die du Münzen einwerfen kannst, um deine Parkgebühr zu bezahlen. Du darfst dabei die Restparkzeit des vorher Parkenden ausnutzen, wenn du allerdings länger als die Restparkzeit benötigst, musst du Geld nachwerfen. Ist deine Parkzeit abgelaufen bzw. die Höchstparkdauer erreicht, musst du den Parkplatz verlassen. Alternativ gibt es Parkscheinautomaten, an denen du einen Parkschein lösen kannst. Diesen bringst du gut sichtbar im oder am Fahrzeug an. Auch hier darfst du die darauf angezeigte Parkzeit nicht überschreiten.

Manchmal gibt es einen abreißbaren Teil am Parkschein, den du mitnehmen kannst. Dies kann vor allem für Motorradfahrer sinnvoll sein, die den Parkschein außerhalb des Fahrzeugs befestigen müssen. Sollte der Parkschein geklaut werden, kann so gegebenenfalls bewiesen werden, dass du einen Parkschein gelöst hattest.

Sind Parkscheinautomat oder Parkuhr kaputt, darfst du nur mit einer Parkscheibe parken und die angegebene Höchstparkdauer nicht überschreiten.

In manchen Kommunen ist es inzwischen auch möglich, die Parkgebühren über dein Smartphone zu entrichten. Die Vorgehensweise kann je nach Stadt und System variieren. Wenn du die Parkzeit bei einer der drei Möglichkeiten überschreitest, steht dein Auto im Parkverbot und du musst mit einer entsprechenden Strafe rechnen. Beim Halten zum Ein- und Aussteigen bzw. zum Be- oder Entladen musst du keinen Parkschein lösen, keine Parkuhr verwenden und auch keine elektronische Einrichtung nutzen.

10.5 Das Fahrzeug verlassen

Achte vor dem Ein- und Aussteigen darauf, dass du eine Gefährdung anderer Verkehrsteilnehmer ausschließen kannst. Beobachte den Verkehr, bevor du Türen öffnest, und weise auch deine Mitfahrer darauf hin, Türen nicht unachtsam zu öffnen. Als Fahrer kannst du das Verkehrsgeschehen am besten beobachten, weshalb du auch die Verantwortung hast. Kinder sollten generell nur auf der Gehwegseite ein- oder aussteigen und du solltest ihnen die Türen öffnen. So können sie nicht unachtsam auf die Straße rennen oder Fahrradfahrer und Fußgänger übersehen und du kannst eine Gefährdung ausschließen. Daher sollte auch die Kindersicherung aktiviert sein.

Bevor du dein Fahrzeug abstellst, musst du dafür Sorge tragen, dass es nicht unbeabsichtigt wegrollt, du musst es also sichern. Ziehe daher die Feststellbremse an und lege den ersten Gang oder den Rückwärtsgang ein. Beim Automatikgetriebe sicherst du dein Fahrzeug, indem du anstelle eines Gangs die Fahrstufe **P** (Parken) einlegst. So beginnt dein Fahrzeug auch im Bereich einer Steigung nicht plötzlich, unbeabsichtigt zu rollen. Sichere es außerdem, indem du die Lenkradsperre einlegst und dein Fahrzeug abschließt. Achte darauf, dass keine fremden Personen oder Kinder Zugriff auf die Autoschlüssel haben, sodass du dein Auto unversehrt erneut nutzen kannst, wenn du das Parken beenden und weiterfahren möchtest. Achte auch hierbei auf eine ausreichende Absicherung, indem du das Verkehrsgeschehen beobachtest und entsprechend reagierst.

11. Verhalten in besonderen Situationen

Zum Beherrschen seines Fahrzeugs gehört es auch, besondere Situationen zu meistern. Dazu gehört es zu wissen, welche Beleuchtungseinrichtungen am Fahrzeug vorhanden sind und wie diese funktionieren. Natürlich musst du auch wissen, wann welche Beleuchtungseinrichtung verwendet wird. Zu den besonderen Situationen gehört es auch, wie du dich mit deinem Fahrzeug in einem Tunnel verhältst und was bei der Einfahrt in einen Tunnel zu beachten ist.

Du musst zudem wissen, wie man sich bei Sonderfahrzeugen verhält, welche Sonderrechte diese haben und was ein blaues oder gelbes Blinklicht bedeutet. Damit Sonderfahrzeuge schnell zum Einsatz kommen können, musst du mit deinem Fahrzeug für eine ausreichend breite Fahrspur sorgen.

Zum Fahren eines Fahrzeugs gehört es auch, zu wissen, wie man sich bei einem Verkehrs- und Wildunfall korrekt verhält. Du musst ferner wissen, wie man ein anderes Fahrzeug richtig abschleppt und was beim Abschleppen des eigenen Fahrzeugs zu beachten ist. Darüber hinaus ist es wichtig, besondere Warnzeichen zu kennen und richtig auf diese zu reagieren.

11.1 Die Beleuchtungseinrichtungen an deinem Fahrzeug

Die Beleuchtungseinrichtungen am Fahrzeug dienen dazu, dass du selbst besser siehst und dass du von den anderen Verkehrsteilnehmern besser gesehen wirst. Einige Beleuchtungseinrichtungen, wie zum Beispiel der Blinker oder die Bremslichter, dienen auch dazu, den anderen Verkehrsteilnehmern zu signalisieren, was du vorhast.

Je nach der Situation ist eine andere Beleuchtungseinrichtung notwendig, und je nach der Situation musst du die richtige Beleuchtungseinrichtung verwenden.

Schau dir die Beleuchtungseinrichtungen an deinem Fahrzeug genau an. Wo befinden sich die Rückstrahler (hinten), die Warnblinker und Blinker? Wo sind das Standlicht, das Abblendlicht, das Fernlicht, der Nebelscheinwerfer, die Nebelschlussleuchte, die Schlussleuchten, die Rückfahrscheinwerfer und die Bremsleuchten?

Einige Fahrzeuge verfügen auch über einen Suchscheinwerfer und Zusatzscheinwerfer für Abblend- und Fernlicht. Auch hier musst du wissen, wo sich diese befinden und wie man diese einschaltet. Du musst alle Beleuchtungseinrichtungen deines Fahrzeugs kennen.

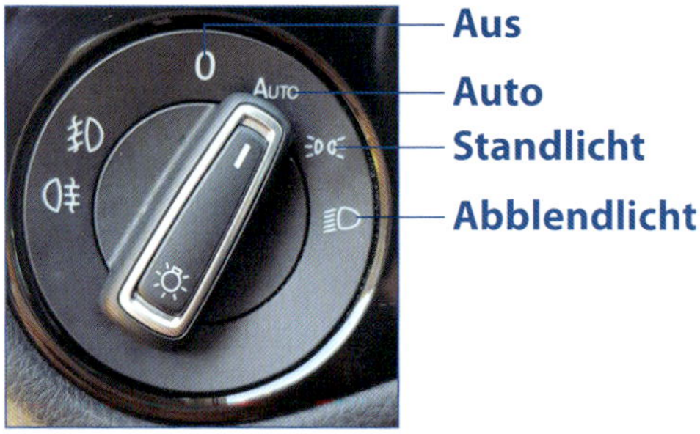

Der Hauptschalter besitzt in den meisten Fahrzeugen drei verschiedene Stellungen: *Abblendlicht, Standlicht* und die Stellung *Aus*.

Bei einigen Fahrzeugen gibt es noch die Stellung *Auto*. Das steht für Automatik. Hierbei wird das Licht über einen Lichtsensor entsprechend der jeweils herrschenden Lichtsituation eingeschaltet.

Die Blinker werden über einen leicht erreichbaren Hebel am Lenkrad bedient.

Das Tagfahrlicht

In den meisten EU-Ländern ist ein Tagfahrlicht vorgeschrieben. Informiere dich vor deiner Reise in ein anderes EU-Land, ob ein Tagfahrlicht vorgeschrieben ist oder nicht. Verstöße gegen die Pflicht, auch am Tag mit Licht zu fahren, werden in den jeweiligen Ländern in unterschiedlicher Höhe geahndet.

In Deutschland müssen seit Februar 2012 alle neu zugelassenen Pkws und leichten Nutzfahrzeuge über ein Tagfahrlicht verfügen. Für ältere Fahrzeuge besteht jedoch keine Nachrüstpflicht.

Fahrzeuge, die mit Tagfahrlicht fahren, werden von den anderen Verkehrsteilnehmern wesentlich besser und somit auch schneller wahrgenommen. Das ist insbesondere bei Überholmanövern sinnvoll, um Gegenverkehr oder auch den nachfolgenden Verkehr im Rückspiegel besser zu erkennen.

Denke daran, wenn es tagsüber regnet, schneit oder neblig ist, das Abblendlicht einzuschalten, da bei Tagfahrlicht hinten keine Schlusslichter leuchten und dein Fahrzeug somit für andere Verkehrsteilnehmer schwerer zu erkennen ist.

Das Standlicht (Begrenzungsleuchten)

Das Standlicht schaltest du über den Hauptschalter an. Es wird genutzt, wenn dein Fahrzeug steht, sodass andere Verkehrsteilnehmer es rechtzeitig sehen können.

Das Standlicht musst du beim Halten oder Parken außerhalb geschlossener Ortschaften einschalten. Innerhalb geschlossener Ortschaften nutzt du dazu die Parkleuchte. Diese lässt sich bei den meisten Fahrzeugen einschalten, wenn man bei ausgeschalteter Zündung den Blinker betätigt. Setzt du den Blinker nach links, leuchtet nur die Begrenzungsleuchte und Schlussleuchte auf der linken Seite. Das Gleiche gilt für die rechte Seite, wenn du den Blinker nach rechts setzt (siehe auch den Abschnitt »Die Parkleuchte« weiter unten).

Ohne Beleuchtung darfst du nur dann parken, wenn dein Auto unter oder im Bereich einer Straßenlaterne steht, die nachts durchgängig in Betrieb ist.

Mit dem Standlicht werden die Begrenzungslichter vorne am Fahrzeug, die Schlussleuchten, die Kennzeichenbeleuchtung und die Cockpitbeleuchtung im Inneren des Fahrzeugs eingeschaltet. Beachte bitte: Mit dem Standlicht allein darfst du dein Fahrzeug nicht im Straßenverkehr bewegen. Es dient nur dazu, dein Fahrzeug beim Warten, Halten und Parken oder wenn du liegen geblieben bist, für andere gut sichtbar zu machen.

Das Abblendlicht

Das Abblendlicht wird über den Hauptschalter eingeschaltet. Neben den Lichtern, die mit dem Standlicht eingeschaltet werden, werden dann die Abblendlicht-Scheinwerfer angeschaltet.

Das Abblendlicht musst du in den folgenden Situationen einschalten:

- sobald die Dämmerung einsetzt,
- bei Dunkelheit,
- bei Regen, Nebel oder Schneefall,
- bei einer Tunneldurchfahrt und
- bei der Fahrt am Tag, wenn schlechte Lichtverhältnisse herrschen. Das kann zum Beispiel bei einer nicht oder nur sehr schlecht beleuchteten Unterführung, in Tiefgaragen und Parkhäusern oder in einem dunklen Waldstück sein.

TIPP

An Krafträdern muss auch tagsüber immer das Abblendlicht eingeschaltet sein, oder wenn es über Tagfahrlicht verfügt, darf auch das eingeschaltet sein.

Das Fernlicht

Ist das Abblendlicht eingeschaltet, kannst du mit dem Blinkerhebel das Fernlicht anschalten. Der Blinkerhebel muss dazu gezogen oder gedrückt werden. Das eingeschaltete Fernlicht erkennst du anhand der blauen Kontrollleuchte.

Mit dem Fernlicht wird der Fahrweg optimal beleuchtet. Das Licht hat eine Reichweite von 100–200 m.

Entgegenkommende Fahrzeuge, Fußgänger und Fahrradfahrer werden durch das Fernlicht stark geblendet. Aber auch vor dir fahrende Verkehrsteilnehmer werden durch dein Fernlicht geblendet. Kommt dir etwas entgegen oder bemerkst du vor dir einen anderen Verkehrsteilnehmer, musst du sofort abblenden.

Grundsätzlich abblenden musst du in folgenden Fällen:

- auf Straßen mit durchgehender und guter Beleuchtung,
- bei Gegenverkehr,
- bei Verkehrsteilnehmern neben der Fahrbahn, beispielsweise Fußgängern, Radfahrern oder Schienenfahrzeugen,
- bei vorausfahrenden Verkehrsteilnehmern,
- wenn du vor einem Bahnübergang wartest,
- bei Wild auf der Fahrbahn und
- jederzeit, wenn es die Sicherheit auf oder neben der Straße erfordert.

Du wirst oft zwischen Abblendlicht und Fernlicht umschalten müssen, etwa, wenn du nachts außerhalb geschlossener Ortschaften allein mit Fernlicht unterwegs bist und plötzlich doch noch Gegenverkehr auftaucht und du zum Abblendlicht wechseln musst. Dann spricht man von Abblenden. Ist der Gegenverkehr vorbei, du bist wieder allein auf weiter Flur und wechselst daher wieder vom Abblendlicht zum Fernlicht, spricht man von Aufblenden.

Die Nebelschlussleuchte

Nebelschlussleuchten haben eine wesentlich stärkere Leuchtkraft als die Schlussleuchten. Daher besteht allerdings auch die Gefahr, dass nachfolgende Fahrzeugführer dadurch geblendet werden. Aus diesem Grund darfst du die Nebelschlussleuchten nur bei starkem Nebel mit einer Sichtweite unter 50 m einschalten. Auf diese Weise werden bei starkem Nebel gefährliche Auffahrunfälle vermieden.

Dass die Nebelschlussleuchte eingeschaltet ist, siehst du an der gelben Kontrollleuchte.

Bei starkem Nebel, wenn du also die Nebelschlussleuchte eingeschaltet hast, darfst du nicht schneller als 50 km/h fahren, du musst dann quasi auf Sicht fahren.

Beachte bitte: Die Nebelschlussleuchte ist nur für eine Fahrt bei starkem Nebel gedacht. Bei Regen oder Schneefall darf sie nicht verwendet werden. Bei falscher Anwendung kann die Nebelschlussleuchte andere Verkehrsteilnehmer blenden und behindern.

Die Nebelscheinwerfer

Nebelscheinwerfer sind nicht bei allen Fahrzeugen vorhanden. Dass die Nebelscheinwerfer eingeschaltet sind, ist an der grünen Kontrollleuchte am Armaturenbrett zu erkennen. Die Nebelscheinwerfer werden nur bei schlechten Sichtverhältnissen verwendet, so zum Beispiel bei Nebel, starkem Regen oder starkem Schneefall. Nebelscheinwerfer dürfen in Verbindung mit Abblendlicht oder – wenn dein Fahrzeug zwei Nebelscheinwerfer besitzt – auch nur mit Standlicht verwendet werden.

Links: Pkw mit Abblendlicht und Nebelscheinwerfer. Rechts: Pkw mit Standlicht und Nebelscheinwerfer.

Der Rückfahrscheinwerfer

Der Rückfahrscheinwerfer beleuchtet den Fahrweg hinter dem Fahrzeug. Er wird automatisch angeschaltet, wenn du in den Rückwärtsgang umschaltest. Er beleuchtet nicht nur den rückwärtigen Fahrweg, sondern signalisiert auch den anderen Verkehrsteilnehmern, dass du zurücksetzen möchtest.

Der Rückstrahler

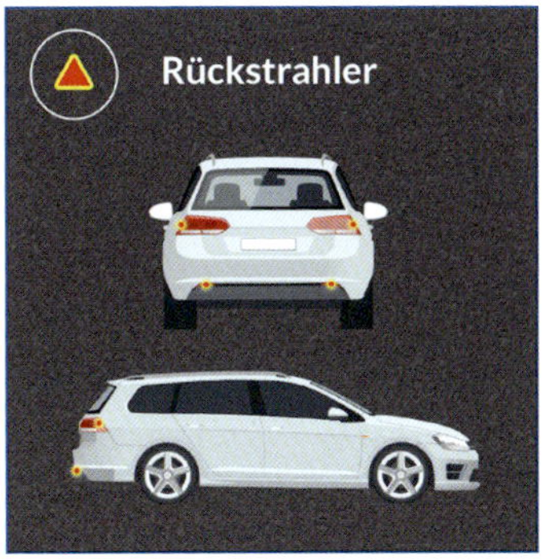

Der Rückstrahler, auch Reflektor genannt, reflektiert das Licht, das auf ihn trifft. So ist dein Fahrzeug auch dann für andere Fahrzeuge noch gut zu erkennen, falls dein Rücklicht einmal ausfallen sollte.

Bei Anhängern hat der Rückstrahler eine dreieckige Form. Dann weiß der Fahrzeugführer, der überholen will, dass der Überholweg länger ist.

Der Suchscheinwerfer

Nicht alle Fahrzeuge sind mit Suchscheinwerfern ausgestattet. Man findet sie oft an Taxis, Einsatz- und Lieferfahrzeugen, damit deren Fahrer im Dunkeln ihr Ziel besser finden. Ein Suchscheinwerfer wird nur kurzzeitig eingesetzt, um zum Beispiel einen Straßennamen besser lesen zu können oder auch Wegweiser und Hausnummern besser zu erkennen, er darf nicht zum Ausleuchten der Fahrbahn genutzt werden.

Die Parkleuchte

Die Parkleuchte wird über einen besonderen Schalter oder den Blinkerhebel angeschaltet. Es werden nur die Lampen an einer Seite angeschaltet, also entweder die rechte oder linke am Fahrzeug. Eine Parkleuchte darf nur innerhalb geschlossener Ortschaften genutzt werden. Sie dient dazu, dein parkendes Auto für andere sichtbar zu machen. Das ist notwendig, wenn die Straße nicht oder schlecht beleuchtet ist.

Bitte achte darauf, dass einige Straßenlampen nicht die ganze Nacht brennen. Solche Straßenlaternen sind mit einem roten Laternenring am Lampenmast gekennzeichnet.

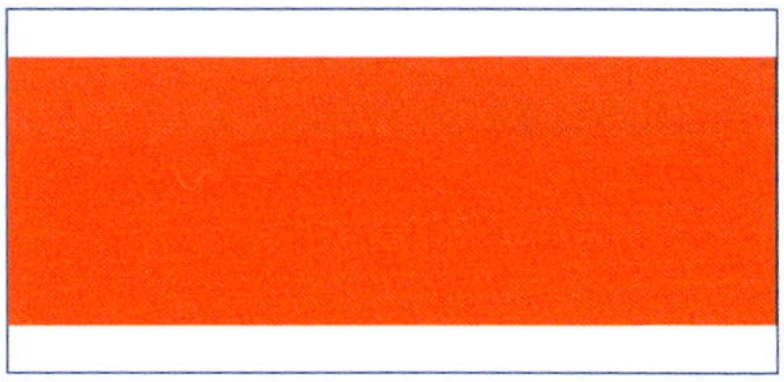

Die Parkwarntafel

Eine Parkwarntafel kannst du verwenden, wenn du ein Fahrzeug über 3,5 t zulässiger Gesamtmasse parken möchtest. Die Parkwarntafel wird anstelle des Standlichts genutzt.

Die Leuchtweitenregulierung

Die Leuchtweitenregulierung passt die Reichweite der Beleuchtungseinrichtungen deines Fahrzeugs an die Beladung des Fahrzeugs an. So vermeidest du schon bei geringer Beladung, dass du andere Verkehrsteilnehmer blendest, und du sorgst dafür, dass die Fahrbahn gut ausgeleuchtet wird.

Aber: Nach dem Entladen des Fahrzeugs musst du die Leuchtweitenregulierung wieder auf null stellen. Tust du das nicht, wird die Fahrbahn ungenügend ausgeleuchtet und es kann passieren, dass andere Verkehrsteilnehmer geblendet werden. Eine ungenügende Ausleuchtung der Fahrbahn und eine Blendwirkung können auch erreicht werden, wenn die Leuchtweitenregulierung falsch eingestellt wird.

Fahren bei Dunkelheit

Wenn es dunkel ist, schaltest du das Abblendlicht ein. So siehst du die Fahrbahn und wirst von anderen Verkehrsteilnehmern gesehen. Das Abblendlicht hat etwa eine Reichweite von 50–75 m.

Um die Fahrbahn gut auszuleuchten, den Fahrbahnrand zu erkennen und den Gegenverkehr nicht zu blenden, sind Fahrzeuge mit einem sogenannten asymmetrischen Abblendlicht ausgerüstet.

Innerorts, etwa in einer gut beleuchteten Geschäftsstraße, können die Leuchtreklamen, die oft heller sind und die nahe Umgebung überstrahlen, dazu führen, dass Ampeln oder entgegenkommende Fahrzeuge nicht so gut zu erkennen sind und verzögert wahrgenommen werden. Das Abblendlicht sorgt dafür, dass du von anderen Verkehrsteilnehmern gesehen wirst.

Fahren bei Dämmerung

Vielen Autofahrern ist nicht klar, ab wann sie bei einsetzender Dämmerung das Abblendlicht einschalten sollen. Hier kann man sagen: Sobald ein Großteil der anderen Fahrzeugführer das Abblendlicht angeschaltet hat, solltest auch du das tun.

Generell gilt, sobald die Sichtverhältnisse schlechter werden, musst du das Abblendlicht einschalten. Das gilt auch tagsüber, wenn die Sichtverhältnisse aufgrund von starkem Schneefall, Regen oder Nebel nicht gut sind. Ebenso schaltest du das Abblendlicht ein, wenn die Sicht in Alleen oder schlecht beleuchteten Unterführungen unzureichend ist.

Blendung

Schlechte Lichtverhältnisse sorgen dafür, dass das Fahren eines Fahrzeugs sehr viel anstrengender ist als tagsüber bei sehr guten Lichtverhältnissen, besonders für die Augen. Blendet dich ein entgegenkommendes Fahrzeug, verengen sich die Pupillen. Ist das Fahrzeug vorbeigefahren, erweitern sich die Pupillen wieder. Je stärker der Unterschied zwischen hell und dunkel ist, desto länger dauert es, bis sich die Augen angepasst haben. Blendet dich ein Fahrzeug, dann reduziere unmittelbar das Tempo und blicke zum rechten Fahrbahnrand. Notfalls musst du kurz anhalten und dann weiterfahren.

Der permanente Wechsel von hellen und dunklen Bereichen kann bewirken, dass du etwa die Breite von Fahrzeugen und deren Anhängern unterschätzt oder dass du Radfahrer am rechten Fahrbahnrand erst spät erkennst. Auch gehen Farben und Formen bzw. Umrisse im Dunkeln verloren, deshalb sind die Verkehrszeichen sehr viel schlechter zu erkennen. Ebenso kann es geschehen, dass du beim Fahren durch eine Allee zu nah an die Bäume am Fahrbahnrand kommst. Zudem kann es passieren, dass dein Fahrzeug zu sehr von der Fahrspur abkommt und zu nah in die Fahrbahnmitte kommt oder auch in die Gegenspur. Das kann zu gefährlichen Situationen führen.

Biegst du von einer gut beleuchteten Fahrbahn in eine schlecht oder gar nicht beleuchtete Fahrbahn ab, brauchen deine Augen für die Umstellung auf die neuen Lichtverhältnisse länger, dann kann es sein, dass du Fußgänger, Radfahrer, Verkehrszeichen oder Hindernisse am Fahrbahnrand erst spät erkennst. Vermindere dann deine Geschwindigkeit und orientiere dich rechtzeitig, um die Fahrbahn, alle Verkehrsteilnehmer und Hindernisse gut erkennen und so auch rechtzeitig und sicher reagieren zu können.

Noch anstrengender ist eine Fahrt bei Dunkelheit und Regen. Das Licht des Gegenverkehrs und der Straßenbeleuchtung wird durch die nasse Fahrbahn gespiegelt.

Die Regentropfen erschweren zudem die Sicht. Orientiere dich in einer solchen Situation immer am rechten Fahrbahnrand oder der Fahrbahnmarkierung und passe deine Geschwindigkeit entsprechend an die Wetter- und Lichtverhältnisse an.

Achte auch auf eine saubere, schlierenfreie Windschutzscheibe und gut funktionierende Scheibenwischer. Säubere vor Fahrtantritt deine Windschutzscheibe und überprüfe, ob genug Reinigungsflüssigkeit in der Scheibenwaschanlage vorhanden ist. Empfehlenswert ist es, auch immer einen Lappen oder Schwamm im Fahrzeug zu haben, um so die Scheiben auch unterwegs reinigen zu können.

11.2 Verhalten beim Befahren eines Tunnels

Beim Befahren von Tunneln ist besondere Aufmerksamkeit gefordert. Es gilt, alle Verkehrsteilnehmer im Blick zu behalten und die besonderen Vorschriften und Verhaltensregeln für Tunneldurchfahrten zu beachten.

Du solltest mit erhöhter Aufmerksamkeit und voller Konzentration durch einen Tunnel fahren, denn die Augen brauchen einen Augenblick, bis sie sich an die neuen Sichtverhältnisse gewöhnt haben. Zudem sind die Fahrgeräusche im Tunnel um einiges lauter als draußen und es gibt nur wenige Möglichkeiten anzuhalten, beide Faktoren können zu Irritationen und Unsicherheiten führen. Ein Unfall in einem Tunnel kann besonders schwer sein und andere Verkehrsteilnehmer mit betreffen, und die Auswirkungen sind weniger gut zu steuern als auf freier Strecke.

Einfahrt in den Tunnel

Tunnel werden mit einem besonderen Verkehrszeichen kenntlich gemacht, ein Zusatzzeichen darunter kann auf die Tunnellänge hinweisen. Dieses Verkehrszeichen verpflichtet dich dazu, besondere Verkehrsregeln zu beachten, um die Unfallgefahr im Tunnel zu mindern: Bei der Fahrt durch einen Tunnel musst du das Abblendlicht einschalten, auch wenn der Tunnel gut ausgeleuchtet ist. Und das Wenden innerhalb eines Tunnels ist verboten.

Bevor du in den Tunnel fährst, musst du checken, ob dein Tank ausreichend voll ist. Solltest du eine Sonnenbrille tragen, musst du diese abnehmen, bevor du in den Tunnel einfährst. Schalte dein Radio ein. So kannst du Verkehrsfunkmeldungen, die den Tunnel, den du befahren möchtest, betreffen, rechtzeitig hören und darauf reagieren. Und nicht zuletzt musst du alle Verkehrszeichen und Ampeln beachten.

Es ist auch gerade bei langen Tunneldurchfahrten von Vorteil, dich im Vorfeld schon mit den Sicherheitsgegebenheiten zu beschäftigen, also wo befinden sich Haltebuchten, wie sieht es mit Fluchtwegen und Notausgängen aus. Denn sollte es notwendig sein, musst du diese Noteinrichtungen schnell erreichen können.

Verhalten im Tunnel

Behalte im Tunnel vorausfahrende Fahrzeuge im Auge und halte einen besonders großen Sicherheitsabstand ein, empfehlenswert ist es, hier mit einem doppelt so großen Sicherheitsabstand zu fahren. So kannst du, wenn das vorausfahrende Fahrzeug unerwartet bremst, rechtzeitig und sicher reagieren. Achte in Tunneln mit Gegenverkehr darauf, dich am rechten Fahrbahnrand zu orientieren und nicht an der Mittellinie, um die Blendung durch entgegenkommende Fahrzeuge zu mindern und nicht auf den Gegenfahrstreifen zu geraten.

Wenn das Tunnelpersonal dir Anweisungen gibt, musst du dich selbstverständlich daran halten.

Im Tunnel kommt es verstärkt zu lauten Geräuschen und blendenden Lichtreflexen. Achte darauf, dich davon nicht ablenken zu lassen. Umso länger ein Tunnel ist, desto stärker werden deine Aufmerksamkeit und Konzentration auf die Probe gestellt.

Verhalten beim Stau im Tunnel

Bei einem Stau im Tunnel besteht eine hohe Gefahr, dass es zu Auffahrunfällen kommen kann. Wenn du einen Stau vor dir siehst, schalte sofort die Warnblinkanlage an und warne so die nachfolgenden Fahrzeuge. Behalte das vorausfahrende Fahrzeug im Auge.

Kommt der Verkehr zum Stillstand, halte etwa 5 m Sicherheitsabstand zu dem Fahrzeug vor dir. Wenn du ausweichen musst, um zum Beispiel Einsatzfahrzeuge vorbeizulassen, kannst du diesen Abstand dafür nutzen. Schalte bei einem Stau, bei dem du zum Stehen kommst, den Motor ab. So vermeidest du unnötige Abgase im Tunnel und sparst Kraftstoff. Wenden darfst du nicht! Auch wenn du noch nah am Tunneleingang bist, ist das Wenden verboten und sehr gefährlich. Achte auf Anweisungen des Tunnelpersonals, auf Sicherheitskräfte, auf Radio- und Lautsprecherdurchsagen.

Verhalten bei einer Panne oder einem Unfall im Tunnel

Ein Unfall oder eine Panne im Tunnel ist gefährlich. Es kann durch ein Auffahren weiterer Fahrzeuge zu Folgeunfällen kommen. Rettungskräfte und Sicherheitskräfte kommen aufgrund des beengten Raums im Tunnel nicht so schnell wie auf freier Strecke zum Einsatzort. Genauso kannst du bei einem Unfall, der vor dir passiert, nicht einfach ausweichen oder die Fahrbahn verlassen.

Hast du selbst eine Panne oder einen Unfall, warne sofort nachkommende Fahrzeuge mit deiner Warnblinkanlage. Lege die Warnweste an, da du unter Umständen dein Auto verlassen musst. Nutze die Nothaltebuchten in einem Tunnel, um dein Fahrzeug sicher abzustellen. Ein besonderes Verkehrszeichen informiert dich darüber, wo eine solche Pannenbucht ist. Ist die Nothaltebucht schon besetzt, nutzt du den Standstreifen, wenn ein solcher vorhanden ist, oder fährst an den rechten Rand der Fahrbahn.

Schalte den Motor ab. Verringere so die Abgasbelastung im Tunnel. Informiere den Notdienst über die Notrufstation, teile den Rettungskräften den Standort deines Fahrzeugs und den Hergang des Unfalls mit. Informiere die Rettungskräfte auch genau darüber, ob die Fahrspur im Tunnel verschmutzt wurde und ob du und andere Mitfahrer verletzt wurden. Geh dann zu deinem Fahrzeug zurück und warte im Fahrzeug, wenn du nicht Verletzten helfen musst.

Wenn du dein Fahrzeug nicht in eine Nothaltebucht bewegen kannst, sichere den Unfallort mit Warndreieck und Warnblinkanlage ab.

Verhalten bei einem Brand im Tunnel

Ein Brand in einem Tunnel ist eine sehr ernste und gefährliche Sache, denn du musst mit einer bedrohlichen Rauchentwicklung rechnen.

Erlebst du einen Brand in einem Tunnel, schalte sofort das Warnblinklicht ein. Stell das Auto, wenn möglich, in einer Nothaltebucht ab oder ganz rechts am Straßenrand und zieh die Warnweste an. Stell den Motor aus und lass den Schlüssel im Auto stecken. Bergungs- und Sicherheitskräfte können so das Fahrzeug zur Seite fahren oder auch aus dem Tunnel entfernen. Verlass dein Fahrzeug. Informiere die Tunnelüberwachungszentrale über das Notruftelefon und versuche, andere Verkehrsteilnehmer zu warnen. Schaue dich nach dem nächsten Notausgang um und nutze diesen zum Verlassen des Tunnels.

Lösche nur dann ein Feuer oder beteilige dich am Löschen, wenn erkennbar ist, dass das Feuer gerade erst entstanden und noch nicht zu groß ist.

11.3 Richtiges Verhalten gegenüber Sonderfahrzeugen

Sonderfahrzeuge besitzen auch besondere Rechte und Wegerechte im Straßenverkehr. Sie bringen Rettungs- und Sicherheitskräfte zu einem Unfallort und transportieren Verletzte. Es ist wichtig, Sonderfahrzeuge zu erkennen und richtig zu reagieren. Du musst wissen, wann du wie reagieren musst. Dabei unterscheidet man zwischen Fahrzeugen und ortsfesten Anlagen mit gelbem Blinklicht, Fahrzeugen mit blauem Blinklicht ohne Einsatzhorn und blauem Blinklicht mit Einsatzhorn.

Gelbes Blinklicht

Ortsfeste gelbe Blinklichter warnen vor Baustellen und Arbeiten auf und nahe der Straße. Sie warnen zudem vor Fußgängern und vor Gegenverkehr, wenn du an einer Ampel links abbiegen willst, und sie warnen denjenigen an ausgeschalteten Ampeln, der warten muss.

Fahrzeuge mit gelbem Blinklicht fahren oft langsamer als andere Fahrzeuge im Straßenverkehr oder besitzen eine Überbreite oder Überlänge. Oft werden gelbe Blinklichter an Fahrzeugen auch verwendet, wenn diese Arbeiten an der Straße oder nahe der Straße durchführen. Das können Reparaturen an der Straße sein, das Aufbringen der Fahrbahnmarkierung, die Kontrolle eines Straßenabschnittes, der Verschnitt von Bäumen an der Straße oder auch die Durchführung von Winterdiensten.

Bei Fahrzeugen mit gelbem Blinklicht oder auch ortsfesten Anlagen mit gelbem Blinklicht ist besondere Vorsicht geboten. Vermindere deine Geschwindigkeit und achte auf den Verkehr auf der benachbarten Fahrbahnspur.

Blaues Blinklicht ohne Einsatzhorn

Ein Sonderfahrzeug mit blauem Blinklicht ohne Einsatzhorn warnt vor einer Unfall- oder Gefahrstelle. Das blaue Blinklicht wird auch als Warnlicht von Einsatzfahrzeugen von Feuerwehr, Polizei, Notarzt und Rettungsdiensten eingeschaltet. Außerdem wird es zur Begleitung einzelner Fahrzeuge oder geschlossener Verbände genutzt, also einer zusammengehörigen Gruppe (das kann eine Gruppe von Fahrradfahrern sein, es gilt auch bei Demonstrationen oder Festumzügen). Behindere ein solches Fahrzeug nicht. Halte die Fahrbahn frei.

Blaues Blinklicht mit Einsatzhorn

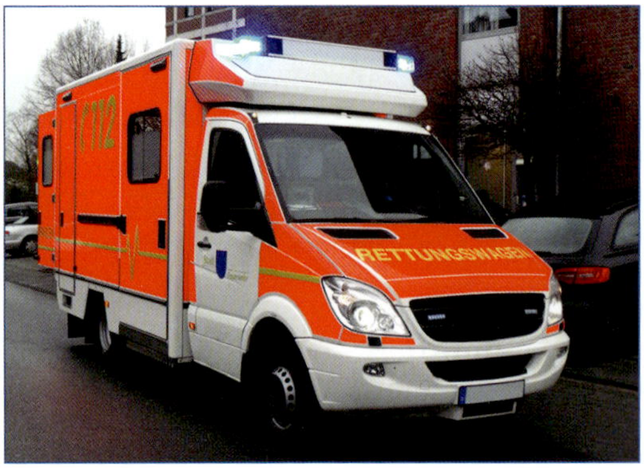

Ein blaues Blinklicht mit Einsatzhorn findet Verwendung bei Einsatzfahrzeugen der Feuerwehr, Polizei sowie der Rettungsdienste. Es wird immer dann eingesetzt, wenn höchste Eile geboten ist, zum Beispiel um Menschenleben zu retten nach Unfällen oder bei schweren gesundheitlichen Schäden, wenn es einen Brand gibt oder auch, wenn eine Gefahr für die öffentliche Sicherheit abzuwenden ist.

Blaues Blinklicht mit Einsatzhorn bedeutet: **Alle übrigen Verkehrsteilnehmer müssen sofort freie Bahn schaffen.**

Nimmst du ein solches Fahrzeug wahr, musst du dem Fahrzeug Platz schaffen, in der Regel, indem du rechts heranfährst und notfalls auch wartest. Eine Kreuzung oder Einmündung musst du ebenfalls frei halten, um den Querverkehr nicht zu behindern.

In der Regel ist das Einsatzhorn zu hören, bevor du das Fahrzeug siehst. Orientiere dich über die Außen- und Innenspiegel deines Fahrzeugs, ob das Sonderfahrzeug auf deiner Fahrspur fährt und du reagieren musst. Du musst auch bei einer grünen Ampel halten und dem Einsatzfahrzeug die freie Fahrt über die Kreuzung ermöglichen. Auch könnte ein Ausweichen auf den Gehweg oder ein Überfahren der roten Ampel notwendig sein. Beachte aber dabei, dass niemand auf dem Gehweg gefährdet wird bzw., wenn du über die rote Ampel hinweg Platz machst, dass du nicht komplett über die Kreuzung fährst, sondern direkt nach der Ampel anhältst.

Beachte bitte auch, dass ein Einsatzfahrzeug die Verkehrsregeln beachten muss, aber es im Ermessen des Fahrers liegt, diese zu umgehen, um schnell retten zu können oder an den Einsatzort zu gelangen. So kann eine Feuerwehr an einer Kreuzung auch auf die Gegenspur wechseln und dir plötzlich entgegenkommen. Fahre aufmerksam und reagiere schnell. Sonderfahrzeuge retten Leben und sichern Unfallstellen!

11.4 Richtiges Verhalten bei einer Verkehrskontrolle

Polizeibeamte dürfen bei Verkehrsteilnehmern eine Verkehrskontrolle durchführen. Dabei können sie die Verkehrstüchtigkeit kontrollieren und Untersuchungen zu einer Verkehrserhebung (Verkehrsbefragung) durchführen. Eine solche Verkehrskontrolle wird durch Lichtsignale an einem Einsatzfahrzeug und die Schriftzeichen »STOP POLIZEI« oder auch »BITTE FOLGEN« gekennzeichnet.

Auch können Zeichen durch einen Polizeibeamten mit einer Winkerkelle gegeben werden. Eine solche Aufforderung richtet sich immer nur an den einzelnen Verkehrsteilnehmer. Du bist verpflichtet, der Aufforderung nachzukommen.

Wenn du aufgefordert wirst, hinter der Polizei herzufahren, dann machst du dies. Halte einen vernünftigen Sicherheitsabstand zum vor dir fahrenden Polizeifahrzeug. Fährt das Polizeifahrzeug rechts heran und hält, musst du auch stoppen. Wirst du aufgefordert anzuhalten, suchst du eine passende Stelle am rechten Fahrbahnrand und hältst an.

Wie verhältst du dich nun richtig in einer Verkehrskontrolle? Beachte die folgenden Schritte:

- Öffne anschließend das linke Fenster.
- Behalte deine Hände gut sichtbar am Lenkrad.
- Warte, bis der Polizeibeamte zu dir kommt und dich zu etwas auffordert.
- Folge dieser Anweisung.
- Reagiere immer ruhig und sachlich.

Denke immer daran, Polizeibeamte machen auch nur ihre Arbeit und halten dich nicht an, um dich zu ärgern. Da leider schon viel passiert ist, ist für Polizeibeamte auch der Eigenschutz wichtig, das heißt, ein Kollege sichert den Polizisten, der die Kontrolle bei dir durchführt. Je ruhiger und sachlicher du bleibst, umso angenehmer verläuft die Kontrolle.

11.5 Richtiges Verhalten nach einem Verkehrsunfall

Ein Unfall ist keine schöne Sache. Doch ist etwas passiert, muss dafür gesorgt werden, dass kein Folgeunfall oder Folgeschaden geschieht und dass den möglicherweise verletzten Personen geholfen wird. Die Sicherheits-, Rettungs- und Bergungskräfte müssen zum Unfallort gelangen können.

Schalte zuerst das Warnblinklicht an deinem Fahrzeug an. Sichere anschließend den Unfallort mit einem Warndreieck ab. So machst du andere Verkehrsteilnehmer auf den Unfall aufmerksam. Achte auf Hindernisse wie schlecht einsehbare Wege,

Kurven und Höhenunterschiede der Straße. Hier musst du besonders aufmerksam sein und dein Warndreieck in einem geeigneten Abstand aufstellen. Beim Weg vom Unfall zum Aufstellort trägst du das Warndreieck sichtbar vor dir. Mit Handzeichen kannst du andere Verkehrsteilnehmer warnen.

Beachte bitte: Je höher die Geschwindigkeit der Fahrzeuge auf einer Straße ist, umso weiter entfernt musst du bei einem Unfall das Warndreieck aufstellen. Auf Landstraßen, Autobahnen und allen anderen Straßen, auf denen eine hohe Geschwindigkeit gefahren wird, muss das Warndreieck mindestens 100 m entfernt vom Unfallort stehen.

Beachte bitte die folgenden allgemeingültigen Regeln:

- Bist du an einem Unfall beteiligt oder darin verwickelt, halte sofort an.
- Sichere die Unfallstelle ab, indem du das Warnblinklicht einschaltest und das Warndreieck aufstellst. Warne andere Verkehrsteilnehmer. Zieh die Warnweste an.
- Hat dein Fahrzeug nur einen geringen Schaden, musst du die Straße frei machen und das Fahrzeug zur Seite fahren.
- Orientiere dich am Unfallort. Welche Schäden sind erkennbar? Gibt es Folgeunfälle? Bist du oder sind andere Verkehrsteilnehmer verletzt worden? Wenn ja, wie schwer sind die Verletzungen und welcher Art sind sie?
- Leiste Erste Hilfe.
- Informiere Rettungsdienst und Sicherheitskräfte. Nutze dazu die Notrufnummern 110 (Polizei) und 112 (Rettungsdienst).

- Orientiere dich am Unfallort. Wo bist du? Welche Straße oder Autobahn, bei welchem Kilometer?
- Gib den Sicherheits- und Rettungskräften auf Nachfrage deinen Namen und deine Anschrift an.
- Zeige, wenn du dazu aufgefordert wirst, Fahrzeugpapiere und Führerschein vor. Mache, sofern gefordert, Angaben zu deiner Haftpflichtversicherung.
- Bleibe am Unfallort, bis die Rettungs- und Sicherheitskräfte ihre Arbeit beendet haben und alle Daten erfasst wurden.

Du bist verpflichtet, verletzten Verkehrsteilnehmern zu helfen. Tust du dies nicht, ist das unterlassene Hilfeleistung und somit eine strafbare Handlung.

Bei der Meldung an die Rettungs- und Sicherheitskräfte musst du folgende Informationen geben, es sind die Antworten auf fünf Fragen, die mit einem W beginnen, so kannst du es dir gut merken:

- Was ist geschehen?
- Wo ist es geschehen?
- Wie viele Verletzte sind es?
- Was für Verletzungen treten auf?
- Warte Rückfragen ab und gib sachlich und ruhig Auskunft.

Sollte es nicht möglich sein, per Handy Hilfe zu rufen und die Rettungskräfte zu alarmieren und ist auch keine Notrufsäule erreichbar, kannst du die nächstliegende Autobahnmeisterei oder Raststätte nutzen und von da aus Hilfe, Sicherheits- und Rettungskräfte benachrichtigen.

Bei Verletzten, sehr hohen Schäden am Fahrzeug, der Fahrbahn oder an Gebäuden und bei Fahrzeugen, die gefährliche Güter transportieren, ist immer die Polizei zu benachrichtigen!

Was noch wichtig ist

Alle Spuren des Unfalls müssen unverändert belassen werden. Sie werden von den Sicherheitskräften fotografiert und protokolliert.

Als Unfallbeteiligter gilt jeder, dessen Handeln zu dem Unfall geführt haben könnte.

Ist weder der Geschädigte am Ort noch ein Zeuge – etwa bei der Beschädigung eines parkenden Autos –, musst du eine angemessene Zeit am Unfallort warten. Die angemessene Dauer richtet sich nach dem Grad des Unfalls und dem verursachten Schaden. Auch spielen Ort und Tageszeit eine Rolle, wie lange du warten musst.

Solltest du nach angemessener Wartezeit den Unfallort verlassen, so hinterlasse deinen Namen, deine Anschrift und deine Telefonnummer. Melde dich dann sofort bei der nächsten Polizeidienststelle und informiere die Beamten über den Unfall.

Bitte die Beamten, den Geschädigten zu informieren. Damit gehst du sicher, dass du keine strafbare Unfallflucht begehst.

Verlässt du den Unfallort, ohne eine angemessene Zeit zu warten, ohne deine Daten zu hinterlassen und ohne dich bei der nächsten Polizeidienststelle zu melden, begehst du Unfallflucht. Das ist eine Straftat, die eine Geldstrafe oder Freiheitsstrafe bis zu drei Jahren zur Folge haben kann. Auf jeden Fall wird dir die Fahrerlaubnis entzogen.

Melde den Unfall deiner Haftpflichtversicherung. Du hast dazu bis zu sieben Tage Zeit.

Ein Unfall sorgt für Aufregung und Panik. Hier kann schnell etwas vergessen werden. Um dies zu vermeiden, führst du am besten ein Unfallmerkblatt in deinem Fahrzeug mit. Es hilft dir, bei einem Unfall das Richtige zu tun. Auch ist es sinnvoll, mit deinem Smartphone oder einem Fotoapparat Bilder vom Unfallort zu machen.

11.6 Was ist bei einem Wildunfall zu tun?

Wildunfälle treten in Deutschland am häufigsten im Frühjahr (April bis Mai) und Herbst (September bis Oktober) auf. Dabei ist vor allem in der Dämmerung sowohl morgens als auch abends mit Wildwechsel zu rechnen. Vor allem auf Straßen, die durch den Wald führen oder nah an Waldgebieten entlang.

Das Thema Wildunfall solltest du nicht auf die leichte Schulter nehmen. Dabei können leichte Schäden am Fahrzeug oder auch schwerer Sachschaden entstehen und schlimmstenfalls werden Menschenleben gefährdet.

Das Verkehrszeichen **Wildwechsel** warnt dich vor einem Gebiet, in dem häufig Wild die Fahrbahn quert und es zu einem Wildunfall kommen kann. Sei hier besonders aufmerksam und umsichtig. Blende ab, da Wild stehen bleibt, wenn es geblendet wird, vermindere die Geschwindigkeit und nutze deine Hupe, wenn du Wild bemerkst.

Ausweichmanöver sind gefährlich und können noch schlimmere Folgen haben, als wenn du mit dem Wild zusammenprallst. Darum verhalte dich wie folgt, wenn du einen Zusammenstoß nicht mehr verhindern kannst: Halte das Lenkrad gut fest und halte die Fahrspur. Bremse stark ab.

Solltest du trotz aller Vorsichtsmaßnahmen in einen Wildunfall verwickelt werden, musst du Folgendes tun:

- Merke dir die Richtung, in die das Wild geflohen ist. Teile sie Polizei und Forstamt mit.
- Fahr nicht weiter, sondern halte an und schalte dein Warnblinklicht ein.

- Sichere die Unfallstelle mit einem Warndreieck, wie du es in diesem Kapitel schon mehrfach gelesen hast.
- Verständige die Polizei oder das nächste Forstamt.
- Kennzeichne die Stelle, an der du mit dem Wild zusammengestoßen bist. Das ist notwendig, damit ein Jäger und sein Jagdhund die Fährte aufnehmen und das Tier suchen können.
- Fahr anschließend zur Polizeistation, lass den Unfall aufnehmen und dir eine Wildbescheinigung ausstellen, die für die Versicherung wichtig ist.

Liegt das Wild verendet an oder nahe der Unfallstelle, darfst du es nicht entfernen oder gar mitnehmen. Das Mitnehmen von Wild ist Wilderei und somit eine strafbare Handlung.

11.7 Ein Fahrzeug richtig abschleppen

Abschleppen heißt, ein Fahrzeug zieht ein anderes Fahrzeug, das aufgrund eines Unfalls oder Defektes liegen geblieben ist, also betriebsunfähig ist. Abschleppen ist dann erlaubt, wenn eine Reparatur vor Ort nicht möglich ist. Das Abschleppen darf nur zur nächstgelegenen Werkstatt oder einem nahen Zielort, an dem das Fahrzeug abgestellt werden kann, erfolgen. Muss das Fahrzeug von der Autobahn abgeschleppt werden, muss direkt die nächste Ausfahrt angesteuert werden. Auf eine Autobahn einfahren ist nicht erlaubt.

Wenn du als Fahrzeugführer ein anderes Fahrzeug abschleppst, musst du die Fahrerlaubnis für das Fahrzeug haben, mit dem du abschleppst. Am Steuer des gezogenen Fahrzeugs muss jemand sitzen, der das Fahrzeug lenkt und sicher durch den Verkehr bewegt. Diese Person muss nicht über eine Fahrerlaubnis verfügen. Das abschleppende und auch das abgeschleppte Fahrzeug müssen mit eingeschalteter Warnblinkanlage fahren. Vor Fahrtantritt muss der Fahrer des abschleppenden Fahrzeugs mit dem des abgeschleppten Fahrzeugs Handzeichen vereinbaren, die das Abbiegen anzeigen.

Der Abstand zwischen dem ziehenden und gezogenen Auto darf nicht größer als 5 m sein. Das Abschleppseil muss beim Abschleppen immer straff gespannt sein. In der Mitte des Abschleppseils oder der Abschleppstange bringst du eine rote Fahne an.

Beachte bitte: Hat das abgeschleppte Auto einen Motorschaden, musst du eine Abschleppstange nutzen, kein Abschleppseil! Denn dann funktionieren die Servolenkung und Bremskraftverstärker nicht mehr, sodass du zum Lenken und Bremsen einen höheren Kraftaufwand benötigst. Du solltest dann sehr vorsichtig und langsam fahren. Besser wäre in diesem Fall ein Abschleppdienst.

Das Abschleppen von Krafträdern ist verboten.

Vom Abschleppen unterscheidet man das Anschleppen. Beim Anschleppen wird ein Fahrzeug gezogen, damit es wieder anspringt. Im Gegensatz zum Abschleppen müssen beim Anschleppen beide Fahrzeugführer über eine gültige Fahrerlaubnis für ihr Fahrzeug verfügen. Besitzt das liegen gebliebene Fahrzeug einen Katalysator, sollte es nicht angeschleppt werden, da es zu Schäden am Katalysator führen kann.

Schleppen bedeutet, dass ein betriebsfähiges Fahrzeug hinter einem anderen Fahrzeug mitgeführt wird. Dies ist nicht ohne Weiteres zulässig, sondern bedarf einer Sondergenehmigung durch die Verkehrsbehörden. Der Fahrer des ziehenden Fahrzeugs benötigt eine Fahrerlaubnis, die der Fahrzeugklasse des ziehenden Fahrzeugs und dem Gewicht des gezogenen Fahrzeugs entspricht. Möglich sind die Fahrzeugklassen BE, C1E, CE, DE und D1E. Der Fahrer des gezogenen Fahrzeugs muss im Besitz der Fahrerlaubnis für dieses Fahrzeug sein.

11.8 Ahndung von Fehlverhalten

Begehen Verkehrsteilnehmer Verstöße gegen bestehende Verkehrsregeln, müssen sie mit entsprechenden Konsequenzen rechnen. Welche Folgen dies im Einzelnen sind, richtet sich nach der Art und Schwere des Verstoßes.

Straftaten

Verstößt du gegen Verkehrsregeln, kann der Verstoß entweder als Ordnungswidrigkeit oder als Straftat geahndet werden.

Begehst du schwere Verstöße, also Straftaten, gegen das Straßenverkehrsgesetz (StVG), das Strafgesetzbuch (StGB) oder auch andere Gesetze, kann dies mit einer Geld- oder sogar mit einer Freiheitsstrafe geahndet werden. Des Weiteren ziehen solche Verstöße den Entzug der Fahrerlaubnis und vielfach auch Punkte im Fahreignungsregister nach sich. Solche Verstöße liegen bei den folgenden Vergehen vor:

- Du fährst unter dem Einfluss von Alkohol, Drogen oder Medikamenten.
- Du entfernst dich unerlaubt vom Unfallort, sicherst den Unfallort nicht ab, kümmerst dich nicht um Verletzte.
- Du nimmst an einem illegalen Autorennen teil.
- Du verschuldest einen Unfall, bei dem der Unfallgegner verletzt wird.

- Du fährst in bestimmten Fällen grob verkehrswidrig und rücksichtslos.
- Du fährst ohne vorgeschriebene Fahrerlaubnis.

Verwarnungsgeld

Bei geringfügigen Ordnungswidrigkeiten wird ein sogenanntes Verwarnungsgeld ausgesprochen. Die Regelsätze für Verwarnungsgelder liegen zwischen 5 Euro und 55 Euro. Hast du eine geringfügige Ordnungswidrigkeit begangen, wirst du mündlich oder schriftlich darüber informiert. Wenn du die Verwarnung akzeptierst, zahlst du das Verwarnungsgeld und hast nicht mit weiteren Konsequenzen zu rechnen. Bei unbedeutenden Ordnungswidrigkeiten kann auch eine Verwarnung ohne Verwarnungsgeld in Betracht kommen.

Geringfügige Ordnungswidrigkeiten sind gebührenpflichtig und können beispielsweise sein:

- Überschreiten der Höchstparkdauer.
- Geringfügiges Überschreiten der Höchstgeschwindigkeit.
- Fahren ohne Sicherheitsgurt.

Bußgeld

Begehst du einen gröberen Verstoß zum Beispiel gegen die Straßenverkehrs-Ordnung (StVO), die Straßenverkehrs-Zulassungs-Ordnung (StVZO), das Alkoholverbot für Fahranfänger oder die 0,5-Promille-Grenze, wird dies mit einem Bußgeld, das über 55 Euro liegt, geahndet. Verstöße, die zu einem Bußgeld führen, können sein:

- Geschwindigkeitsüberschreitung um 16 km/h oder mehr.
- Zu geringer Sicherheitsabstand.
- Überfahren einer roten Ampel, die schon länger als eine Sekunde rot ist (zusätzlich noch einen Monat Fahrverbot).
- Missachtung der Vorfahrt.
- Im Stau den Seitenstreifen zum schnelleren Vorankommen nutzen.

Die genauen Regelsätze für Bußgelder sowie Verwarnungsgelder sind im Bußgeldkatalog festgelegt. Bußgelder von mindestens 60 Euro ziehen einen Eintrag im Fahreignungsregister nach sich.

Fahrverbot

Je nach Schwere deines Verkehrsverstoßes kann dir zusätzlich zum Bußgeld auch ein Fahrverbot auferlegt werden. Das Fahrverbot kann für einen bis drei Monate verhängt werden. In diesem Zeitraum darfst du kein Kraftfahrzeug, auch kein Mofa, fahren. Dein Führerschein muss bei der Behörde bzw. der Polizei abgegeben werden. Nach Ablauf des Verbotes bekommst du deinen Führerschein wieder zurück.

Ein Fahrverbot wird dann verhängt, wenn für deinen Verstoß im Bußgeldkatalog ein Fahrverbot vorgesehen ist, z. B. wenn du die Geschwindigkeit innerhalb von zwölf Monaten zweimal um 26 km/h oder mehr überschritten hast. Bei einer Geschwindigkeitsüberschreitung innerorts um 31 km/h oder außerorts um 41 km/h wird sofort ein Fahrverbot verhängt oder wenn du als Führer eines Kraftfahrzeugs hartnäckig gegen Verkehrsvorschriften verstößt.

Entzug der Fahrerlaubnis

Hast du im Straßenverkehr eine Straftat begangen, wird zusätzlich zur Strafe auch ein Entzug der Fahrerlaubnis verhängt. Der Richter legt die exakte Dauer der Sperrfrist fest, also wie lange die Behörde dir keine neue Fahrerlaubnis erteilen darf. Die Sperrfrist beträgt bei richterlichem Entzug mindestens sechs Monate und kann bis zu fünf Jahre betragen. In besonders schweren Fällen kann auch eine lebenslange Sperre ausgesprochen werden. Aber nicht nur ein Richter, auch die Fahrerlaubnisbehörde kann eine Fahrerlaubnis entziehen, wenn eine charakterliche Eignung zum Führen von Kraftfahrzeugen nicht gegeben ist. Hast du im Fahreignungsregister acht oder mehr Punkte angesammelt, wird dir ebenfalls die Fahrerlaubnis entzogen. Möchtest du deine Fahrerlaubnis nach Ablauf der Sperrfrist wiederbekommen, wovon auszugehen ist, musst du sie bei der Verkehrsbehörde beantragen. Bei einer Sperrfrist von mehr als zwei Jahren musst du erneut eine theoretische und praktische Prüfung ablegen. Liegt die Sperrfrist unter zwei Jahren, kann die Behörde darauf verzichten, dir eine neue Prüfung aufzuerlegen.

Medizinisch-Psychologische Untersuchung

Die Medizinisch-Psychologische Untersuchung – kurz MPU genannt – findet ganz besonders dann Anwendung, wenn die Fahrerlaubnis aufgrund von Alkoholverstößen, Drogen- oder Medikamentenmissbrauch oder bei charakterlicher Nichteignung entzogen wurde. Dann wird diese Maßnahme von der Verwaltungsbehörde vor der Neuerteilung der Fahrerlaubnis festgelegt.

Begutachtungsstelle für Fahreignung

Wenn Zweifel an der Eignung eines Kraftfahrers zum Führen eines Kraftfahrzeugs bestehen, kann die Behörde eine Begutachtung der Fahreignung anordnen. Die Begutachtung wird durch Psychologen, Mediziner oder durch amtlich anerkannte Sachverständige oder Prüfer durchgeführt. Wer die Begutachtung vornimmt, hängt von der Art der Zweifel ab. Aber auch der Kraftfahrer selbst ist in der Pflicht zu handeln, wenn seine Tauglichkeit aus gesundheitlichen Gründen fraglich erscheint. Denn wenn ein Kraftfahrzeugführer aufgrund gesundheitlicher oder körperlicher Mängel einen Unfall verschuldet, muss er straf- und versicherungsrechtliche Konsequenzen (Verlust des Versicherungsschutzes) in Kauf nehmen.

Verkehrspsychologische Beratung

Eine verkehrspsychologische Beratung ist ein Gespräch mit einem besonders geschulten Psychologen. Hierbei soll festgestellt werden, welche Mängel beim Fahrer in Bezug auf seine Einstellung zum Straßenverkehr bestehen und welche Möglichkeiten und Methoden angebracht scheinen, um diese Probleme zu korrigieren.

11.9 Das Fahreignungsregister und Fahreignungs-Bewertungssystem

Verstöße gegen Verkehrsregeln werden je nach Schwere auch mit Punkten bestraft, die im Fahreignungsregister, kurz FAER, festgehalten werden. Dieses ersetzt seit Mai 2014 das ehemalige Verkehrszentralregister (VZR), und seitdem wurde auch das bisherige Punktesystem durch das neue Fahreignungs-Bewertungssystem abgelöst. In diesem neuen Bewertungssystem gibt es nur noch drei verschiedene Bewertungskategorien für Verkehrsverstöße.

1 Punkt bekommst du für schwerwiegende Ordnungswidrigkeiten, zum Beispiel das Überschreiten der Höchstgeschwindigkeit ab 21 km/h innerhalb sowie auch außerhalb geschlossener Ortschaften oder das Halten des Mobiltelefons zum Telefonieren während der Fahrt.

2 Punkte bekommst du für Straftaten mit Fahrverbot (aber ohne Entziehung der Fahrerlaubnis) oder für besonders schwere Ordnungswidrigkeiten, etwa Wenden auf der Autobahn, keine Rettungsgasse bilden, Überfahren einer roten Ampel, die schon länger als eine Sekunde rot ist, oder Fahren mit 0,5 ‰ BAK.

3 Punkte bekommst du für Straftaten mit Entziehung der Fahrerlaubnis. Das ist etwa der Fall bei fahrlässiger Tötung, unterlassener Hilfeleistung, bei Fahrerflucht oder bei der Teilnahme an einem illegalen Autorennen.

Tilgungsfristen

Die eingetragenen Punkte werden nach festgesetzten Fristen getilgt. Jeder Verstoß verjährt einzeln nach seiner festgesetzten Frist. Die Tilgungsfristen entnimmst du der folgenden Tabelle:

Verstoß	Punkte	Tilgungsfrist
Schwerwiegende Ordnungswidrigkeit	1 Punkt	2½ Jahre
Besonders schwerwiegende Ordnungswidrigkeit oder Straftaten mit Fahrverbot	2 Punkte	5 Jahre
Straftaten mit Entziehung der Fahrerlaubnis	3 Punkte	10 Jahre

Wenn du freiwillig an einem Fahreignungsseminar (FES, siehe dazu Kapitel 12.2) teilnimmst, kann dir ein Punkt gutgeschrieben werden. Allerdings geht dies nur, wenn dein Punktestand nicht mehr als fünf Punkte beträgt, und das Ganze funktioniert auch nur einmal in fünf Jahren. Bei einem Punktestand darüber ist kein Abbau mehr möglich, aber eine Teilnahme an einem FES ist ratsam, um dein eigenes Verkehrsverhalten und deine Einstellung zum Straßenverkehr zu verbessern.

Maßnahmen der Fahrerlaubnisbehörde

Unter www.kba.de kannst du deinen Punktestand erfragen. Bei 1–3 Punkten erfolgen keine Maßnahmen vonseiten der Fahrerlaubnisbehörde, bei 4–5 Punkten bekommst du eine **schriftliche Ermahnung** und dir wird ein freiwilliges Fahreignungsseminar empfohlen, bei dem dir ein Punkt gutgeschrieben werden kann. Bei 6–7 Punkten bekommst du eine schriftliche Verwarnung, verbunden mit dem Hinweis, dass mit dem 8. Punkt die Fahrerlaubnis entzogen wird.

Verlust des Versicherungsschutzes

Es kann bei dem heutigen hohen Verkehrsaufkommen leicht passieren, dass du einen anderen schädigst. Bist du einmal in so eine missliche Lage gekommen und hast einen Unfall verschuldet, bist du natürlich verpflichtet, für den Schaden des anderen aufzukommen, also Schadenersatz zu leisten.

Allerdings kommt es bei größeren Unfällen schnell zu höheren Schadenssummen. Damit aber der Geschädigte auch seinen Schaden ersetzt bekommt, ist jeder Halter eines Kraftfahrzeugs über 6 km/h bauartbedingter Höchstgeschwindigkeit dazu verpflichtet, eine Kfz-Haftpflichtversicherung abzuschließen. Diese Versicherung übernimmt die Schadensregulierung, wenn du einen Unfall verursacht hast (Verschuldenshaftung). Allerdings kann dieser Schutz auch verloren gehen, und zwar dann, wenn du als Verursacher grob fahrlässig gehandelt hast oder den Schaden sogar vorsätzlich verursacht hast. Was noch dazu führt, dass du deinen Versicherungsschutz verlierst, kannst du in Kapitel 3.5 nachlesen.

Notizen

Notizen

12. Lebenslanges Lernen

12.1 Alters- und erfahrungsabhängige Risikofaktoren

Junge Fahrer und Fahranfänger

Das höchste Unfallrisiko im Straßenverkehr haben junge Fahrer, das heißt Erwachsene zwischen 18 und 24 Jahren. Laut Berechnungen des Statistischen Bundesamtes waren 2016 13,6 % der getöteten Verkehrsteilnehmer zwischen 18 und 24 Jahre alt, obwohl der Bevölkerungsanteil dieser Altersgruppe nur bei 7,7 % lag. Und 20,1 % der Unfälle mit Personenschaden, die ein Pkw-Fahrer verursachte, wurden von dieser Altersgruppe ausgelöst.

Dass die Unfallanzahl bei jungen und unerfahrenen Fahrern anteilig höher ist als bei anderen Altersgruppen, ist verständlich. Als Anfänger macht man nicht alles richtig – das ist bei einem Fahranfänger nicht anders als in allen anderen Lebensbereichen auch: Wer lernt, macht auch Fehler.

In der Fahrschule lernst du alle Grundlagen, sodass du dich selbstständig durch den Straßenverkehr bewegen kannst. Doch in der Zeit der Ausbildung ist es nicht möglich, dich mit allen möglichen Situationen vertraut zu machen, daher wird es dir in den ersten Jahren immer wieder mal passieren, dass du dich mit einer unbekannten Verkehrslage konfrontiert siehst. Stell dir vor, du machst deinen Führerschein im Sommer. Dann kannst du das Fahren bei Glatteis und Schnee in der Fahrschule nicht üben, die Probleme, die Laub auf der Fahrbahn machen kann, wirst du ebenfalls nur theoretisch erörtern können. Genauso wirst du in einer Großstadt erst einmal neue Erfahrungen sammeln müssen, wenn du deine Fahrausbildung in einem ländlich strukturierten Raum durchlaufen hast. Vielleicht hat dir in der Ausbildungszeit nie jemand die Vorfahrt genommen. Dann wirst du diese Erfahrung das erste Mal in den ersten Jahren nach deiner bestandenen Prüfung machen und entsprechend reagieren müssen. Auch die Gefahren von Aquaplaning und die Auswirkungen einer langen Autofahrt auf die Konzentration gehören zu den Erfahrungen, die du erst im Laufe der Jahre als Autofahrer machst.

Wenn man die Gruppe der Fahranfänger statistisch genauer betrachtet, kann man feststellen, dass ältere Fahranfänger weniger häufig an Unfällen beteiligt sind. Diese Tatsache ist einfach zu erklären. Ältere Fahranfänger haben unter Umständen schon Erfahrungen mit anderen Fahrzeugtypen gesammelt oder waren häufiger als Beifahrer an heiklen Situationen beteiligt, wodurch sie entsprechend anders reagieren können. Des Weiteren kann es im jugendlichen Alter zu Imponierverhalten kommen. Viele junge Fahrer wollen den anderen beweisen, was sie können, oder wollen eine Adrenalinausschüttung beim Fahren für den besonderen Nervenkitzel bewirken. Sie fahren daher besonders riskant oder übermäßig schnell. Bei jungen Fahranfängern kommen also zwei Faktoren zusammen, die mangelnde Erfahrung und Risikobereitschaft.

Besonders gefährlich wird dieses Verhalten, wenn man sich dazu noch – beispielsweise nach einer Party – nach Alkohol- und/oder Drogenkonsum ans Steuer setzt.

Daher kommt es besonders an Wochenenden nach dem Discobesuch immer wieder zu schweren Unfällen, leider auch oft mit tödlichem Ausgang. Nach mehreren Stunden Party und lauter Musik ist man eigentlich müde, was man aber gar nicht registriert, da man aufgedreht und in ausgelassener Stimmung ist. Dass das Fahren in der Dunkelheit erhöhte Aufmerksamkeit erfordert, macht man sich nicht bewusst. Die Mitfahrer (hoffentlich nur sie) haben getrunken, sind gut drauf, machen Stimmung im Auto und lenken den Fahrer ab oder treiben ihn noch an, doch »ein bisschen Gas zu geben«. Und schon ist es passiert.

Wie kann man diesen Unfällen vorbeugen und trotzdem feiern gehen? Wichtig ist, dass du niemals fährst, wenn du Alkohol getrunken hast. Gleiches gilt selbstverständlich für Drogenkonsum. Vereinbare vorher mit deiner Clique einen Fahrer, der sich an diese Regel hält. Während der Fahrt muss der Fahrer sich selbst vollkommen unter Kontrolle haben und darf nur so schnell fahren, dass er auch das Fahrzeug unter Kontrolle hat. Als kleines Dankeschön können ja alle anderen dem Fahrer ein alkoholfreies Getränk spendieren, dann wird der Fahrer etwas entschädigt.

Maßnahmen des Gesetzgebers für junge Fahrer

Um die oben genannten Risiken möglichst gering zu halten, gibt es spezielle Regelungen für Fahranfänger wie beispielsweise die Fahrerlaubnis auf Probe, die du bekommst, wenn du erstmalig die Fahrerlaubnis der Klassen A1, A2, A oder B erwirbst. Die sogenannte Probezeit dauert zunächst zwei Jahre ab dem Tag der bestandenen Prüfung, vorausgesetzt, du fährst in dieser Zeit nicht auffällig. Bei der ersten Auffälligkeit verlängert sich deine Probezeit auf vier Jahre und du musst an einem Aufbauseminar für Fahranfänger teilnehmen. Tust du dies nicht, kann dir deine Fahrerlaubnis entzogen werden. Wirst du erneut auffällig, bekommst du eine Verwarnung und dir wird dazu geraten, an einer verkehrspsychologischen Beratung teilzunehmen. Ab der dritten Auffälligkeit wird dir die Fahrerlaubnis entzogen. Wenn du eine neue Fahrerlaubnis erwerben möchtest, bestimmt die Führerscheinstelle die Bedingungen dafür (genauen Ablauf siehe Kapitel 3).

Auffällig werden heißt jedoch nicht, kleine Fahrfehler zu begehen, wie sie zu Beginn deiner Autofahrerkarriere ganz normal sind. Die häufigsten Verstöße, die bei Fahranfängern während der Probezeit zu Konsequenzen führen, sind das Überschreiten der zulässigen Höchstgeschwindigkeit, Überholen trotz Überholverbot, Rotlichtverstöße, Missachtung des Mindestabstands und das Fahren mit einem unzulässig veränderten Fahrzeug.

Die Aufbauseminare sollen den Fahranfängern als Hilfestellung dienen, ihre Einstellung hinsichtlich der Verantwortung im Straßenverkehr zu überdenken, denn nur mit einer vernünftigen Einstellung kann eine sichere Fahrweise erreicht werden. Zudem wird das Erkennen von Gefahrensituationen und das richtige Reagieren darauf geschult.

Auch die verkehrspsychologische Beratung soll dabei helfen, das eigene Verhalten kritisch zu reflektieren und so eine Änderung der Einstellung in puncto vernünftiges und sicheres Verhalten im Straßenverkehr zu erreichen. Diese Beratung erfolgt im Einzelgespräch, damit sich der entsprechende Fahrer nicht mehr hinter der Gruppe »verstecken« kann.

Neben der Probezeit gibt es die Möglichkeit des Begleiteten Fahrens ab 17. Hierbei wird es dir schon mit 17 Jahren ermöglicht, deine Führerscheinprüfung abzulegen. Du darfst dann bis zu deinem 18. Geburtstag allerdings nicht allein fahren, sondern musst einen in deiner Prüfbescheinigung eingetragenen Erwachsenen im Fahrzeug dabeihaben, der in der Lage wäre, das Fahrzeug zu übernehmen. Diese Regelung gilt jedoch nur für Deutschland und Österreich. Wichtig für die begleitende Person ist, dass sie kein Fahrlehrer ist und nicht ins Lenkrad greifen darf. Sie darf dir nur Tipps geben oder dich auf Gefahren hinweisen, die dir aufgrund deiner mangelnden Erfahrungen nicht bewusst sind. So hast du die Möglichkeit, vom Erfahrungsschatz eines langjährigen Autofahrers zu profitieren. Als weitere Maßnahme gegen das Risiko der sogenannten Discounfälle gilt für Fahranfänger in der Probezeit und junge Fahrer bis zum vollendeten 21. Lebensjahr absolutes Alkoholverbot, wenn sie ein Kraftfahrzeug führen wollen.

Erfahrene Fahrer

Die erfahrenen Fahrer, die mehrheitlich in der mittleren Altersgruppe sind, treten statistisch gesehen am wenigsten als Verursacher von Unfällen auf. Die meisten dieser Fahrer fahren sehr routiniert und haben ausreichend Erfahrungen gesammelt, um Gefahrenzonen schon frühzeitig zu erkennen und in vielen Situationen richtig reagieren zu können. Dieses Vertrauen in die eigene Erfahrenheit kann allerdings auch dazu führen, dass man das aufmerksame und regelkonforme Fahren etwas vernachlässigt, weil man meint, die jeweilige Verkehrssituation gut einschätzen zu können.

Ältere Fahrer

Viele jüngere Fahrer beschweren sich, wenn vor ihnen ein älterer Fahrer vielleicht etwas langsamer unterwegs ist. Doch aufgrund ihrer langen Erfahrung haben ältere Kraftfahrer/-innen im Straßenverkehr einige Vorteile: Sie fahren routiniert, weil sie einfach schon sehr viele Erfahrungen im Straßenverkehr gesammelt haben, und sie können daher Gefahren und auch das Verhalten anderer Verkehrsteilnehmer besser einschätzen.

Allerdings zeigen sich auch in dieser Fahrergruppe einige Schwierigkeiten. So lässt im Alter die Beweglichkeit nach, da fällt der Blick über die Schulter nach hinten schon mal schwerer und man lässt ihn vielleicht ausfallen. Die Sehkraft und das Hörvermögen lassen etwas nach. Und auch das Reaktionsvermögen verlangsamt sich, was vielleicht noch durch das eine oder andere Medikament, das man einnehmen muss, verstärkt wird.

Verpflichtende Gesundheitstests für ältere Fahrer gibt es zwar nicht, aber aus Verantwortung sich selbst und den anderen Verkehrsteilnehmern gegenüber sollte man zumindest seine Sehfähigkeit gelegentlich überprüfen lassen.

12.2 Fahreignungsseminare

Wie im Abschnitt 12.1 unter »Junge Fahrer und Fahranfänger« beschrieben wurde, gibt es spezielle Aufbauseminare und verkehrspsychologische Beratungen, wenn Fahranfänger oder junge Fahrer während der Probezeit schwerwiegende Verstöße begehen. Aber auch das Fehlverhalten erfahrener Fahrer bleibt nicht ohne Folgen, wie du Kapitel 11.9 entnehmen kannst. Wenn Kraftfahrer ihr Verhalten verbessern möchten, können sie freiwillig an einem Fahreignungsseminar (FES) teilnehmen, mit dem auch ein Punkt in Flensburg abgebaut werden kann, sofern der Fahrer dort im Fahreignungsregister noch nicht mehr als fünf Punkte angesammelt hat. Das Fahreignungsseminar besteht aus zwei Komponenten, und zwar einem verkehrspädagogischen sowie einem verkehrspsychologischen Teil.

Die verkehrspädagogische Komponente wird von einem Fahrlehrer durchgeführt, sie geht über 2-mal 90 Minuten und wird als Einzelmaßnahme oder in kleinen Gruppen bis maximal sechs Personen durchgeführt. Dabei werden der Sinn von Verkehrsregeln sowie die Risiken bei deren Überschreitung vermittelt. Und das Gefahrenbewusstsein wird geschärft. Diese Maßnahme wird auch gezielt auf die Verstöße der Teilnehmer ausgerichtet.

Die verkehrspsychologische Komponente besteht aus Einzelsitzungen von 2-mal 75 Minuten und wird von einem Verkehrspsychologen durchgeführt. Hier geht es darum, individuelle Wege zu finden, das riskante Fahrverhalten zu ändern, das Reflexionsverhalten des Fahrers zu stärken und diese neuen Strategien zu erproben.

12.3 Informations- und Kommunikationsprobleme

Neben den alterstypischen Defiziten, die du in den entsprechenden Absätzen im Abschnitt 12.1 nachlesen kannst, gibt es auch Probleme, die alle Altersgruppen betreffen. Obwohl es mittlerweile sehr viele Informationssysteme für Kraftfahrer – wie beispielsweise Verkehrsfunksender oder Navigationssysteme, die über die aktuelle Verkehrssituation informieren – gibt, gehen durch die zunehmende technische Verbesserung vor allem für Autofahrer einige Informationen verloren, denn man verlässt sich auf die technischen Anzeigen. Auf nasser Fahrbahn kannst du ohne Temperaturanzeige nicht feststellen, ob du mit Glätte rechnen musst. Hast du keine Temperaturanzeige, gilt es, noch vorsichtiger zu fahren, als es die nasse Fahrbahn ohnehin erfordert.

Für die Wahl der Geschwindigkeit gehen in modernen Autos jedoch weitere Informationen immer mehr verloren. Dank des Spurhalteassistenten wird dir ein möglichst sicheres Fahrgefühl gegeben. Während du auf einem Zweirad Veränderungen sehr gut wahrnehmen kannst, gleicht dein Auto kleine Änderungen zunächst gut aus. Mit dem Zweirad passt du deine Geschwindigkeit direkt entsprechend an. Wenn du jedoch im sicheren Auto sitzt und ein gutes Fahrgefühl hast, wirst du deine Geschwindigkeit nicht verringern. Kommt es etwa zu stärkeren Windböen, können diese dein Fahrzeug jedoch leicht von der Fahrbahn abtreiben. Achte daher auf deine Umgebung, um dir die verloren gegangenen Informationen dennoch zu sichern. Bewegen sich die Äste der Bäume stark? Haben Zweiradfahrer Probleme damit, die Spur zu halten? Haben andere Fahrer ihre Geschwindigkeit reduziert? All diese Anzeichen können dir dabei helfen, dich richtig zu verhalten und ebenfalls deine Geschwindigkeit zu reduzieren, um nicht von plötzlich veränderten Bedingungen überrascht zu werden.

Neben den Informationsdefiziten kann es im Straßenverkehr auch zu Kommunikationsproblemen kommen. Da die Sprache zwischen den Autofahrern eine reine Zeichensprache ist, die nicht einheitlich festgelegt ist, kann es schnell zu Missverständnissen kommen. Gibt dir dein Gegenverkehr die Lichthupe, weil eine Gefahr droht? Oder doch eher, weil dein Licht falsch eingestellt ist und du ihn blendest? Hast du vergessen, dein Fernlicht auszuschalten? Oder möchte dich ein anderer Verkehrsteilnehmer davor warnen, dass geblitzt wird? Ist er vielleicht nur durch ein

Schlagloch gefahren und sah es nur so aus, als ob er dir die Lichthupe gegeben hätte? Alle diese Fragen kannst du deinem Gegenüber nicht stellen. Du wirst das Signal »Lichthupe« vermutlich je nach der Situation unterschiedlich interpretieren, kannst aber nie die eigentliche Absicht des anderen Verkehrsteilnehmers erfragen.

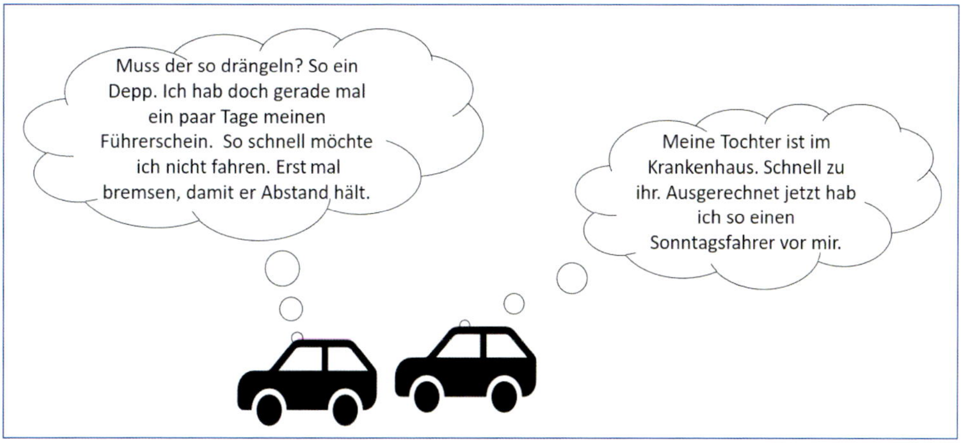

Genauso wenig kennst du die Hintergründe des Verhaltens anderer Verkehrsteilnehmer. Drängelt jemand, weil er einen stressigen Tag hatte? Möchte er einfach zeigen, was sein Auto kann? Ist er generell ein rücksichtsloser Fahrer? Oder hat er gerade eine niederschmetternde Nachricht bekommen und ist mit den Gedanken ganz woanders? Du kannst nicht in deine Mitmenschen hineinschauen. Bilde dir daher nicht vorschnell eine Meinung und provoziere auch keine Fahrer, die sich falsch verhalten. Gehe nicht sofort vom Negativen aus und versuche, Verständnis zu zeigen.

So vermeidest du das Provozieren von gefährlichen und emotionalen Situationen und alle kommen weniger gestresst und risikofreier an ihr Ziel.

12.4 Weiterbildung

Immer mehr Menschen besitzen einen Führerschein und ein Fahrzeug, mit dem sie sich im Straßenverkehr fortbewegen. In mehr oder weniger unregelmäßigen Abständen werden die Vorschriften für den Straßenverkehr angepasst, etwa um trotz steigender Zahlen von Verkehrsteilnehmern die Sicherheit im Verkehr zu gewährleisten, oder aufgrund der Angleichung der Verordnungen in den Mitgliedsstaaten der EU.

Daher solltest du nicht mit dem Erwerb der Fahrerlaubnis aufhören, dich zu informieren. Arbeite weiterhin an dir und versuche, dich mithilfe verschiedener Informationsquellen auf dem Laufenden zu halten. Es gibt Fachzeitschriften, Fernsehsendungen oder auch Informationsblätter in Tageszeitungen, die Neuerungen beschreiben. Auch Radiosender informieren über wichtige geänderte Gesetze oder Regelungen. Daneben hast du natürlich auch die Möglichkeit, dich im Internet zu informieren.

Wenn du dir die Informationsbeschaffung erleichtern möchtest, kannst du auch in deiner Fahrschule regelmäßig nachfragen, ob es Änderungen gibt. Viele Fahrschulen bieten spezielle Informationsveranstaltungen an.

Wenn du lange nicht gefahren bist, hast du auch die Möglichkeit, noch einmal einzelne Aufbaufahrstunden zu nehmen, um wieder Sicherheit zu erlangen. Zudem besteht die Möglichkeit, allein auf einem Verkehrsübungsplatz zu trainieren, bis du dich sicher genug für die Teilnahme am Straßenverkehr fühlst.

12.5 Sicherheitstraining

Um ein Sicherheitstraining durchzuführen, gibt es für dich diverse Möglichkeiten. Viele Verkehrswachten, Automobilclubs, Motorsportclubs, Fahrlehrerverbände oder auch der Deutsche Verkehrssicherheitsrat bieten Sicherheitstrainings für verschiedene Fahrzeugtypen an. In diesen lernst du, wie du in verschiedenen Situationen wie beispielsweise bei nasser oder glatter Fahrbahn richtig reagierst und dein Auto unter Kontrolle hast.

Mit deinem eigenen Fahrzeug kannst du verschiedene Situationen praktisch und in einem sicheren Rahmen erproben, sodass du im Ernstfall richtig reagieren kannst. So kannst du dein Fahrzeug besser einschätzen lernen. Auch für erfahrene Fahrer kann das Sicherheitstraining von Nutzen sein, man lernt schließlich nie aus.

12.6 Kurse zur umweltschonenden Fahrweise

Schon in der Fahrschule lernst du, dass eine umweltschonende Fahrweise wichtig ist, denn das Thema Umweltschutz ist ein ganz zentrales und auch Kraftfahrer müssen ihren Teil dazu beitragen. Daher wird dir schon während der Ausbildung beigebracht, möglichst energiesparend zu fahren. Wenn du dich mit anderen unterhältst, die es nicht für nötig halten, die Umwelt zu schonen, kannst du damit argumentieren, dass sie durch diese Fahrweise auch ihren eigenen Geldbeutel schonen. Zudem erhöhst du deine Sicherheit, wenn du umweltschonend fährst, da du langsamer und vorausschauender fährst und mehr Abstand lässt, um abruptes Abbremsen zu vermeiden.

Um auch in puncto umweltschonendes Fahren auf dem aktuellen Stand zu bleiben, bieten verschiedene Veranstalter Kurse an, in denen sie genau dieses Fahrverhalten mit dir trainieren, beispielsweise auch der Deutsche Verkehrssicherheitsrat zusammen mit Fahrlehrerverbänden (www.dvr.de/programme). Du kannst dich im Internet natürlich auch über weitere Angebote informieren.

Notizen

13. Fahrer, Beifahrer und Fahrzeug

13.1 Persönliche Voraussetzungen

Das Motorradfahren stellt für viele Menschen eine Fortbewegung mit besonderem Reiz dar. Dabei sind die Motive der verschiedenen Fahrer, Motorrad zu fahren, oft unterschiedlichster Art. Denn Motorradfahren ist eine Art der motorisierten Fortbewegung, die spannend, emotional und auch anspruchsvoll ist.

Welche Gründe gibt es, sich für das Motorradfahren zu entscheiden?

- Freiheitsgefühl,
- Spaß am Kurvenfahren,
- Fahren mit Freunden,
- Motorradwandern in schönen Gegenden,
- Mobilität für Jugendliche,
- moderne Art der Freizeitgestaltung,
- man möchte nicht mehr nur Beifahrer sein.

Für viele ist das Motorrad ein Mittel, um schneller voranzukommen, für manche aber auch einfach die Erfüllung eines Lebenstraums. Doch ganz egal, aus welchem Grund du dich dafür entscheidest, dich auf einem motorisierten Zweirad fortzubewegen – und das dann natürlich am besten so oft wie möglich –, jetzt heißt es, eigene Erfahrungen zu sammeln, denn beim Motorradfahren gilt ganz besonders:

Übung macht den Meister!

Sicheres Motorradfahren

Um sicher Motorrad fahren zu können, musst du einiges zum Motorrad, zu dir selbst und den Gefahren im Straßenverkehr berücksichtigen. Ein Motorrad zu fahren, ist deutlich anstrengender, als beispielsweise einen Pkw zu fahren. Es gehören neben der körperlichen Fitness und Gesundheit auch das entsprechende fahrerische Können und das Beherrschen der Maschine sowie die richtige Einstellung zu sich und dem Umgang mit Motorrad und Umwelt dazu.

Körperliche Fitness und Gesundheit

Zur körperlichen Fitness und Gesundheit solltest du ein paar Punkte beachten. Motorradfahren ist weitaus anspruchsvoller als Autofahren, daher ist damit auch eine deutlich höhere körperliche und geistige Belastung verbunden. Deshalb musst du als Motorradfahrer über eine gute körperliche und geistige Fitness verfügen, um dein Motorrad sicher zu beherrschen.

Fühlst du dich einmal unwohl, zum Beispiel wegen Kopfschmerzen oder einer Erkältung, hast du Schwindelgefühle, fühlst dich anderweitig unwohl oder hast dir eine Hand oder einen Fuß verstaucht? Dann lass dein Motorrad lieber stehen, denn nun bist du nicht mehr voll aufnahmefähig und wirst schnell unkonzentriert bzw. hast dein Motorrad nicht ausreichend unter Kontrolle. Dies führt dann allzu leicht zu Fahrfehlern und gefährlichen Situationen.

Natürlich gehört nicht nur dein geistiges und körperliches Wohlbefinden zum Aspekt Fitness und Gesundheit, sondern auch, dass du gut siehst. Gutes Sehen ist die Grundvoraussetzung dafür, dass du alle wichtigen Sinneseindrücke, die du über das

Auge sammelst, rechtzeitig wahrnehmen kannst. Beachte, dass deine Sehleistung im Laufe deines Lebens schleichend nachlassen kann. Deshalb mache regelmäßig einen Sehtest, um ein gutes Sehen gewährleisten zu können.

Alkohol, Drogen und Medikamente

Ein weiterer wichtiger Grund, das Motorrad stehen zu lassen, ist der Konsum von Alkohol, Drogen oder Medikamenten. Schon der Genuss kleinster Mengen Alkohol oder Drogen oder die Einnahme von Medikamenten kann sich negativ auf dein Wahrnehmungsvermögen sowie dein Fahrverhalten auswirken.

Solche negativen Auswirkungen können zum Beispiel sein:

- Störung des Gleichgewichtsempfindens,
- Fehleinschätzung der Geschwindigkeit,
- veränderte Wahrnehmung (beispielsweise Tunnelblick),
- Beeinträchtigung des Gehörs.

Alkohol und Drogen beeinträchtigen dich aber nicht nur körperlich, sondern fördern auch deine Risikobereitschaft und dein Aggressionspotenzial. Daher besteht bis zum vollendeten 21. Lebensjahr ein absolutes Alkoholverbot sowie für alle Fahrerinnen und Fahrer während der Probezeit.

Aber mal ehrlich, egal, ob das Alkoholverbot für dich gilt oder nicht, wenn du am Straßenverkehr teilnimmst, lass die Finger vom Alkohol!

> Achte auf deine Sicherheit und die Sicherheit der anderen!

13.2 Schutz des Fahrers und Beifahrers

Der Schutz des Fahrers und Beifahrers ist neben den persönlichen Voraussetzungen natürlich auch ein wichtiges Thema, mit dem wir uns befassen müssen. Beim Fahren eines Kraftrads sind natürlich ganz besonders du und dein Beifahrer (Sozius) gefährdet, da sich im Gegensatz zum Autofahrer kein schützendes »Blechkleid« um euch herum befindet und ihr dadurch selbst zur Knautschzone werdet.

Woraus sich eine passende Schutzkleidung zusammensetzt, hast du bestimmt schon einmal gesehen oder dich damit auch schon befasst. Spätestens in der Fahrschule wirst du nun mit dieser Thematik konfrontiert, da du während der Prüfungsfahrt und natürlich auch in der Fahrstunde mit Schutzkleidung fahren musst. Aber auch dein Beifahrer muss entsprechende Schutzkleidung tragen, um das Verletzungsrisiko bei einem Sturz zu minimieren.

Schutzkleidung bei der praktischen Prüfung

Die Fahrerlaubnis-Verordnung (FeV) legt in den Richtlinien zur Fahrerlaubnisprüfung die passende Schutzkleidung folgendermaßen fest: *»Bei Prüfungen der Klassen A, A1, A2 und AM muss der Bewerber geeignete Motorradschutzkleidung, bestehend aus einem passenden Motorradhelm, Motorradhandschuhen, einer eng anliegenden Motorradjacke, einem Rückenprotektor (falls nicht in Motorradjacke integriert), einer Motorradhose und Motorradstiefeln mit ausreichendem Knöchelschutz tragen.«*

Anforderungen an Schutzhelme

Im Straßenverkehr bist du als motorisierter Zweiradfahrer dazu verpflichtet, einen Schutzhelm zu tragen, damit du bei einem Unfall vor Kopfverletzungen wie zum Beispiel einem Schädelbruch oder einer Gehirnerschütterung besser geschützt bist. Das Gleiche gilt auch für deinen Beifahrer.

Einen passenden Schutzhelm für dich auszusuchen, ist nichts, was sich mit »schnell mal rein in den Laden und einen Helm holen« oder »den bestelle ich schnell im Internet« erledigen lässt. Um einen Helm zu kaufen, der dir wirklich passt, solltest du dir Zeit nehmen. Denn dein Helm wird für die nächsten Jahre dein treuer Begleiter. Und auch wenn dir ein Helm vom Design besonders gut gefällt, wird dies zur Nebensache, wenn der Helm auf einmal drückt oder zu locker sitzt.

Nimm dir genug Zeit für den Helmkauf. Lass dich im Geschäft vor Ort beraten, welcher Helm zu dir passt. Denn es gibt genauso viele unterschiedliche Helmformen, wie es unterschiedliche Kopfformen gibt, und deshalb kann es sein, dass der Helm, den du dir ausgesucht hast, dir vielleicht gar nicht richtig passt. Darum suche dir einen Verkäufer, der mit dir die Helmanprobe durchführt und mit dir den für dich passenden Helm findet. Bevor du den Helm dann kaufst, lasse ihn noch mindestens eine Viertelstunde auf, um etwaige Druckstellen festzustellen. Auch mit der Bedienung des Visiers, der integrierten Sonnenblende (falls vorhanden) und des Kinnriemens solltest du dich vertraut machen. Achte darauf, dass du den Kinnriemen so eingestellt hast, dass du den Helm bei geschlossenem Kinnriemen nicht vom Kopf ziehen kannst.

Bist du Brillenträger? Dann nimm deine Brille auf alle Fälle mit zur Anprobe, denn es wäre schade, wenn nach dem Kauf des Helms die Brillenbügel nicht zwischen Kopf und Polster passen.

TIPP

Manche Geschäfte bieten auch an, den Helm 24 Stunden Probe zu fahren. Frage einfach bei deinem Händler nach, ob das auch bei ihm möglich ist, denn so hörst du auch die Windgeräusche, die der Helm produziert, und kannst entscheiden, ob das für dich während der Fahrt störend ist oder nicht. Falls dein Helm sehr starke Windgeräusche verursacht, kannst du dir auch spezielle Ohrstöpsel kaufen, die die Windgeräusche ausblenden.

Prüfzeichen

In Deutschland und den meisten anderen europäischen Ländern bist du beim Motorradfahren zum Tragen eines Helms gesetzlich verpflichtet. Damit der Motorradhelm dich im Falle eines Unfalls vor schweren Kopfverletzungen ausreichend schützen kann, solltest du beim Kauf darauf achten, dass dein Helm nach den neuesten Prüfrichtlinien geprüft wurde. Die aktuelle Helmnorm lautet ECE R 22/05. Die Abkürzung ECE steht für **E**conomic **C**ommission **E**urope und meint eine europäische Verordnung, die festlegt, nach welchen Kriterien Motorradhelme hergestellt werden müssen. Hast du einen Helm, der dieser Prüfnorm nicht entspricht, gefährdest du deine Sicherheit.

Du erkennst an einem Etikett im Helm, nach welcher Prüfnorm dein Helm gefertigt wurde. Dort findest du eine Genehmigungsnummer, die, wenn sie mit 05 beginnt, darauf hinweist, dass der Helm nach der Norm ECE 22/05 geprüft wurde. Folgt der Prüfnummer nach dem Schrägstrich ein **P**, bedeutet dies, dass dein Helm über einen nach Norm geprüften Kinnschutzbügel verfügt.

Das bedeuten die einzelnen Bestandteile des ECE-Prüfzeichens:

1	ECE-Norm
2	Nummerncode für das Land, in dem der Helm geprüft wurde, in diesem Fall steht die 3 für Italien
3	05... = Versionsnummer für ECE 22/**05**
4	Homologationsnummer
5	**P** steht für einen nach der Norm geprüften Kinnschutz, **PN/J** für einen fehlenden Kinnschutz wie etwa beim Jethelm
6	Chargennummer, die vom Hersteller kommt

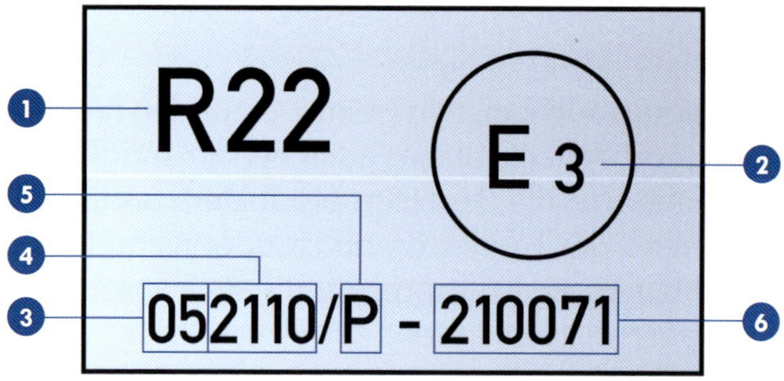

Welche Kriterien werden eigentlich mit der Norm ECE 22/05 festgelegt?

Dazu zählen u. a. die folgenden Punkte:

- Tönung des Visiers,
- Größe des Sichtfelds,
- Stoßdämpfungswerte an unterschiedlichen Stellen des Helms (Falltest),
- Belastbarkeit von Kinnriemen und –verschluss,
- Haltbarkeit der Außenschale.

Daher solltest du beim Kauf eines Helms auf jeden Fall auf das ECE-Prüfzeichen achten. Denn nur mit dem Prüfzeichen hast du den besten Schutz.

Aber nicht nur der Schutz für deinen Kopf, sondern auch dein Versicherungsschutz ist in Gefahr, wenn du einen Helm trägst, der nicht der Prüfnorm ECE 22/05 entspricht. Solltest du mit einem solchen Helm in einen Unfall verwickelt werden, können deine Schadensersatzansprüche wesentlich geringer ausfallen als mit einem Helm mit aktueller Prüfnorm. Darum solltest du keinen Helm kaufen, der die ECE-Norm 22/05 nicht erfüllt, oder ihn ersetzen, sofern du bereits einen hast.

Die Außenschale deines Helms altert mit der Zeit. Daher solltest du deinen Helm, wenn du ihn fünf Jahre regelmäßig genutzt hast, austauschen.

Das Visier

Das Visier schützt dich – vor allem bei höheren Geschwindigkeiten – im Sommer vor Insekten und bei schlechtem Wetter vor Regen und Wind. Solltest du kein Visier haben, benötigst du eine passende Motorradbrille, die diese Schutzfunktion übernimmt.

Bei der Auswahl deines Visiers solltest du darauf achten, dass der Blick durch das Visier verzerrfrei ist. Auch sollte das Visier kratzfest und beschlagfrei sein. Um das Beschlagen des Visiers zu verhindern, ist ein sogenanntes Pinlock-Visier empfehlenswert. Es sorgt bei kaltem oder nassem Wetter dafür, dass das Visier nicht zu sehr durch deine Atemluft beschlägt. Es gibt auch weitere Methoden, um ein Beschlagen des Visiers zu verhindern, zum Beispiel durch ein Anti-Beschlagspray oder sogar durch ein – ähnlich wie bei Autos – mit Heizdrähten beheiztes Visier, das aber nur bei wenigen Modellen verfügbar ist. Wenn du deinen Helm anprobierst, achte beim Visier darauf, dass es einhändig bedienbar ist und in verschiedenen Stellungen einrastet.

Wenn dein Visier verkratzt ist, solltest du es sofort austauschen, denn schon ein kleiner Kratzer oder Steinschlag verursacht bei Gegenlicht, zum Beispiel durch die tief stehende Sonne oder entgegenkommende Fahrzeuge in der Nacht, eine starke Lichtstreuung, die dich gefährlich blenden kann.

Ein verspiegeltes oder verdunkeltes Visier reduziert die Sonneneinstrahlung und hilft dir dabei, dass du nicht geblendet wirst. Allerdings ist mit so einem Visier das Fahren bei Dämmerung und in der Nacht bedenklich, weil du dadurch sehr in deiner Sicht eingeschränkt wirst. Da das nicht passieren darf, ist die Benutzung bei Nacht und in der Dämmerung zudem gesetzlich eingeschränkt. Um diesem Problem entgegenzuwirken, kannst du dir einen Helm mit einer integrierten Sonnenblende zulegen. Beachte allerdings, dass verdunkelte und verspiegelte Visiere bei Prüfungsfahrten unzulässig sind.

Kontrolliere immer, bevor du deine Fahrt beginnst, ob dein Visier noch einwandfrei intakt ist, also keine Steinschläge oder Kratzer aufweist.

Die Belüftung

Die Belüftung soll während der Fahrt für den Austausch der Luft im Helm sorgen, ohne dass du »Zug« abbekommst, und für einen »kühlen Kopf« sorgen. Fehlt beim Helm eine ausreichende Luftzufuhr, kann dies besonders bei langen Fahrten oder an heißen Tagen sehr unangenehm werden. Du fängst sehr leicht an zu schwitzen, da sich die Luft im Inneren des Helms erwärmt. Zwar nimmt das Innenfutter einen Teil der Feuchtigkeit auf, dies kann nach einiger Zeit aber auch stören.

Vor allem bei Integralhelmen, bei denen du nur das Visier aufklappen kannst, sollte genügend Luftaustausch möglich sein. Du solltest darauf achten, dass am Kinnschutz und im oberen Bereich des Helms Luftschlitze vorhanden sind. Diese sollte man aber auch verschließen können, damit bei kühlem Wetter der Kopf warm bleibt. Eine ausreichende Belüftung trägt weiterhin dazu bei, ein Beschlagen des Visiers zu reduzieren.

Der Verschluss

Es gibt unterschiedliche Arten von Verschlüssen für Motorradhelme: den Klickverschluss, den Doppel-D-Verschluss sowie den Ratschenverschluss:

- Beim **Klickverschluss** wird der Kinnriemen durch Ineinanderstecken von zwei Elementen verschlossen. Wie eng der Verschluss sein soll, stellst du am Riemen selbst ein.
- Der **Doppel-D-Verschluss** (oder 2D-Verschluss) gilt als das sicherste System, da der Verschluss bei jedem Aufsetzen des Helms neu festgezogen werden muss und sich danach nicht mehr von allein lösen kann.
- Der **Ratschenverschluss** funktioniert ähnlich wie der Klickverschluss durch das Ineinderschieben von Zunge und Clip. Durch die Ratschenfunktion lässt sich, wenn der Kinnriemen richtig eingestellt ist, leicht regulieren, wie straff der Riemen am Kinn sitzt. Durch Druck auf den Clip kann der Riemen dann wieder gelöst werden.

Achte darauf, dass du dich mit dem Verschluss deines Helms vertraut machst, um diesen jederzeit sicher und richtig bedienen zu können. Denn der beste Helm nützt nichts, wenn er dir durch falsche Bedienung, Einstellung oder gar komplett fehlendes Verriegeln des Kinnriemens vom Kopf gerissen wird.

Die Helmtypen

Es gibt auf dem Markt viele verschiedene Helmmodelle. Welcher Helm für dich der richtige ist, richtet sich danach, was für ein Motorrad du fährst und wie du es nutzt – ob du beispielsweise à la »Easy Rider« durch die Gegend fährst oder dich zum Speedway-Rennen anmelden willst. Ebenso erhältst du Modelle, die besonders für Brillenträger geeignet sind.

Der Integralhelm

Ein Integralhelm bietet von allen Helmtypen den größtmöglichen Schutz, da er über einen Kinnschutz sowie ein verschließbares Visier verfügt. Der Kinnschutz erhöht die Sicherheit bei Unfällen, da durch ihn die unteren Gesichtspartien besser geschützt werden. Und auch bei schlechtem Wetter ist damit die untere Gesichtshälfte besser abgeschirmt. Damit es an heißen Tagen unter dem Helm nicht zu stickig wird, lässt sich das Visier (stufenweise) öffnen, außerdem gibt es Belüftungsschlitze. Das Belüftungssystem lässt sich je nach Bedarf öffnen, um für zugfreien Luftaustausch und Kühlung im Helm zu sorgen, oder bei schlechtem Wetter verschließen, um den Kopf zu wärmen. Ebenso sorgt eine gute Belüftung auch dafür, dass ein Beschlagen des Visiers reduziert wird.

Ein weiterer Vorteil besteht in seiner leichten Bauweise, die sein Gewicht reduziert und damit den Druck auf die Halswirbel des Fahrers verringert. Ein Nachteil ist, dass der Integralhelm für Brillenträger eher ungeeignet ist.

Vorteile	Nachteile
aerodynamisch	eher ungeeignet für Brillenträger
leichte Bauweise	Größe
große Sicherheit	

Der Klapphelm

Der Klapphelm ähnelt in seiner Bauweise dem Integralhelm. Bei einem Klapphelm bilden Kinnschutz und Visier ein Bauteil, das sich bei Bedarf nach oben klappen lässt. Diese Klappfunktion bedeutet vor allem für Brillenträger einen Komfortgewinn beim Aufsetzen des Helms. Ebenso ist das Aufklappen des Helms bei Tankstopps oder bei Pausen eine Erleichterung. Jedoch gibt es dadurch leichte Einbußen bei der Sicherheit des Klapphelms, weil er nicht aus einem Stück gefertigt ist wie der Integralhelm. Auch bedeutet diese Bauweise ein etwas größeres Gewicht.

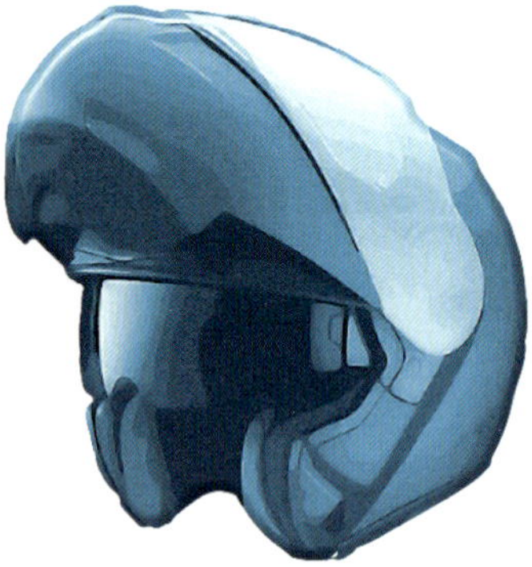

Vorteile	Nachteile
aerodynamisch	höheres Gewicht als Integralhelme
Fahren bei geöffnetem Kinnschutz	Größe
Sicherheit	
für Brillenträger geeignet	

Der Jethelm

Der Jethelm wird gern von Roller- und Chopperfahrern genutzt, da er sich durch seine offene Form für langsame Fahrten und zum Cruisen eignet. Ein Jethelm besitzt keinen Kinnschutz, ein Visier kann, muss aber nicht vorhanden sein. Deshalb ist der Jethelm der unsicherste Helmtyp. Hast du einen solchen Helm ohne Visier, solltest du eine Motorradbrille tragen. Durch den fehlenden Schutz im Kinn- und Halsbereich ist auch das Tragen eines Halstuchs sinnvoll. Bei höheren Geschwindigkeiten können die lauten Windgeräusche als störend empfunden werden.

Vorteile	Nachteile
geringes Gewicht	geringe Sicherheit
einfaches Auf- und Absetzen	laute Windgeräusche bei hoher Geschwindigkeit
angenehm bei warmen Temperaturen	unangenehm bei schlechtem Wetter
für Brillenträger geeignet	

Der Crosshelm

Der Crosshelm ist speziell für Fahrten im Gelände gedacht. Auf ein Visier wurde auch verzichtet, um bei schweißtreibender Action eine durchgängig gute Belüftung zu gewährleisten, allerdings muss hier eine Schutzbrille getragen werden. Ein Crosshelm hat eine längere Kinnpartie und oben einen großen Schirm, der vor Schlammspritzern und Steinschlag schützen soll. Von Vorteil ist sein relativ geringes Gewicht, allerdings besitzt er eine schlechte Aerodynamik.

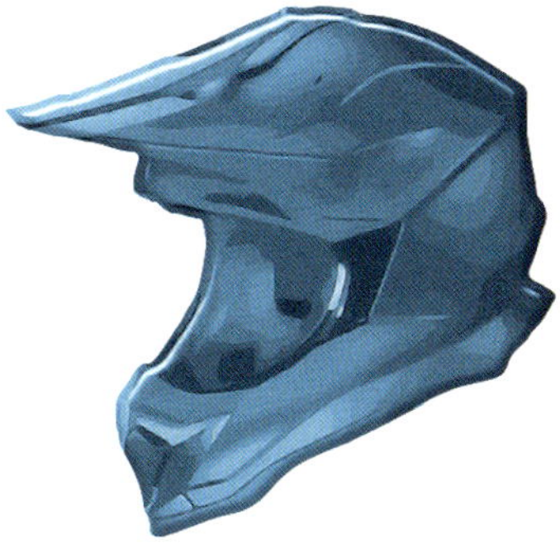

Vorteile	Nachteile
relativ geringes Gewicht	schlechte Aerodynamik bei hoher Geschwindigkeit
ausgeprägte Belüftung	Schutzbrille notwendig
Sicherheit	
sportlich	

Als Fazit kann man sagen: Für welchen Helm du dich entscheidest, hängt von deinem Geschmack, deinem Motorrad, davon, was du mit deinem Motorrad vorhast, und auch davon ab, welche Anforderungen du an deinen Helm stellst. Lass dir auf jeden Fall beim Helmkauf Zeit, probiere den Helm vorher an, denn nur so bist du am besten geschützt und hast auch Spaß mit deinem Helm.

TIPP

Auch wenn dein Helm »unfallfrei« ist, solltest du ihn nach einigen Jahren austauschen, da das Material altert. Nach einem Sturz muss der Helm ausgetauscht werden, oder du lässt ihn vom Hersteller prüfen!

Schutzkleidung

Deine Schutzkleidung muss viel leisten, sie soll dich nicht nur bei ungewolltem Bodenkontakt schützen, sondern auch vor schlechtem Wetter, Schmutz und Staub. Gleichzeitig soll sie dich auch noch warm halten und im Gegenzug bei Hitze für kühle Luft sorgen. Bei der Schutzkleidung gibt es auch wieder viele verschiedene Modelle und Materialien. Hier kommt es darauf an, welchen Schutzanzug du favorisierst.

Die geeignete Schutzkleidung sollte genau passend sitzen, sie sollte also nicht spannen oder drücken, aber sie sollte auch nicht zu groß sein, sodass sie sich bei hoher Geschwindigkeit aufbläht oder flattert. Es sollte auch genug Platz für wärmende Unterbekleidung vorhanden sein. Welche Vor- und Nachteile die einzelnen Materialien, aus denen Schutzkleidung gefertigt wird, bieten, schauen wir uns jetzt einmal an.

Lederschutzbekleidung

Lederbekleidung ist besonders reißfest und hitzebeständig. Sie hat eine feste und hochwertige Verarbeitung und bietet einen guten Sitz. Die Protektoren sind fest verbaut und können nicht verrutschen. Allerdings bieten die meisten Lederschutzbekleidungen keinen lang anhaltenden Schutz gegen schlechtes Wetter, hier empfiehlt sich noch die Anschaffung zusätzlicher Regenschutzbekleidung. Die Lederschutzbekleidung bietet maximale Sturzsicherheit und ist für Fahrer mit »sportlichem« Fahrstil – oder wenn du vielleicht häufiger auf einer Rennstrecke trainierst – am besten geeignet.

Textilschutzbekleidung

Textilschutzbekleidung bietet einen hohen Tragekomfort durch Klimatisierungsmembranen, sie sorgen dafür, dass die Wärme nach außen transportiert wird. Sie zeichnet sich ebenfalls durch eine hohe Reißfestigkeit und Hitzebeständigkeit aus. Zudem bietet sie Schutz gegen schlechtes Wetter, ist meist wasserdicht und hat häufig auch ein wärmendes Innenfutter, das sich bei Bedarf herausnehmen lässt. An heißen Tagen sorgen Belüftungssysteme für angenehme Kühlung.

Auch Protektoren sind verbaut, die aber unter Umständen etwas verrutschen können. Im Alltag, wie zum Beispiel bei der täglichen Fahrt zur Arbeit, oder bei Spritztouren am Wochenende hat sich so eine Textilschutzbekleidung bewährt, da sie zusätzlich auch noch viel Stauraum bietet. Es gibt außerdem auch Motorradhosen zu kaufen, die aussehen wie eine ganz normale Jeans, aber mit Kevlar verstärkt sind und auch eingebaute Protektoren haben.

TIPP

Aber davon abgesehen, für welche Variante der Schutzkleidung du dich entscheidest, sollten Jacke und Hose am besten immer mit einem Reißverschluss miteinander verbunden sein, das erhöht die Stabilität der Kombination.

Erkennbarkeit der Schutzkleidung

Deine Schutzkleidung hat natürlich in erster Linie den Zweck, dich bei Stürzen vor den Verletzungsfolgen zu schützen, aber sie sollte auch noch einen weiteren wichtigen Zweck erfüllen. Da du als Motorradfahrer eine schmale Silhouette hast, bist du für andere Verkehrsteilnehmer schlecht erkennbar, du solltest daher zusätzlich zur Lichtpflicht am Motorrad auch darauf achten, dass du gut für andere sichtbar bist. Hier kommt wieder deine Schutzkleidung ins Spiel. Achte beim Kauf deiner Schutzkleidung darauf, dass sie gut erkennbar ist, also eher helle Farben hat. Viele Motorradfahrer tragen leider schwarze Schutzkleidung, die nur sehr schlecht zu erkennen ist.

Außerdem solltest du darauf achten, dass in deine Schutzkleidung auch reflektierendes Material eingebaut ist. Hast du dich doch für eine eher dunkle Schutzkleidung entschieden, solltest du eine Warnweste tragen, die über der Schutzkleidung getragen wird und deine Sichtbarkeit deutlich erhöht. Auch dein Sozius sollte entsprechend auffällige Kleidung tragen, damit ihr im Dunkeln besser zu erkennen seid.

Verletzungsschutz

Für den Verletzungsschutz sorgen bei deiner Schutzkleidung sowohl deren Reiß- und Abriebfestigkeit als auch die darin eingebauten Protektoren. Sie stellen die einzigen Knautschzonen dar, die dich bei einem Unfall schützen können. Ein professioneller Rennfahrer würde niemals ohne Protektoren auf die Rennstrecke gehen, da er um die bestehende Sturzgefahr weiß und dass ihn die Protektoren dabei schützen. Achte darauf, dass deine Protektoren ein CE-Prüfzeichen haben.

Deine Jacke muss diese Schutzeinrichtungen auf jeden Fall an Schultern und Ellenbogen enthalten. Deine Hose mindestens an den Knien, jedoch empfiehlt es sich, auch Protektoren für die Hüfte zu haben. Diese können bei vielen Hosen auch nachgerüstet werden. Ein weiterer sehr wichtiger Protektor ist der Rückenprotektor, der auch in deiner praktischen Fahrprüfung vorgeschrieben ist. Diesen Protektor kannst du entweder in eine Tasche im Innenfutter deiner Jacke stecken oder auch separat unter der Jacke tragen. Der Protektor zum Einstecken in die Jacke ist meist kostengünstig und bequem zu handhaben. Ein separater Rückenprotektor oder auch eine Protektorenjacke sind deutlich länger geschnitten, um auch noch einen Schutz für Steißbein und Nacken zu bieten. Sie liegen fest am Körper an und können bei einem Sturz nicht so leicht verrutschen. Aber egal, ob Einsteck-Protektor, separater Rückenprotektor oder sogar eine Protektorenjacke – wichtig ist, dass du überhaupt einen Rückenprotektor hast und dieser bei jeder Fahrt am Körper anliegt, denn nur so kannst du dich vor schweren Verletzungen an der Wirbelsäule schützen.

TIPP

Auch Protektoren altern, deshalb wechsle oder prüfe die Haltbarkeit deiner Protektoren laut den Herstellerangaben. Nach einem Sturz ist ebenfalls ein Check angesagt!

Wetterschutz

Für den Schutz gegen schlechte Witterung gibt es Regenkombinationen. Diese sind ein- oder zweiteilig, also als Kombi oder als Jacke und Hose erhältlich. Ganz wichtig ist, dass du den Regenschutz über der normalen Schutzkleidung tragen kannst und dabei nicht in deiner Bewegungsfreiheit eingeschränkt bist. Zudem solltest du darauf achten, dass die Jacke oder Kombi oben am Hals nicht zu weit ist, sondern gut abschließt, damit keine Nässe eindringen kann.

Als weiteren Schutz gegen Witterung oder andere Einflüsse kannst du für die ungeschützte Halspartie zwischen Helm und Schutzkleidung ein Halstuch tragen. Eine andere Möglichkeit wäre, eine Sturmhaube aufzusetzen. Diese schützt nicht nur den Hals, sondern hält auch das Innenfutter des Helms sauber.

Aber nicht nur Nässe, sondern auch Kälte oder im Gegenteil Hitze sind für dich als Motorradfahrer ein Problem. Dafür gibt es Funktionswäsche, die mithilfe von Klimamembranen dafür sorgt, dass deine Körpertemperatur reguliert wird und der Schweiß von deiner Haut wegtransportiert wird. Auf diese Weise fühlst du dich wohler und kannst dich besser auf deine Maschine und den Verkehr konzentrieren.

Schuhwerk

Auch ein Sturz bei sehr geringer Geschwindigkeit kann zu schweren Verletzungen führen. Vor allem die Füße sind stark gefährdet, wenn du sie nicht ausreichend schützt. Durch die richtigen Motorradstiefel kannst du die besonders verletzungsgefährdeten Knöchel, Fersen und auch deine Zehen schützen, da gute Stiefel an diesen Stellen verstärkt sind.

Sie haben jedoch auch noch andere Funktionen außer den Schutz bei einem Sturz. Musst du dein Motorrad etwa auf den Hauptständer aufbocken, werden deine Füße durch das stabile Schuhwerk gestützt. Außerdem halten Stiefel deine Füße auch bei starkem Fahrtwind oder schlechtem Wetter warm.

Durch die richtigen Sohlen rutschst du nicht so leicht von den Fußtritten ab und hast auch im Stand einen sicheren Halt. Und durch Verstärkungen auf der Oberseite geht das Schalten etwas bequemer. Wie du siehst, kann dir das Tragen der richtigen Schuhe also das Motorradfahren leichter machen und deine eigene Sicherheit im Straßenverkehr erhöhen.

Handschuhe

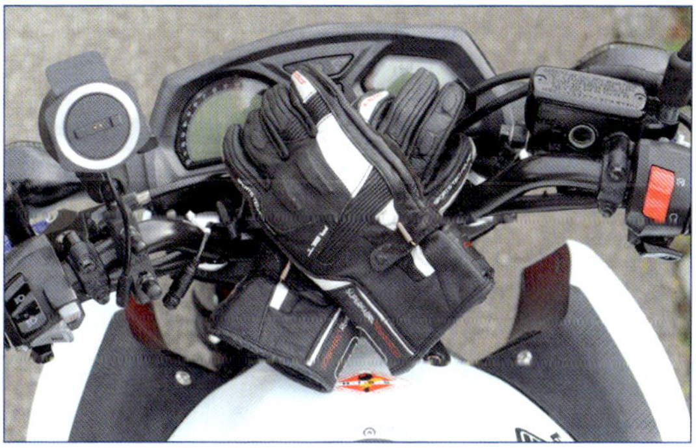

Neben deinen Füßen musst du auch deine Hände sorgsam schützen. Selbst wenn du nur aus dem Stand umfällst, fängst du dich automatisch mit deinen Händen ab und belastest so deine Handgelenke sehr stark. Außerdem kann es zu Schürfwunden oder anderen Verletzungen kommen. Dies kennst du sicherlich schon vom Fahrradfahren.

Um diese Verletzungsgefahr zu senken, solltest du in jedem Fall Motorradhandschuhe tragen, sobald du mit deinem motorisierten Zweirad fahren möchtest. Gute Handschuhe haben zusätzliche Verstärkungen oder Polsterungen an neuralgischen Punkten wie etwa den Fingerknöcheln, sodass diese geschützt und stabilisiert werden.

Motorradhandschuhe dienen allerdings nicht nur zum Schutz vor Verletzungen, sondern sie müssen auch gewährleisten, dass du dein Motorrad sicher und exakt bedienen kannst und ausreichend Gefühl dafür hast. Daher sind die Handschuhe an den Handinnenflächen verstärkt, um eine erhöhte Griffigkeit zu erreichen, du rutschst also nicht so leicht vom Griff des Motorrads ab und kannst das Gasgeben besser regulieren. Einige Modelle von Motorradhandschuhen haben am Zeigefinger einen Visierwischer aus Gummi, der bei Regenwetter sehr nützlich sein kann, um Regentropfen von deinem Visier zu entfernen so für eine bessere Sicht zu sorgen.

Damit deine Hände beim Fahren nicht schwitzen, gibt es für den Sommer spezielle dünnere Schutzhandschuhe, für den Winter dagegen gefütterte, die dich auch bei höheren Geschwindigkeiten noch warm halten, damit die Finger beweglich bleiben. Achte am besten auch darauf, dass deine Handschuhe durch eine Klimamembran wie zum Beispiel Goretex wasser- und winddicht sind, damit deine Hände bei Regenwetter nicht nass werden und dadurch schnell auskühlen, denn dadurch verringert sich auch deine Sicherheit beim Fahren.

Eine genaue Passform ist ebenfalls wichtig, da zu kleine Handschuhe in der Bewegungsfreiheit einschränken und zu große Handschuhe das Griffgefühl vermindern. Ein zu enger Handschuh kann darüber hinaus auch einschneiden und Taubheitsgefühle in den Fingern hervorrufen, was eine Bedienung deines Motorrads erschwert, ja sogar gefährlich macht, weil du beim Bremsen oder Gasgeben kein Gefühl mehr hast. Es gibt auch Handschuhe mit bereits gekrümmten Innenhandflächen, damit beim Durchbiegen der Finger kein Spannungsgefühl entsteht.

Sonstiges Sicherheitszubehör

So viel nun zur »sichtbaren« Schutzkleidung, es gibt aber auch einiges, das nicht sichtbar getragen wird und trotzdem zu deiner Sicherheit und Gesundheit beiträgt.

Nierengurt

Ein Nierengurt schützt, wie der Name schon sagt, den Bereich rund um deine Nieren. Er verhindert das Auskühlen während der Fahrt, reduziert Vibrationen und kann, je nach Bauweise, deinen unteren Rücken stützen. Die beim Fahren entstehende Kälte kann mit der Zeit deine Nieren schädigen. Darum trage immer einen Nierengurt während der Fahrt, auch wenn du nur kurze Strecken fährst. Achte auf deine Gesundheit!

Neck-Brace-System

Das Neck-Brace-System wurde ursprünglich für das Fahren im Offroadbereich entwickelt. Es eignet sich aber auch für das Fahren auf der Straße. Das System ist so konzipiert, dass es Überdehnungen des Kopfes und der Halswirbel verhindert und Verletzungen in diesem Bereich sowie des Schlüsselbeins reduziert.

Airbag-Jacke/-Weste

Im Auto ist ein Airbag mittlerweile eine Selbstverständlichkeit und rettet schon seit Jahren erfolgreich Leben. Aber ein Airbag bei einem Motorradfahrer? Ja, das gibt es! So eine Jacke oder Weste schützt im Falle eines Sturzes Rücken, Nacken, Steißbein, Rippen und Brust. Sie bläst sich innerhalb von 0,1 Sekunden auf, und du bist geschützt.

13.3 Betriebs- und Verkehrssicherheit

Motorradfahren macht nur dann richtig Spaß, wenn dein Motorrad technisch fehlerfrei funktioniert, auch nur dann hast du die maximale Sicherheit, dass ein technischer Ausfall deiner Maschine nicht so leicht auftreten kann. Damit du dich mit deiner Maschine und deren Technik am besten vertraut machen kannst, gehört eine regelmäßige Pflege natürlich mit dazu. Denn beim Putzen deiner Maschine können dir schon mal Undichtigkeiten am Motor, lose Schrauben oder Anbauteile oder auch angescheuerte Kabel auffallen. Und anschließend kannst du dich dann um die einwandfreie Betriebs- und Verkehrssicherheit kümmern. Suche dir zum Waschen deines Motorrads einen geeigneten Waschplatz wie zum Beispiel eine Tankstelle, denn im Garten oder in der Einfahrt kann dies verboten sein bzw. ist allein schon unter Umweltgesichtspunkten ein No-Go.

Betriebssicherheit – Prüfung, Wartung, Pflege

Um die Betriebssicherheit deiner Maschine zu kontrollieren und dir die einzelnen Kontrollpunkte besser zu merken, hilft dir, wie auch beim Auto, diese Gedächtnisstütze:

Wasser
Oel
Luftdruck
Kraftstoff
Elektrik
Notfallmittel

Wasser bzw. Kühlwasser

Wie der Name schon vermuten lässt, soll die Kühlflüssigkeit den Motor vor Überhitzung schützen. Ist dein Motorrad wassergekühlt, dann musst du am Ausgleichsbehälter für die Kühlflüssigkeit den Flüssigkeitsstand kontrollieren. Ist dieser zu niedrig, musst du das Kühlwasser wieder auffüllen. Am besten verwendest du dafür im Zubehörladen gekauftes Kühlmittel, das auch Frostschutzmittel enthält, denn das Frostschutzmittel sorgt auch für den Rostschutz des Motors. Bei der Kontrolle der Kühlflüssigkeit kannst du auch direkt prüfen, ob die Schläuche noch dicht sind.

Öl (Oel)

Damit an deiner Maschine kein irreparabler Motorschaden entstehen kann, musst du regelmäßig den Ölstand überprüfen. Dies kann auf unterschiedlichen Wegen geschehen. Entweder hat dein Motorrad ein Schauglas mit einer Min- und Max-Markierung, oder es gibt einen kleinen Ölmessstab. Welches Kontrollsystem bei deinem Motorrad verwendet wird, kannst du in deinem Handbuch nachlesen. Hier steht auch gleich, welches Öl dir der Hersteller zum Nachfüllen empfiehlt. Nutze dann am besten dieses Öl, um den Ölstand wieder aufzufüllen.

Luftdruck

Der Luftdruck in den Reifen muss gemäß den Herstellerangaben überprüft werden. Du findest diese Angaben entweder auf einem Aufkleber an der Hinterradschwinge deiner Maschine oder auch im Handbuch. Beachte, dass du den Reifenluftdruck an das Gewicht deines Motorrads anpassen musst – das ist davon abhängig, ob du mit Gepäck, mit Sozius oder allein fährst. Überprüfe dies vor der Fahrt bei kalten Reifen. Nachdem du den Reifenluftdruck kontrolliert hast, denke wieder daran, die Verschlusskappen auf das Ventil zu schrauben, sonst kann bei hoher Geschwindigkeit Luft entweichen.

Ein falscher Reifenluftdruck – das können schon 0,2 Bar zu wenig sein – kann das Fahrverhalten deines Motorrads negativ beeinflussen. Bei Kurvenfahrten kann der Reifen ins Rutschen oder Schleudern geraten. Aber nicht nur die Fahreigenschaften sind dann schlechter, sondern die Reifen verschleißen auch schneller, und zudem besteht die Gefahr, dass deine Reifen sich stark erhitzen. Achte beim Kontrollieren des Luftdrucks auch direkt auf die Mindestprofiltiefe. Kontrolliere ruhig einmal im Monat den Luftdruck in deinen Reifen, so bist du immer sicher unterwegs.

Kraftstoff

Mit einem leeren Tank kommst du nicht weit, deshalb musst du immer darauf achten, dass du ausreichend Kraftstoff an Bord hast. Ein Liegenbleiben wegen Kraftstoffmangels ist nicht nur ärgerlich, es ist auch eine vermeidbare Behinderung laut § 1 StVO. Der Tankinhalt deines Motorrads ist deutlich geringer als der eines Pkws, tanke deshalb immer rechtzeitig. Dazu hast du am Motorrad entweder eine Tankleuchte oder eine Tankuhr. Sollte beides nicht vorhanden sein, kontrolliere immer vor Fahrtbeginn durch einen Blick in den Tank, ob noch genügend Kraftstoff drin ist. Stelle nach dem Tanken auch deinen Tageskilometerzähler auf null zurück, denn wenn du weißt, wie weit du mit einer Tankfüllung etwa kommst, kannst du hier deine verbleibende Reichweite ablesen, bevor du tanken musst.

Hat dein Motorrad einen Kraftstoffhahn, achte darauf, ihn von »Reserve« wieder auf »Normal« zu stellen!

Achte auch stets darauf, dass du die richtige Sorte Kraftstoff tankst. Denn bei dem heutigen Angebot an verschiedenen Kraftstoffen, wie bei den höherwertigen Kraftstoffen zum Beispiel »Ultimate« oder »V-Power«, kann ein Fehlgriff ganz leicht passieren. Vor allem weil die hochwertigen Dieselsorten ebenfalls die gleiche Bezeichnung tragen. Hast du einmal wirklich das Falsche getankt, starte den Motor bitte nicht mehr, sonst können schwere Schäden daran entstehen.

Energie bzw. Elektrik

Eine Motorradbatterie benötigt ein wenig Aufmerksamkeit und Pflege. Denn meist ist ab Werk bei Motorrädern eine sogenannte Standard-Säurebatterie verbaut. An diesen Batterien musst du regelmäßig – etwa alle zwei Monate – den Säurestand überprüfen, da diese durch Verdunstung Flüssigkeit verlieren. Oder du kannst auch immer dann nachsehen, wenn du dein Motorrad pflegst. Stimmt der Säurestand nicht, musst du destilliertes Wasser auffüllen, bis der Säurestand wieder stimmt. Danach solltest du die Batterie mit einem Ladegerät laden. Achte darauf, dass beim Ladevorgang die Zellen nicht mit den Zellenstopfen verschlossen sind, da sich während des Ladevorgangs explosive Gase bilden können. Daher sollte immer eine gute Belüftung gewährleistet sein.

Reinige und fette auch regelmäßig die Kontakte der Batterie, und fette danach die Pole mit etwas Polfett ein. So kannst du Kriechströme verhindern, die deine Batterie mit der Zeit entladen. Solltest du dein Motorrad länger als drei Monate nicht nutzen, empfiehlt es sich, die Batterie auszubauen, um einer Tiefentladung vorzubeugen. Wenn du sie dann an ein sogenanntes intelligentes Ladegerät anschließt, schaffst du die besten Voraussetzungen für eine lange Haltbarkeit.

Notfall- bzw. Erste-Hilfe-Set

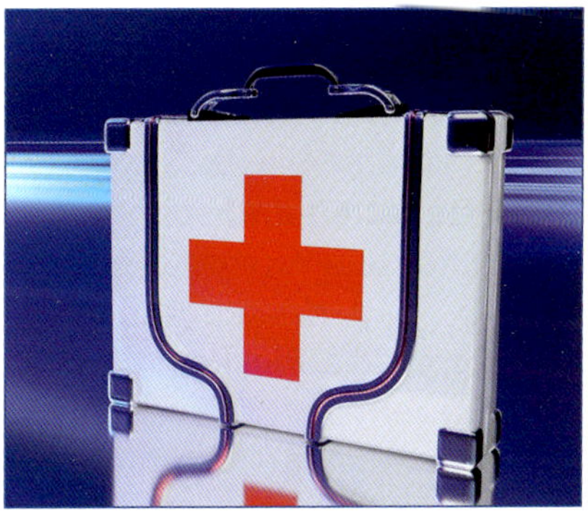

In Deutschland ist es nicht – im Gegensatz etwa zu Österreich – vorgeschrieben, beim Führen eines Kraftrads ein Erste-Hilfe-Set mitzuführen. Aber sinnvoll ist das allemal. Du bekommst im Handel praktische kleine Erste-Hilfe-Sets, die du unter deiner Sitzbank verstauen kannst, so bist du im Fall der Fälle gerüstet. Auf längeren Touren empfiehlt es sich zudem, noch weitere Hilfsmittel mitzuführen. Zur Pflege deines Fahrzeugs kannst du zum Beispiel eine kleine Dose Kettenspray mitnehmen oder auch ein Klebeband, um einen abgebrochenen Blinker oder Ähnliches behelfsmäßig zu fixieren. Um bei einem Unfall die Unfallstelle absichern zu können, kannst du dir auch eine sogenannte Warndreieckhaube für deinen Helm zulegen.

Einmotten und Wiederinbetriebnahme des Motorrads

Krafträder sind eher »Saisonfahrzeuge«. Und mal ehrlich gesagt, das Fahren bei großer Kälte, Glätte oder Schnee ist nicht nur sehr gefährlich, sondern auch unangenehm. Nicht nur für den Fahrer, sondern auch für die Maschine. Denn Streusalze und Rollsplitt greifen die empfindlichen Lack- und Chromteile an. Deshalb »motten« viele Fahrer ihr geliebtes Kraftrad über die kalten Wintermonate ein. Falls du das auch planen solltest, könntest du gleichzeitig noch Geld sparen, indem du dein Motorrad abmeldest. Aber vielleicht hast du auch ein Saisonkennzeichen, dann erübrigt sich das Abmelden. Folgende Wartungsarbeiten solltest du erledigen, damit dein Motorrad gut über den Winter kommt:

- **Fahrzeug reinigen und trocknen:** Reinige deine Maschine gründlich, vor allem auch an den Stellen, die nicht so gut zu erreichen sind, etwa unter der Sitzbank etc. Du musst jedoch aufpassen, wenn du mit einem Hochdruckstrahler arbeitest, dass du nicht direkt auf die Elektrik oder Lager sprühst, da sonst die Elektrik beschädigt oder Schmierfette aus den Lagern gedrückt werden können.
- **Konservieren:** Nach dem Waschen nutze ein Konservierungsspray, um Tank, Verkleidung, Auspuff etc. vor Korrosion zu schützen. Entferne auch Flugroststellen.
- **Reifendruck und Reifen entlasten:** Um keine Standplatten zu bekommen, solltest du deinen Reifendruck um 0,2 bis 0,5 Bar erhöhen. Stelle dein Motorrad auf dem Hauptständer ab; falls kein Hauptständer vorhanden ist, kannst du Montageständer verwenden, um die Reifen zu entlasten.
- **Ölwechsel:** Nimm immer vor dem Winter einen Ölwechsel vor, da im alten Öl aggressive Substanzen sind, die deinen Motor angreifen. Wechsle dabei auch direkt den Ölfilter.
- **Tank füllen:** Besitzt dein Motorrad einen Stahltank, tanke ihn randvoll, um Korrosion im Tank vorzubeugen. Hat deine Maschine aber einen Kunststoff- oder Aluminiumtank, sollte dieser am besten entleert sein.
- **Batterie:** Über die Wintermonate solltest du deine Batterie, wie oben im Abschnitt »Energie bzw. Elektrik« beschrieben, ausbauen und laden.
- **Kette fetten und spannen:** Um deine Kette nach der gründlichen Reinigung vor Korrosion zu schützen, fette sie ordentlich mit Kettenspray ein. Kontrolliere dabei auch die Kettenspannung.
- **Motorrad abdecken:** Wenn du dein Motorrad nicht in einem trockenen Raum abstellen kannst, sondern es draußen überwintern muss, solltest du es auf jeden Fall mit einer atmungsaktiven und luftdurchlässigen Abdeckhaube abdecken, damit Feuchtigkeit austreten kann.

Nach der für einen Motorradfahrer harten Winterpause geht es wieder los. Wenn du im letzten Herbst dein Motorrad sauber gepflegt und die Wartungsarbeiten durchgeführt hast, dann sind nur noch ein paar Handgriffe notwendig, und schon kannst du starten. Du musst jetzt eigentlich nur noch die Batterie einbauen, Bremsen checken, prüfen, ob die Reifen während der Standzeit Luft verloren haben, und dann geht's los. So zumindest die Theorie – oft sieht es aber auch anders aus. Dann solltest du, bevor du loslegst, die oben genannten Arbeiten im Frühjahr erledigen, damit einer schönen und sicheren Saison nichts im Wege steht.

Aber aufgepasst! Nicht nur dein Motorrad hatte »Stillstand«, sondern du auch. Geh die Saison und deine ersten Fahrten ruhig an. Gewöhne dich erst einmal wieder an das Gefühl, auf einem Motorrad zu sitzen und zu fahren. Absolviere am besten zum Saisonstart ein Fahrsicherheitstraining, diese werden im Frühjahr verstärkt für Motorradfahrer angeboten. Dabei kannst du deine Fähigkeiten, wie zum Beispiel die korrekte Ausführung einer Gefahrbremsung, Ausweichübungen, Slalom- und Kreisfahrten etc., auffrischen.

Verkehrssicherheit – Prüfung, Wartung und Pflege

Sicherheit ist beim Motorradfahren oberstes Gebot, sei es die Sicherheit des Fahrers und Beifahrers oder auch eine sichere Maschine. Für die Verkehrssicherheit des Kraftrads sind grundsätzlich der Fahrer und der Halter verantwortlich. Nur wenn dein Motorrad in technisch einwandfreiem Zustand ist, darfst du es im öffentlichen Straßenverkehr in Betrieb nehmen.

Hast du ein Motorrad, bei dem alles in Ordnung ist, hast du den meisten Spaß und auch die größtmögliche Sicherheit, dass kein technischer Ausfall eintritt. Deswegen führe vor Fahrtantritt einen Check an Fahrer und Maschine durch.

Die Bremsen

An einem Motorrad hast du grundsätzlich zwei Bremsen: eine Vorderrad- und eine Hinterradbremse, die du über zwei Bremshebel bedienst. Die Vorderradbremse betätigst du über einen Handbremshebel am Lenker und die Hinterradbremse über einen Fußbremshebel. Bei der Bremskraftübertragung gibt es zwei Möglichkeiten der Übertragung, entweder hydraulisch oder mechanisch.

Wenn du eine Bremsanlage hast, bei der die Bremskräfte hydraulisch übertragen werden, solltest du vor Fahrtantritt die Flüssigkeitsstände in den Ausgleichsbehältern kontrollieren. Im Normalfall ist deine Vorderradbremse immer hydraulisch, bei der Hinterradbremse kannst du entweder eine hydraulische oder eine mechanische Übertragung haben. Hast du hinten ebenfalls, wie am Vorderrad, eine Scheibenbremse, findet die Übertragung auch hydraulisch statt.

Um zu überprüfen, ob mit deiner Bremsanlage alles in Ordnung ist, führe folgende Schritte durch: Ziehe den Handbremshebel im Stand kräftig durch. Ist der Hebelweg so weit, wie du es gewohnt bist, oder lässt er sich bis zum Lenker ganz durchziehen? Mache dies auch mit deiner Fußbremse – lässt sie sich wie gewohnt treten? Ist der Hebelweg länger als gewohnt, kontrolliere umgehend auch den Stand deiner Bremsflüssigkeit. Stimmt der Flüssigkeitsstand in den Ausgleichsbehältern?

Falls einer der beiden Fälle zutrifft, musst du umgehend deine Bremsanlage reparieren lassen, denn es könnten eventuell deine Bremsbeläge verschlissen sein oder es ist Luft in der Bremsanlage. Vielleicht ist auch eine Undichtigkeit deiner Bremsanlage der Grund dafür oder der Bremshebel ist verbogen. In jedem dieser Fälle gilt: Fahre keinesfalls mit deinem Motorrad los!

Ausgleichsbehälter Vorderradbremse

Ausgleichsbehälter Hinterradbremse

Muss die Bremsflüssigkeit gewechselt werden, achte darauf, dass du sie nur nach den Angaben des Herstellers wechseln darfst und nur die Bremsflüssigkeit verwendest, die der angegebenen DOT-Nummer entspricht. Nur so kannst du sicherstellen, dass deine Bremsanlage einwandfrei funktioniert und den hohen Belastungen standhält. Halte die Wechselintervalle deiner Bremsflüssigkeit ein, denn sie altert mit der Zeit. Sie ist wasseranziehend, und ein zu hoher Wasseranteil in der Bremsflüssigkeit kann zum Ausfall der Bremse führen.

Bei einer mechanischen Übertragung, also einer Trommelbremse, musst du bei zu langem Hebel- oder Pedalweg deine Bremsanlage nachstellen lassen. Beachte auch die Verschleißgrenze deiner Bremsbeläge (mehr Informationen dazu findest du in der Bedienungsanleitung).

Wenn du schon dabei bist, deine Bremsanlage zu überprüfen, denke auch an das Bremslicht. Prüfe die Funktion bei beiden Bremsen einzeln. Ist dein Bremslicht defekt, repariere es umgehend. Dass das Bremslicht nicht funktioniert, kann an einem beschädigten Bremslichtschalter oder einer defekten Glühlampe liegen.

Übernimmst du ein Motorrad oder hat dein Motorrad eine längere Standzeit gehabt, führe nach dem Losfahren unbedingt eine Bremsprobe durch!

Die Reifen

Die Reifen sind für viele Fahrer leider oftmals von zweitrangiger Bedeutung. Für viele ist ein Reifen schwarz und schmutzig – ach ja, und rund nicht zu vergessen. Dabei ist ein Reifen doch so viel mehr. Er stellt die Verbindung zwischen der Straße und deiner Maschine – und somit zu dir – dar. Da diese Verbindung zwischen Reifen und Fahrbahn das Einzige ist, was zwischen einer sicheren Fahrt auf der Straße und einem Sturz steht, sind gute Reifen auch so etwas wie deine Lebensversicherung.

Darum ist es wichtig, auch regelmäßig deine Reifen zu kontrollieren und sie zu pflegen. Dabei solltest du auf Folgendes achten:

- Luftdruck nach Herstellerangabe, diese findest du in der Bedienungsanleitung oder auf der Hinterradschwinge,
- die gesetzlich festgelegte Profiltiefe,
- beschädigte und poröse Stellen am Reifen.

Reifenbeschriftung

Vielleicht hast du dir auch schon einmal deinen Reifen angeschaut und dich gefragt, was all diese Zahlen und Buchstaben auf der Seitenwand bedeuten. Dies sind die technischen Daten deines Reifens, sie geben unter anderem Laufrichtung, Größe, Bauart, Tragfähigkeit oder auch das Alter deines Reifens an. In deiner Zulassungsbescheinigung Teil I (ehemals Fahrzeugschein) sind diese Daten auch aufgeführt. Du solltest daran denken, dass du nur Reifen nutzt, die auch in dieser Zulassungsbescheinigung eingetragen sind, denn nur dann darfst du dein Motorrad im Straßenverkehr bewegen. Was diese Reifenkennzeichnung bedeutet, siehst du in der folgenden Abbildung.

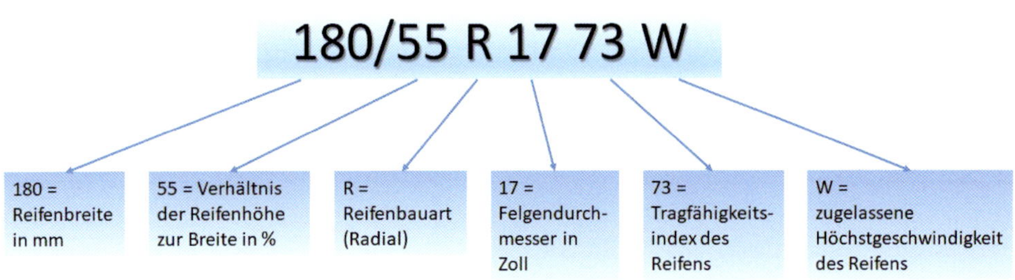

Um das Alter der Reifen zu bestimmen, musst du die sogenannte DOT-Nummer auf dem Reifen suchen. DOT steht für **D**epartment **o**f **T**ransportation und bedeutet, dass der Reifen den Vorschriften in den USA und Kanada entspricht. Sie setzt sich wie folgt zusammen:

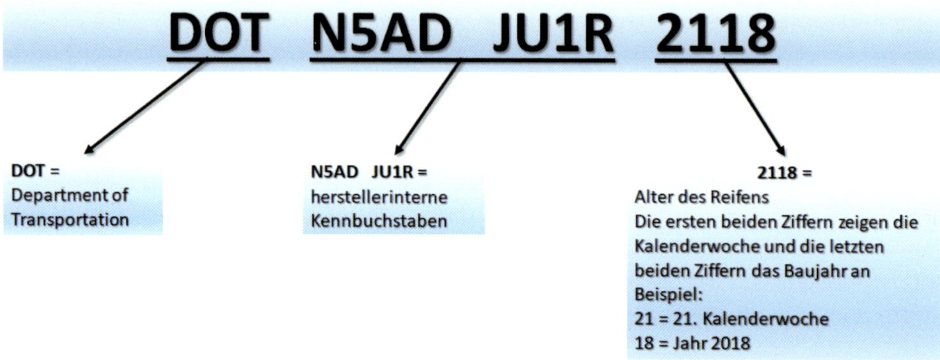

Profiltiefe

Ein Reifen muss, um auf der Straße ausreichend Haftung bei jedem Wetter zu haben, über ausreichend Profil verfügen. Das Profil hilft dem Reifen dabei, bei Regen das Wasser besser zu verdrängen. Je tiefer das Profil ist, desto besser funktioniert das. Daher muss dein Reifen über die gesamte Lauffläche genügend Profil besitzen. Die gesetzlich vorgeschriebene Mindestprofiltiefe beträgt bei Motorrädern 1,6 mm, bei Leichtkrafträdern, Kleinkrafträdern und Mofas 1 mm. Wenn du die Profiltiefe misst, mache dies an der »schlechtesten« Stelle des Profils, und achte auch darauf, dass dein Reifen eine gleichmäßige Abnutzung aufweist. Beim Kontrollieren der Reifen achte auch noch auf Beschädigungen des Reifens, denn diese können zu einem gefährlichen Reifenplatzer führen.

Die Beleuchtung

Dein Motorrad hat verschiedene Beleuchtungseinrichtungen. Diese müssen funktionieren und sauber sein. Sie helfen auch anderen Verkehrsteilnehmern, dich besser zu erkennen, deshalb kontrolliere regelmäßig, am besten immer vor Fahrtantritt, deren Funktion. Ist eine Glühlampe defekt, musst du diese sofort ersetzen.

Zur Beleuchtung am Motorrad gehören:

- Standlicht mit Schlussleuchte und Kennzeichenbeleuchtung,
- Abblendlicht,
- Fernlicht,
- Blinker,
- Warnblinkanlage (falls vorhanden),

- Bremslicht (kontrolliere hier die Funktion für jeden Bremshebel einzeln),
- Tagfahrlicht (falls vorhanden),
- Nebelschlussleuchte (falls vorhanden),
- Rückstrahler bzw. Reflektor.

Wie oben schon erwähnt, helfen deine Beleuchtungseinrichtungen dir dabei, besser von anderen Verkehrsteilnehmern gesehen zu werden. Daher schreibt der Gesetzgeber vor, dass du als Fahrer eines Kraftrads auch tagsüber mit Abblend- oder Tagfahrlicht fahren musst (§ 17 Abs. 2a StVO).

Um zu sehen, welches Licht du gerade eingeschaltet hast, hilft dir ein Blick auf das Cockpit. Hier kannst du zum Beispiel erkennen, ob du gerade deinen Blinker oder dein Fernlicht eingeschaltet hast. Die Blinkerkontrollleuchte erkennst du daran, dass sie grün mit einem Pfeil darin ist, und die Fernlichtkontrollleuchte erkennst du daran, dass sie blau leuchtet. Auch die Schalterstellung des Fernlichtschalters kann dir dabei eine Hilfe sein.

TIPP

Ob die Einstellung deines Scheinwerfers korrekt ist, lässt du am besten in einer Fachwerkstatt überprüfen und einstellen.

Warnzeichen – Hupe und Lichthupe

Bei Warnzeichen in Bezug auf ein Kraftfahrzeug denkt man immer sofort an die Hupe und die Lichthupe. Diese sind bei einer Gefahr natürlich auch die beiden Warnzeichen, die du nutzen darfst. Prüfe auch hier, ob alles richtig funktioniert. Du darfst die Hupe und die Lichthupe aber nicht nur im Gefahrenfall einsetzen, sondern auch außerhalb geschlossener Ortschaften, um den anderen Verkehrsteilnehmern anzuzeigen, dass du überholen möchtest. Achte dabei allerdings darauf, dass du den nötigen Sicherheitsabstand einhältst und die Hupe oder Lichthupe nicht zu häufig einsetzt, da sonst schnell Missverständnisse entstehen könnten und diese zu einer falschen Reaktion der anderen Verkehrsteilnehmer oder sogar zu einer Anzeige wegen Nötigung führen könnten.

Aber nicht nur die Lichthupe und die Hupe sind Warnzeichen, sondern auch dein Bremslicht, die Blinker und die Warnblinkanlage (falls vorhanden).

Die Lager

Um mit deinem Kraftrad sicher im Straßenverkehr unterwegs zu sein, ist es auch wichtig, dass die Lager, also das Lenkkopf-, Schwingen- und Radlager, voll funktionsfähig sind.

Das Lenkkopflager

Das Lenkkopflager verrichtet Schwerstarbeit und verdient daher besondere Aufmerksamkeit. Während der Fahrt muss es viele Kräfte auffangen, wie zum Beispiel Lenkkräfte oder auch Bremskräfte. Beim Bremsen können Kräfte bis zu einer Tonne auf das Lenkkopflager einwirken. Aber auch Schlaglöcher und andere Fahrbahnunebenheiten belasten das Lager sehr.

Das Lenkkopflager verbindet Vorderrad, Gabel und Lenker mit dem Rahmen deiner Maschine. Es beeinflusst maßgeblich das Lenk- und Fahrverhalten deines Motorrads, und bei Beschädigung kann es ganz schnell mit dem Kurvenspaß vorbei sein.

Denn wenn das Lenkkopflager defekt ist, tritt bei langsamer Fahrt ein »Kippeln« ein, auch können die Vibrationen des Motors sich stärker bemerkbar machen, oder es kann ein Lenkerschlagen (der sogenannte Kickback) auftreten. Deshalb kontrolliere auch regelmäßig dein Lenkkopflager daraufhin, ob alles reibungslos funktioniert. Dazu hast du verschiedene Möglichkeiten, die auf den nächsten Seiten beschrieben werden.

Überprüfung bei entlastetem Vorderrad: Bocke dein Motorrad auf den Hauptständer auf, und setze dich so aufs Motorrad, dass das Vorderrad in der Luft bleibt. Nun lenke leicht mit zwei Fingern langsam von einem Lenkeinschlag zum anderen. Dabei muss der Lenker leichtgängig sein, und du darfst auch keine Rasterstellung merken. Ist ein Einrasten zu spüren oder ist der Lenker nicht leichtgängig, musst du dies auf alle Fälle beheben lassen.

Eine weitere Prüfung kannst du auch durchführen, indem du die Telegabel am unteren Ende anfasst und sie kräftig vor und zurück bewegst. Dabei darf sich kein Spiel im Lenkkopflager bemerkbar machen. Ist hier Spiel vorhanden, musst du es sofort beseitigen lassen.

Überprüfung bei abgebocktem Motorrad: Setze dich auf dein Motorrad und ziehe die Vorderradbremse. Nun tauche stark mit dem Lenker in die Federung. Dabei darfst du kein Knacken im Lenkkopflager hören. Ist dies der Fall, ist das Lager ausgeschlagen oder lose, was sich wiederum sehr negativ auf die Fahreigenschaften auswirkt. Auch in diesem Fall ist also ein Besuch in der Werkstatt angesagt.

Das Schwingenlager

Das Schwingenlager der Hinterradschwinge verbindet dein Motorrad mit dem Hinterrad und der Hinterradschwinge. Ist das Schwingenlager defekt, fährt dein Motorrad nicht mehr spurgetreu. Dies kann sich durch ein Schwingen während der Kurvenfahrt bemerkbar machen.

Um das Schwingenlager zu überprüfen, musst du dein Motorrad wieder aufbocken, damit das Hinterrad entlastet ist. Nun fasse mit deiner einen Hand die Hinterradschwinge ganz hinten an und bewege sie hin und her. Mit deiner anderen Hand überprüfst du nun das Spiel am Schwingenlager. Du darfst kein Spiel fühlen, ist doch Spiel bemerkbar, muss das Lager ausgetauscht werden.

Das Radlager

Auch ein defektes Radlager hat negative Auswirkungen auf das Spurverhalten deines Motorrads. Zum Überprüfen des Radlagers musst du wieder deine Maschine aufbocken und das Hinterrad entlasten. Nun bewege das Hinterrad mit beiden Händen kräftig hin und her. Dabei darfst du kein Spiel feststellen. Ist Spiel vorhanden, ist dein Radlager defekt und muss ersetzt werden.

Die Radaufhängungen

Mit den Radaufhängungen sind die Federungs- und Dämpfungssysteme deiner Maschine gemeint. Sind sie intakt, hast du ein angenehmes Fahrgefühl und Sicherheit. Auch hier ist eine regelmäßige Kontrolle wichtig, da die Radaufhängung einen großen Einfluss auf das Fahrverhalten deiner Maschine hat.

Vorderradaufhängung – Dämpfung der Telegabel

Einer regelmäßigen Prüfung solltest du auch die Dämpfung der Gabel unterziehen. Damit ist gemeint, dass du den Federweg der Telegabel überprüfst. Bei der Kontrolle musst du beachten, dass die Gabel, wenn du dich auf deine Maschine setzt, nicht zu tief einfedert. Als Richtwert sollte das Motorrad etwa um ein Drittel des Gesamtfederwegs einfedern. Beachte aber, dass dies nur ein allgemeiner Richtwert ist, um Genaueres zu erfahren, solltest du natürlich in der Bedienungsanleitung deines Motorrads nachlesen. Dies musst du unbedingt kontrollieren, damit das Motorrad für die Fahrt noch genügend Federweg hat, um Fahrbahnunebenheiten auszugleichen, sonst droht der Verlust des Bodenkontakts.

Als weitere Prüfung solltest du deine Maschine ein kurzes Stück schieben und dann die Vorderradbremse ziehen. Dabei sollte die Maschine dann mit der Gabel vorne etwas eintauchen, zurückfedern und wieder eintauchen. Macht dein Kraftrad das, ist die Federung der Telegabel in Ordnung. Fühlt sich die Federung dagegen sehr schwergängig an oder schlägt sie sogar weit durch, dann musst du dies in der Werkstatt reparieren lassen.

Achte auch auf Undichtigkeiten und Ölverlust – solltest du hier auch etwas feststellen, musst du ebenfalls eine Werkstatt aufsuchen.

TIPP

Wenn du einen handelsüblichen Kabelbinder am Tauchrohr befestigst, kannst du den Einfederweg besser ermitteln.

Undichter Stoßdämpfer – Ölverlust

Hinterradaufhängung – die Hinterradschwinge

Die Hinterradschwinge nimmt das Hinterrad auf. Sie ist meistens als eine sogenannte Zweiarmschwinge ausgeführt, es gibt sie aber auch als Einarmschwinge, die das Motorrad allerdings deutlich schwerer macht. Die Federung übernimmt hier im Normalfall ein sogenanntes Federbein. Auch bei diesem musst du den Federweg prüfen.

Dies machst du am besten, indem du dir einen Punkt am Rahmen oberhalb des Reifens suchst und den Zwischenraum misst. Anschließend setzt du dich als Fahrer auf die Maschine und misst nochmals den Zwischenraum. Hier gilt die gleiche Regel wie bei der Telegabel, dass das Motorrad hinten etwa zu einem Drittel einfedern muss – beachte dazu aber wieder die Empfehlungen des Herstellers!

Als zweite Prüfung drückst du nun das Heck deiner Maschine kräftig nach unten. Achte hierbei darauf, dass die Federung mit einer erkennbaren Verzögerung von etwa einer Sekunde wieder ausfedert. Geht dies zu schnell oder zu langsam vonstatten, musst du es auch am besten von einem Fachmann prüfen und richtig einstellen lassen.

Oftmals ist auf der Hinterradschwinge ein Aufkleber mit der Kettenspannung und einer Tabelle für den Reifenluftdruck angebracht.

TIPP

Manche Maschinen verfügen über verstellbare Dämpfungen, die du nach Herstellerangaben einstellen kannst. Aber verändere hier nur etwas, wenn du dich auch wirklich damit auskennst, ansonsten zieh immer einen Fachmann zurate.

Zulassung und Kennzeichen

Damit du dein Motorrad im öffentlichen Straßenverkehr bewegen darfst, muss es bei der zuständigen Verkehrsbehörde zugelassen worden sein. Die Zulassung kannst du auf deinem Kennzeichen erkennen. Hier ist eine Plakette (amtlicher Stempel) aufgeklebt, anhand derer du erkennst, ob dein Motorrad zugelassen ist. Wird dein Motorrad von der Polizei stillgelegt oder über den Winter abgemeldet, wird diese Plakette abgekratzt. Das Abmelden über den Winter ist bzw. war einmal gängige Praxis. Dabei wurde zwar bei der Versicherung und Steuer gespart, weil das Fahrzeug nicht das ganze Jahr über angemeldet war, aber es kamen die Gebühren für die An- und Abmeldung bei der Verkehrsbehörde als Ausgaben für den Halter hinzu.

Um sich diese Prozedur zu ersparen, gibt es das sogenannte Saisonkennzeichen – speziell für Fahrzeuge wie zum Beispiel Motorräder oder Cabrios. Dieses Kennzeichen sieht genauso aus wie ein normales Kennzeichen, nur ist zusätzlich am Rand der Zeitraum angegeben, in dem das Fahrzeug angemeldet ist. Der Zeitraum kann vom Halter frei bestimmt werden und kann zwischen zwei und elf Monaten liegen. Dies wird dann auf dem Kennzeichen in Form von zwei untereinanderstehenden Zahlen vermerkt. Die obere Zahl gibt den Monat an, ab dem das Fahrzeug betrieben werden darf, und die untere Zahl gibt den letzten Monat an, in dem das Fahrzeug noch betrieben werden darf.

Darüber hinaus findest du auf dem Kennzeichen noch ein blaues Feld, aus dem hervorgeht, in welchem Land das Fahrzeug angemeldet ist. Außerdem ist eine weitere Plakette angebracht, anhand derer du den Zeitpunkt für die nächste fällige Haupt- und Abgasuntersuchung ablesen kannst.

Die verschiedenen Antriebsarten

Bei motorisierten Zweirädern gibt es genauso wie beim Auto verschiedene Antriebsarten. Damit ist aber nicht nur der Motor gemeint, sondern auch, wie die Kraftübertragung vom Motor auf das Hinterrad erfolgt.

Grundsätzlich wird zwischen vier bewährten Antriebsarten bzw. Übertragungsarten unterschieden:

- Kette,
- Zahnriemen,
- Kardan und
- Direktantrieb.

Der Kettenantrieb

Der Kettenantrieb ist der gängige Antrieb bei einem Motorrad. Bei ihm erfolgt die Kraftübertragung wie beim Fahrrad über eine Kette, die zwischen Motor und Hinterrad angebracht ist. Diese Art des Antriebs hat ihre Vor- und Nachteile. Einer der Vorteile besteht darin, dass der Antrieb relativ einfach im Aufbau ist. Ebenso ist er kostengünstig – unter anderem auch deshalb, weil ein Wechsel der Kette sehr schnell möglich ist. Eine Kette kann auch große Kräfte übertragen und hat ein geringes Eigengewicht, was sich wiederum positiv auf die Gewichtsbilanz des Motorrads auswirkt.

Aber es sind auch Nachteile bei dieser Art der Kraftübertragung vorhanden. Eine Kette ist ein Verschleißteil, das eine regelmäßige Wartung und Kontrolle benötigt. Das heißt, sie braucht regelmäßige Pflege mit extra Kettenfett oder Kettenspray. Ganz besonders nach Fahrten im Regen oder nach dem Waschen ist dies unbedingt notwendig. Eine weitere Arbeit, die du regelmäßig erledigen musst, ist, die Kettenspannung zu prüfen. Während des Betriebs leiert die Kette mit der Zeit aus, und deshalb musst du, sobald die Kettenspannung nicht mehr stimmt, die Kette nachspannen.

Ein weiterer Nachteil ist, dass die Kette dein Motorrad verschmutzt. Durch das Kettenfett hängt sich sehr viel Schmutz an die Kette, der dann bei der Fahrt durch die Fliehkräfte der sich drehenden Kette an das Motorrad geschleudert wird.

Vorteile	Nachteile
einfacher Aufbau	erfordert häufige Kontrolle
kostengünstig	pflegeintensiv
relativ geringes Eigengewicht	Motorrad wird verschmutzt
große Kraftübertragung möglich	
kann schnell gewechselt werden	

Der Zahnriemenantrieb

Der Zahnriemenantrieb funktioniert nach dem gleichen Prinzip wie der Kettenantrieb, nur findet die Kraftübertragung nicht über eine Kette aus Metall, sondern über einen Zahnriemen aus Kautschuk statt, der im Inneren mit Fasern, dem sogenannten Zugstrang, verstärkt wird, um die Kräfte vom Motor auf das Hinterrad zu übertragen.

Große Vorteile des Zahnriemens im Vergleich zur Kette sind der deutlich geringere Wartungsaufwand und die längere Lebensdauer. Du musst beim Zahnriemenantrieb zwar ebenfalls regelmäßig die Spannung überprüfen, dafür entfällt aber das regelmäßige Fetten, und ein Nachspannen des Riemens ist viel seltener nötig als bei der Kette.

Nachteilig ist beim Zahnriemenantrieb, dass er mehr Platz beansprucht als die Kette, und wenn ein Zahnriemenwechsel durchgeführt werden muss, ist dieser deutlich aufwendiger als beim klassischen Kettenantrieb. Auch das Einstellen des Zahnriemens erfordert mehr Aufwand. Im Gegensatz zur Kette hat der Zahnriemen etwas Leistungsverlust bei der Kraftübertragung, der bei großen und starken Motoren allerdings kaum ins Gewicht fällt.

Vorteile	Nachteile
wartungsarm	großer Platzbedarf
lange Lebensdauer	aufwendiges Einstellen
muss nicht geschmiert/eingefettet werden	aufwendiges Wechseln
	geringer Leistungsverlust gegenüber dem Kettenantrieb

Der Kardanantrieb

Der Kardanantrieb, auch als Kardanwelle bezeichnet, ist bei Autos das übliche Antriebskonzept, das auch bei Motorrädern zum Einsatz kommt. Hier wird die Kraftübertragung zum Hinterrad über eine Gelenkwelle realisiert, die von einem Gehäuse umgeben ist. Der Antrieb ist wartungsarm und zeigt einen geringen Verschleiß. Bei dieser Art der Kraftübertragung fallen lediglich ab und zu Ölwechsel an. Von Vorteil ist die geschlossene Bauweise des Kardanantriebs, weil sie ihn unempfindlich gegenüber Schmutz und Nässe macht. Außerdem wird das Motorrad nicht verschmutzt, da keine Schmiermittel verwendet werden müssen. Im Falle eines Sturzes ist auch die Verletzungsgefahr durch den Antrieb geringer, da hier keine offenen oder sich drehenden Bauteile vorhanden sind.

Nachteilig wirkt sich das höhere Eigengewicht der Kardanwelle mit Gehäuse aus, ebenso auch der höhere Leistungsverlust gegenüber dem Kettenantrieb. Sind allerdings Dichtungen defekt oder fallen andere Reparaturen an, entsteht hier ein Mehraufwand und demzufolge Mehrkosten. Zudem kann es bei einigen älteren Modellen zu stärkeren Reaktionen bei Lastwechseln kommen.

Vorteile	Nachteile
wartungsarm	höheres Gewicht
sauber durch geschlossene Bauweise	Leistungsverlust gegenüber Kette
unempfindlich gegenüber Schmutz	Mehrkosten bei Defekten
keine Verletzungsgefahr	stärkere Lastwechselreaktionen (bei älteren Modellen)

Der Direktantrieb – Variomatik

Dieser Antrieb wird für Motorroller verwendet und arbeitet statt mit einer Kette mit Keilriemen. Dabei findet die Kraftübertragung des Motors, der nahe am Hinterrad verbaut ist, über eine sogenannte Variomatik statt. Die Variomatik mit Fliehkraftkupplung steuert stufenlos über einen Keilriemen und zwei Riemenscheiben, über die der Keilriemen läuft, die Kraftübertragung vom Motor auf das Hinterrad. Damit im Stand nicht auch Kraft übertragen wird, ist natürlich ein Leerlauf notwendig, der über die Fliehkraftkupplung realisiert wird. Gibst du nun Gas, kommen die Fliehkraftkupplung und die Variomatik auf Drehzahl, und ab einer gewissen Anfahrdrehzahl rollt der Roller an. Da die Variomatik aber noch nicht sofort die volle Leistung überträgt, steigt im ersten Moment die Drehzahl weiter an, bevor die ganze Kraft auf das Hinterrad übertragen wird. Dieses Anfahrverhalten kann am Anfang, wenn man noch nie Roller gefahren ist, etwas irritierend sein.

Durch die geschlossene Bauweise wird bei diesem Antrieb das Fahrzeug nicht verschmutzt. Allerdings sind die Riemenscheiben und der Keilriemen Verschleißteile, die in regelmäßigen Abständen oder nach einer gewissen Laufleistung entsprechend den Empfehlungen des Herstellers ausgetauscht werden müssen. Ebenso unterliegen die Bauteile der Fliehkraftkupplung dem Verschleiß und sollten ebenfalls nach Herstellerempfehlung ausgetauscht werden.

Vorteile	Nachteile
sauber und unempfindlich gegenüber Schmutz durch geschlossene Bauweise	Verschleiß der Bauteile
gute Kraftübertragung durch die Variomatik	bei falscher Einstellung der Variomatik Leistungsverlust
relativ wartungsarm	

Technische Veränderungen am Motorrad und deren Folgen

Damit der Hersteller eines Motorrads sein Produkt auf dem Markt anbieten kann, muss er eine allgemeine Betriebserlaubnis (ABE) erwerben. Durch die ABE wird sichergestellt, dass die Bauteile des Fahrzeugs und somit auch das Fahrzeug selbst konform mit den in Deutschland geltenden Vorgaben der StVZO, der Straßenverkehrs-Zulassungs-Ordnung, und der StVO, der Straßenverkehrs-Ordnung, sind und damit auch sicher im Straßenverkehr betrieben werden können. Der Hersteller erwirbt die allgemeine Betriebserlaubnis serienmäßig für seine Fahrzeuge. Es besteht aber auch die Möglichkeit, für ein Fahrzeug eine Einzelbetriebserlaubnis, kurz EBE, zu erwerben.

Oftmals passiert es aber, dass sich die Vorstellungen des Käufers nicht ganz mit denen des Herstellers bzw. den Vorgaben der StVZO und StVO decken, weswegen dann Umbauten am Motorrad vorgenommen werden. Aber Achtung, beim sogenannten Tuning riskiert der Besitzer des Fahrzeugs, dass die allgemeine Betriebserlaubnis erlischt. Und das kann teuer werden, wenn du erwischt wirst. Neben dem Erlöschen der Betriebserlaubnis erwarten dich Bußgelder, Punkte im Fahreignungsregister – ja, es kann sogar zum Verlust des Versicherungsschutzes oder dem Entzug der Fahrerlaubnis kommen.

Möchtest du dein Fahrzeug tunen, dann musst du einige Regeln beachten. Achte darauf, dass die Teile, die du umbauen möchtest, ein sogenanntes Teilegutachten, eine EG-Typgenehmigung und eine allgemeine Betriebserlaubnis besitzen. Manchmal reicht das aus, aber für andere bauliche Veränderungen kann es sein, dass du eine Einzelabnahme durch eine amtlich anerkannte Prüforganisation, wie zum Beispiel TÜV oder DEKRA, benötigst.

Aber egal, ob nun nur ein Teilegutachten, eine EG-Typgenehmigung und eine ABE oder sogar eine Einzelabnahme erforderlich ist, achte immer darauf, diese beim Fahren auch wirklich dabeizuhaben, um bei einer Kontrolle die Sicherheit deines Fahrzeugs im Straßenverkehr belegen zu können.

Deine Betriebserlaubnis erlischt (siehe § 19 StVZO), wenn:

- *»die in der Betriebserlaubnis genehmigte Fahrzeugart geändert wird,*
- *eine Gefährdung für andere Verkehrsteilnehmer zu erwarten ist oder*
- *das Abgas- oder Geräuschverhalten verschlechtert wird«.*

Beladen und Besetzung des Motorrads/Gewichtsverteilung

Ein Wochenendtrip durch schöne Landschaften oder die Urlaubsfahrt mit dem Motorrad ist für viele Motorradfahrer Entspannung pur. Hier kann man die Freiheit und das Unabhängigkeitsgefühl genießen. Aber damit du auch wirklich in diesen Genuss kommst und nicht durch ein fehlerhaftes Fahrverhalten deines Motorrads enttäuscht wirst, solltest du einiges schon bei der Vorbereitung beachten.

Jede Zuladung beeinflusst das Fahrverhalten deiner Maschine. Direkt beim Beschleunigen wirst du die höhere Masse feststellen können. Auch eine Veränderung in der Fahrwerksgeometrie, in der Aerodynamik vor allem bei höherer Geschwindigkeit und eine Verschiebung des Schwerpunktes sind deutlich zu spüren. Zudem reagiert deine Maschine empfindlicher auf Seitenwind. Kurzum: Dein Motorrad fährt auf einmal ganz anders, als du es sonst gewohnt bist.

Fangen wir einmal mit den technischen Vorbereitungen an. Du musst dein Motorrad an das höhere Gewicht anpassen. Dabei gibt es Folgendes zu beachten:

- Achte grundsätzlich darauf, die zulässige Gesamtmasse nicht zu überschreiten. Das gilt inklusive Fahrer und Beifahrer!
- Erhöhe den Reifenluftdruck laut der Herstellerangabe.
- Passe die Federung am Hinterrad und die Federbeinvorspannung an das veränderte Gewicht an. Falls du dies nicht kannst, lasse dir von einem Fachmann helfen.
- Lasse auch die Scheinwerfereinstellung überprüfen, um eine eventuelle Blendung des Gegenverkehrs zu vermeiden.

Nun widmen wir uns den Gepäckstücken. Hier gibt es verschiedene Möglichkeiten, um Gepäck am Motorrad zu transportieren. Es gibt Koffer, die seitlich an das Motorrad angebaut werden können, aber auch Tankrucksäcke, Gepäckrollen oder Topcases, die hinten auf der Maschine montiert werden.

Vorne am Lenker oder der Gabel solltest du nichts befestigen, da dies zur Veränderung der Fahrstabilität führen könnte. Auch normale Rucksäcke sind ein Mittel, um auf dem Motorrad Gepäck zu transportieren, achte aber darauf, dass du nicht zu schweres Gepäck in den Rucksack packst, da deine Schulter-, Nacken- und Rückenmuskulatur dann zusätzlich stark belastet wird. Beim Beladen ist wichtig, wie du das Motorrad belädst.

Grundsätzlich gilt:

- Achte darauf, das Gepäck nahe am Schwerpunkt der Maschine zu verstauen. Das heißt: Je schwerer, desto weiter unten sollte das Gepäckstück verstaut werden. Die leichten Gepäckstücke gehören nach oben, damit sich das Gleichgewicht der Maschine gegenüber dem unbeladenen Zustand möglichst wenig verändert.
- Seitenkoffer: Belade möglichst gleich schwer, packe die schweren Stücke immer nach unten und werde nach oben immer leichter. Beachte die Gewichtsangaben des Herstellers!
- Tankrucksack: Diesem solltest du Vorrang vor den anderen Packmöglichkeiten geben, da er den Schwerpunkt deiner Maschine nicht so stark verändert. Auch hier gilt: Packe die schweren Sachen nach unten und nach oben immer leichtere. Der Tankrucksack darf dich beim Fahren und Lenken nicht beeinträchtigen und auch nicht die Sicht auf die Instrumente versperren!
- Topcase/Gepäckrolle: Hier verstaust du nur leichte Sachen, um das Vorderrad nicht zu sehr zu entlasten und somit das Fahrverhalten zu sehr zu verändern.

- Rucksack: Hier kannst du mittelschwere Gepäckstücke verstauen. Bedenke aber, dass schwere Gepäckstücke dich selbst belasten, weil du dann eher eine unbequeme Haltung einnimmst.
- Verstaue und verzurre alles so, dass nichts flattert oder sich lösen kann.

Zum Schluss musst du noch das veränderte Fahren mit der beladenen Maschine beachten. Aufgrund des erhöhten Gewichts lässt sich die Maschine anders fahren als gewohnt. Hier sind die langsamere Beschleunigung, längere Überholwege, eine veränderte Kurvenlage und der erhöhte Kraftstoffverbrauch zu nennen. Wenn du einen Beifahrer mitnimmst, solltet ihr zusammen erst einmal ein paar Proberunden drehen, damit ihr euch aufeinander abstimmen könnt und du auch das veränderte Fahrverhalten deiner Maschine kennenlernst. Mehr über das richtige Verhalten des Beifahrers erfährst du in Kapitel 14.3 »Mitnahme von Personen«.

13.4 Motorradfahren und Umweltschutz

In Zeiten von Klimawandel, Erderwärmung und Fahrverboten rückt der Umweltschutz immer mehr in den Mittelpunkt. Unter anderem ist hier natürlich gemeint, die Schadstoffemissionen zu verringern. Aber zum Schutz der Umwelt gehört auch die Lärmbelastung. Ein Motorrad, das mit hoher Drehzahl gefahren wird, ist extrem laut. Dies ist für viele andere Verkehrsteilnehmer und Anwohner eine nervliche Belastung. Die Motoren von Motorrädern sind nicht abgekapselt wie die Motoren in Autos, deshalb klingt ein Motorrad anders. Und es liegt an dir als Motorradfahrer, leiser zu fahren.

Auch für Motorräder werden alternative Antriebe entwickelt und gebaut, zurzeit vor allem Elektromotorräder oder E-Scooter, aber auch Hybridantriebe befinden sich in der Entwicklung.

Bleifreier Kraftstoff und der Katalysator

Bereits vor vielen Jahren hat man damit begonnen, sich mit einer umweltschonenderen Fortbewegung zu beschäftigen. Es wurde der bleifreie Kraftstoff entwickelt, durch den die Schadstoffemissionen von Kraftfahrzeugen deutlich reduziert werden konnten. Durch den Einbau von Katalysatoren wird diese Umweltschutzmaßnahme noch verbessert.

Eigentlich sollen in einem Motor bei der Verbrennung von Benzin mit Sauerstoff Kohlendioxid und Wasser entstehen, zwei relativ ungefährliche Stoffe. Da diese Verbrennung jedoch unvollständig abläuft, entstehen beim Fahren ohne Katalysator verschiedene Stickstoffoxide sowie Kohlenmonoxid. Diese Gase sind schlecht für die Umwelt und gefährlich für den Menschen, in hohen Konzentrationen sogar tödlich. Manche Stickstoffoxide wirken auch als Treibhausgas und führen so auf Dauer zur Erderwärmung.

Wird ein Katalysator eingebaut, hilft dieser bei der Reinigung von diesen Gasen – sowohl beim Pkw als auch bei Motorrädern. Er sorgt dafür, dass die Verbrennung von Benzin vollständiger abläuft. Im Endergebnis sind so bis zu 90 % weniger Stickstoffoxide und Kohlenmonoxid in den Abgasen, da diese zu Stickstoff und Kohlendioxid sowie Wasser abgebaut werden.

Damit der Katalysator richtig arbeiten kann, muss er die richtige Betriebstemperatur haben, und es muss eine korrekte Einstellung der Zündung, der Einspritzanlage bzw. des Vergasers gewährleistet sein. Bringe dein Fahrzeug deshalb regelmäßig zur Wartung.

Auch Kohlendioxid bewirkt den Treibhauseffekt, weshalb du trotz Katalysator überlegen solltest, ob du manche Strecken nicht auch zu Fuß oder mit öffentlichen Verkehrsmitteln zurücklegen kannst.

Umweltgerechte Entsorgung von Betriebsstoffen

Führst du den Ölwechsel selbst durch oder lässt du ihn von einer Fachwerkstatt machen? Die Fachwerkstatt kümmert sich darum, dass alle Schmierstoffe fachgerecht und umweltschonend entsorgt werden. Machst du allerdings den Ölwechsel selbst, musst du darauf achten, dass kein Öl ins Erdreich bzw. Grundwasser gelangen kann. Dazu benötigst du geeignete Auffangbehälter. Ideal ist es, zusätzlich auch eine Unterlage und etwas Ölbindemittel zur Hand zu haben, falls doch einmal etwas danebengehen sollte. Führe einen Ölwechsel nie auf einem Untergrund durch, bei dem das Öl direkt in das Erdreich eindringen könnte. Das Altöl und den verbrauchten Ölfilter kannst du dort abgeben, wo du dein neues Öl gekauft hast, oder frage einfach bei einer Fachwerkstatt nach, ob diese eventuell deine alten Schmierstoffe entsorgen könnte.

Durch einen Tropfen Öl werden 600 Liter Trinkwasser verseucht!

Schalldämpfung der Auspuffanlage

Vielleicht kennst du das: Du sitzt an einem schönen Sommertag auf der Terrasse, und es fahren ein paar Motorradfahrer vorbei. Allerdings fahren sie nicht direkt an deinem Haus vorbei, sondern sind einige hundert Meter Luftlinie von dir entfernt.

Für das Herz eines Motorradfahrers ist dieses Geräusch vielleicht der Auslöser, sich auch auf sein Motorrad zu setzen. Aber bei vielen Nicht-Motorradfahrern sorgt es meist nur für Kopfschütteln. Ein Motorrad hat einfach ein anderes Geräuschverhalten als ein Auto – nicht nur deshalb, weil der Motor nicht wie beim Auto abgekapselt ist, sondern auch oft dadurch, dass manche Motorradfahrer gern mal den Originalauspuff gegen ein »sportlicheres« – und damit häufig auch lauteres – Modell austauschen. Durch diese Änderung des Geräuschverhaltens kann es zum Erlöschen der Betriebserlaubnis kommen, oder es kann sogar ein Leistungsverlust einsetzen. Auch führt dieses extreme Geräuschverhalten dazu, dass bei anderen das Negativ-Image des Motorradfahrers noch verstärkt wird. Darum lass deine Auspuffanlage so, wie der Hersteller sie vorgesehen hat, und lass sie bei einem Defekt sofort instand setzen.

14. Besonderes Verhalten beim Motorradfahren

Das Fahren eines Motorrads im öffentlichen Straßenverkehr birgt ein gewisses Risiko. Sei es dadurch, dass du anderen Verkehrsteilnehmern begegnest, oder auch durch verschiedene Gefahren, die sich während der Fahrt ergeben können.

Um sicher und unbeschadet aus gefährlichen Situationen herauszukommen oder erst gar nicht in eine gefährliche Situation zu geraten, musst du als Motorradfahrer natürlich ganz besonders auf für dich wichtige Verkehrszeichen und auch auf auffälliges Verhalten der anderen Verkehrsteilnehmer achten.

14.1 Verhalten bei zweiradspezifischen Verkehrszeichen und Verkehrseinrichtungen

Verkehrszeichen und Verkehrseinrichtungen

Es gibt verschiedene Verkehrszeichen, die für einen Motorradfahrer eine besondere Bedeutung haben bzw. wichtig sind. Im Anschluss erhältst du eine kleine Übersicht über diese einzelnen Verkehrszeichen.

Gefahrzeichen

Gefahrzeichen warnen dich vor einer Gefahr, bei der auch ein erfahrener und geübter Motorradfahrer nicht rechtzeitig oder nur schwer richtig reagieren könnte. Gefahrzeichen stehen in der Regel innerhalb geschlossener Ortschaften kurz vor der Gefahrstelle, und zwar bis zu 30 m davor. Außerhalb geschlossener Ortschaften sind die Gefahrzeichen in der Regel 150–250 m vor einer Gefahrstelle angebracht. Durch ein Zusatzzeichen kann angegeben sein, ob die Regelentfernung stark abweicht, oder es kann die Länge der Gefahrstrecke anzeigen.

Aber egal, welches Gefahrzeichen am Fahrbahnrand steht, grundsätzlich musst du immer Folgendes beachten:

- Passe deine Fahrweise an – geh vom Gas!
- Fahre vorausschauend!
- Vergrößere den Abstand!
- Rechne mit der Gefahr – so kannst du Überraschungen vermeiden!

Gefahrstelle
Dieses Zeichen warnt dich allgemein vor einer Gefahrstelle. Durch ein Zusatzzeichen kann die Gefahr genauer bezeichnet oder auch eine Entfernung bzw. Länge angegeben werden.

Schild 1: Gefahrstelle allgemein
Schild 2: Gefahr durch Straßenschäden
Schild 3: Gefahr durch verschmutzte Fahrbahn

Viehtrieb
Beim Gefahrzeichen **Viehtrieb** musst du mit Tieren und einer verschmutzten Fahrbahn rechnen, da sich das Vieh in diesen Bereichen oftmals frei bewegen darf und es auch vorkommt, dass es Kot hinterlässt. Damit das Vieh aber trotzdem nicht überall hinkann, sind an manchen Stellen sogenannte Viehsperren oder Weideroste in die Fahrbahn eingelassen. Dies sind Metallstangen oder -streben, die quer über die ganze Fahrbahn gehen, damit das Vieh diese Stelle nicht überschreitet. Für dich als Motorradfahrer bedeutet dies aber eine große Sturzgefahr, darum achte auf die entsprechenden Gefahrzeichen und Hinweise und überfahre Viehsperren niemals in Schräglage!

Steigung

Gefälle

Steigung und **Gefälle**
Vor einer Steigung kann es sinnvoll sein, einen Gang runterzuschalten. Natürlich ist dies nicht bei jeder Steigung notwendig, sondern normalerweise nur vor starken Steigungen. Achte deshalb auf das Fahrverhalten deines Motorrads. Kann der Motor die Leistung noch erbringen oder musst du schalten? Achte auch beim Befahren einer Steigung darauf, erst bei einer hohen Drehzahl in den nächsthöheren Gang zu schalten.

Das Runterschalten vor einem Gefälle ist ebenfalls sinnvoll, da du damit erreichst, dass der Motor das Motorrad beim Bergabfahren zusätzlich mit abbremst. Dadurch entlastest du deine Bremse. Dies ist bei starken Gefällen oder wenn du wie z. B. im Gebirge lange Gefällstrecken oder häufig Gefälle hintereinander hast, wichtig, damit deine Bremse nicht überhitzt.

Seitenwind

Bei diesem Gefahrzeichen musst du mit starkem Seitenwind rechnen. Dieser tritt oft auf Brücken, beim Vorbeifahren an Waldschneisen oder auch beim Überholen von Lastzügen auf. Stelle dich hier auf eine Gegenlenkbewegung ein. Beim Überholen von Lastwagen sind besonders die Momente gefährlich, wenn du in den Windschatten des Lkws hineinfährst und ihn wieder verlässt.

Beachte bei Seitenwind, dass die Motorradverkleidung und die Geschwindigkeit eine Rolle spielen. Reduziere bei auftretendem Seitenwind sofort deine Geschwindigkeit. Ein voll verkleidetes Motorrad ist seitenwindanfälliger als ein unverkleidetes.

Arbeits- oder Baustelle

Im Bereich einer Arbeits- oder Baustelle musst du mit verschmutzter Fahrbahn rechnen. Auch musst du dich darauf einstellen, dass sich Baumaterial, Bauarbeiter oder Baumaschinen auf der Fahrbahn befinden. Häufig sind auch Fräskanten und Fahrbahnauffräsungen vorhanden. Diese solltest du nur vorsichtig überfahren und auf der Fräsfläche ebenfalls mit reduzierter Geschwindigkeit fahren, da dein Motorrad durch die Fräsrillen deutlich unruhiger fährt.

Kurve links

Kurve rechts

Doppelkurve

Kurve oder **Doppelkurve**

Beim Gefahrzeichen **Kurve** erkennst du auf dem Zeichen, in welcher Richtung die Kurve verläuft, also ob eine Links- oder eine Rechtskurve kommt. Nimm rechtzeitig vor der Kurve das Gas weg und achte auf deine Kurvenfahrlinie. Passe deine Geschwindigkeit der Kurve und den Sichtverhältnissen an. Rechne bei schlechter Sicht in der Kurve mit plötzlich auftretenden Hindernissen oder mit Gegenverkehr, der die Kurve schneidet, oder dass die Kurve noch mal enger wird.

Bei dem Zeichen **Doppelkurve** sind die ersten beiden Kurven in der Reihenfolge angegeben, in der sie auf dich zukommen. Also entweder erst links, dann rechts oder umgekehrt. Reduziere auch hier rechtzeitig deine Geschwindigkeit, achte auf das saubere Einhalten deiner Kurvenfahrlinie und beschleunige zwischen den Kurven nicht. Es können auch noch weitere Kurven als die angegebenen zwei kommen. Befindet sich am Kurvenrand eine Leitplanke, achte darauf, ob unter dieser Leitplanke eventuell ein Unterfahrschutz angebracht ist, denn dies weist auch auf eine für Motorradfahrer gefährliche Kurve hin.

Unebene Fahrbahn

Hier wirst du auf Unebenheiten, wie z. B. Schäden in der Fahrbahn, eventuell auch Spurrillen oder eine wellige Fahrbahn, hingewiesen. Verringere deine Geschwindigkeit, denn wenn du zu schnell bist, kann dies zu Fahrwerksunruhen oder sogar zum Verlust der Reifenhaftung führen. Eventuell kann beim Durchfahren eines Straßenschadens auch eine Beschädigung an deinem Motorrad entstehen. Gefährlich können zudem Ausbesserungen bzw. Fahrbahnnähte werden, da diese mit Bitumen abgedichtet werden und dieser bei Regen oder Wärme sehr rutschig ist.

Steinschlag

Dieses Verkehrszeichen steht in Bereichen, in denen du mit Steinen, Sand oder Geröll auf der Fahrbahn rechnen musst. Achte deshalb gut auf die Fahrbahn vor dir, fahre hier mit verminderter Geschwindigkeit und rechne auch damit, dass Gegenverkehr aufgrund von Steinen oder Geröll auf deine Spur ausweichen muss. Meistens findest du dieses Verkehrszeichen in Gebirgen.

Wildwechsel

Bei Fahrten durch Waldgebiete musst du immer mit Wildwechsel rechnen. Auf Strecken aber, wo Wildwechsel häufiger auftritt, wird das Gefahrzeichen **Wildwechsel** aufgestellt. Leider wird dieses Verkehrszeichen sehr häufig von Kraftfahrern nicht beachtet. Vermindere auf alle Fälle deine Geschwindigkeit, um deinen Anhalteweg zu verkürzen, und schalte dein Fernlicht ein, um Wild früher zu erkennen und damit mehr Zeit zum Reagieren zu gewinnen.

Sollte allerdings Wild im Scheinwerferlicht auftauchen, schalte sofort dein Fernlicht aus, da Wild den Reflex hat, stehen zu bleiben, wenn es geblendet wird.

Außerdem solltest du eine Gefahrbremsung durchführen und ein Ausweichen vermeiden, weil dabei meist schlimmere Folgeunfälle passieren können, du könntest etwa den Gegenverkehr gefährden. Denn auch wenn der Aufprall auf ein Wildtier dem gegen eine Mauer ähnelt, ist das Tier immer noch »weicher« als der Baum am Straßenrand. Stelle dich in diesem Fall auch auf einen Sturz ein. Ein weiteres Merkmal, das auf eine Strecke mit viel Wildwechsel hinweist, sind blaue Rückstrahler, die seitlich an den Straßenpfosten angebracht sind.

Vorrang vor dem Gegenverkehr

Dem Gegenverkehr Vorrang gewähren

Verengte Fahrbahn

Bei einer Fahrbahnverengung hat grundsätzlich immer derjenige zu warten, der das Hindernis auf seiner Seite hat. Bei einer beidseitigen Verengung darf zuerst der Verkehrsteilnehmer fahren, der die Verengung als Erster erreicht, oder ihr verständigt euch untereinander. Aber verlasse dich nicht zu sehr darauf, wenn dein Gegenverkehr die Verengung auf seiner Seite hat, denn oft passiert es, dass ein entgegenkommendes Fahrzeug trotzdem fährt, da du ein schmales Fahrzeug hast und der entgegenkommende Fahrer deinen Platzbedarf falsch einschätzt.

Es kann aber auch vorkommen, dass in einer Engstelle der Vorrang durch die Verkehrszeichen **Vorrang vor dem Gegenverkehr** oder **Dem Gegenverkehr Vorrang gewähren** geregelt wird. In Baustellen stehen oftmals diese Verkehrszeichen »auf dem Kopf« aufgestellt. Sei hier vorsichtig, da manche Fahrzeugführer sich an den Pfeilen orientieren und dann meinen, dass sie Vorrang haben.

Ölspur

Ölspuren können durch Unfälle oder durch technische Mängel an Fahrzeugen entstehen. Dies ist eine potenzielle Gefahr für die Umwelt, aber auch für den Kraftfahrzeugführer, insbesondere für dich als Zweiradfahrer, da von einer Ölspur eine erhöhte Rutschgefahr ausgeht. Aber nicht nur auslaufendes Öl, sondern auch ausgelaufener Kraftstoff erhöht die Rutschgefahr erheblich. Du kannst eine Kraftstoffspur bei Nässe durch einen bunt schimmernden Film auf der Fahrbahn erkennen.

Rollsplitt

Werden ein Straßenabschnitt oder Teilbereiche einer Fahrbahn ausgebessert, wird im Anschluss Rollsplitt auf die Fahrbahn gestreut, um den ausgebesserten Teil noch mehr zu verdichten und griffiger zu machen, da sonst der ausgebesserte Bereich bzw. die Fahrbahn durch das verwendete Bitumen zu rutschig wird. Nach Abschluss dieser Maßnahme ist dann die Fahrbahn wieder deutlich griffiger – was wiederum mehr Haftung bedeutet.

Für einen Motorradfahrer ist diese Maßnahme erst einmal aber ein Ärgernis und eine Gefahr, da sich durch den losen Splitt die Haftung der Reifen verschlechtert. Darum achte darauf, in diesem Bereich nicht zu schnell zu fahren, und vergrößere den Abstand, da sich durch den Splitt dein Bremsweg verlängert und aufgewirbelte Steinchen den Lack deiner Maschine oder dein Visier beschädigen können.

Vorschriftzeichen

Verbot für Fahrzeuge aller Art
Beim **Verbot für Fahrzeuge aller Art** dürfen nur Fußgänger und Fußgänger mit Handwagen diese Straße benutzen. Fahrräder oder Krafträder dürfen nur geschoben werden.

Verbot für Krafträder
Dieses Verbotszeichen gilt für alle Krafträder, vom Mofa bis zur PS-starken Maschine. Es verbietet das Befahren dieser Straße. Krafträder dürfen aber geschoben oder geparkt werden. Auch kann dieses Zeichen mit einem Zusatzzeichen versehen werden, das dir die Nutzung in einem bestimmten Zeitraum verbietet, um die Lärmbelastung zu senken. Dies kann z. B. bei Krankenhäusern Anwendung finden.

Verbot für Kraftwagen
Dieses Verbot bezieht sich auf mehrspurige Fahrzeuge. Ein Befahren für Motorräder und Motorräder mit Beiwagen ist erlaubt. Ein Motorrad mit Beiwagen ist kein mehrspuriges Fahrzeug im Sinne der StVO.

Verbot für Kraftfahrzeuge
Hier wird Kraftfahrzeugen die Einfahrt verboten. Dies bezieht sich auf alle mehrspurigen Kraftfahrzeuge sowie auf Motorräder, Kleinkrafträder und Mofas.

Überholverbot
Das Zeichen **Überholverbot** verbietet das Überholen von mehrspurigen Kraftfahrzeugen und Motorrädern mit Beiwagen. Das heißt für dich, dass du einspurige Fahrzeuge überholen darfst.

Merke: Alles, was zwei Spuren im Schnee hinterlässt, darf nicht überholt werden!

Das Zeichen gilt immer bis zum Zeichen **Ende Überholverbot** oder bis zum Ende sämtlicher Streckenverbote.

Richtzeichen

Verkehrsberuhigter Bereich

Im verkehrsberuhigten Bereich gilt Schrittgeschwindigkeit, du darfst also nur 4–7 km/h fahren. Dies stellt für manche Motorradfahrer oftmals ein Problem dar, da sich bei dieser Geschwindigkeit die Maschine im instabilen Bereich befindet und somit das Handling schwierig ist. Dazu findest du in Kapitel 16 nähere Informationen.

Im verkehrsberuhigten Bereich dürfen Fußgänger die gesamte Fahrbahn benutzen, und es sind auch Kinderspiele auf der Fahrbahn erlaubt. Eine Gefährdung von Fußgängern musst du ausschließen können, notfalls musst du warten.

Wenn du den verkehrsberuhigten Bereich wieder verlässt, musst du ebenfalls eine Gefährdung anderer Verkehrsteilnehmer ausschließen, das heißt, du musst anderen Verkehrsteilnehmern Vorrang gewähren.

Vorfahrt

Beim Schild **Vorfahrt** hast du nur Vorfahrt an der nächsten Kreuzung oder Einmündung. An der darauffolgenden Straße kann die Vorfahrt wieder nach der Regel rechts vor links geregelt sein.

Vorfahrtstraße

Das Schild **Vorfahrtstraße** gibt dir für den gesamten Straßenverlauf Vorfahrt. Es wird an jeder Kreuzung und Einmündung wiederholt und hilft dir so dabei, Kreuzungen und Einmündungen rechtzeitig zu erkennen. Normalerweise steht das Zeichen innerorts vor der Kreuzung und außerorts danach, weil das Zeichen außerorts zusätzlich ein Parkverbot für Fahrzeuge beinhaltet.

Tunnel
Vor der Einfahrt in einen Tunnel solltest du darauf achten, dass dein Abblendlicht eingeschaltet ist. Hast du ein dunkles Visier oder eine integrierte Sonnenblende, solltest du das Visier öffnen oder die Sonnenblende hochklappen, da es auch in einem gut ausgeleuchteten Tunnel mit zusätzlich verdunkelter Sicht sehr schwer ist, etwas zu erkennen.

Fahren in Fahrstreifen

Der Fahrstreifen ist der Bereich, der einem Fahrzeug zum Befahren zur Verfügung steht. Es gibt markierte und unmarkierte Fahrstreifen. Aber egal, ob markiert oder unmarkiert, du musst dir zum sicheren Befahren immer die beste Fahrlinie suchen, denn es können sich immer gefährliche Stellen auf dem Fahrstreifen befinden, wie zum Beispiel eine Ölspur, Kanaldeckel, Fahrbahnmarkierungen, Sand, Schlaglöcher, Splitt etc. Dies kann für einen unaufmerksamen Motorradfahrer schnell zur Sturzgefahr werden. Darum achte darauf, was sich auf deinem Fahrstreifen befindet.

Aber auch das richtige Einordnen auf deinem Fahrstreifen ist wichtig, damit dich die anderen Verkehrsteilnehmer gut erkennen können. Achte darauf, dass du, wenn es möglich ist, bei der Geradeausfahrt in der Mitte des Fahrstreifens fährst und einen ausreichend großen Sicherheitsabstand einhältst, damit die vor dir fahrenden Fahrzeuge dich im Innenspiegel sehen können. Ist ein gefahrloses Befahren der Mitte des Fahrstreifens nicht möglich, weil sich dort Schmutz oder Öl von den Pkws befindet, fahre rechts oder links versetzt im Fahrstreifen. Denke aber daran, dann den Abstand zum Vordermann etwas zu vergrößern, damit du in den Spiegeln des Vordermanns sichtbar bist.

Auch beim Nebeneinanderfahren ist es wichtig, dass du darauf achtest, für den Autofahrer links oder rechts neben dir im Spiegel jederzeit sichtbar zu sein. Ein guter Anhaltspunkt, ob der andere Fahrer dich sehen kann, ist, wenn du selbst das Gesicht des Fahrers sehen kannst. Nun weißt du, dass der andere, wenn er den Fahrstreifen wechseln möchte, auch die Chance hat, dich zu erkennen. Hilf ihm dabei, indem du leicht das Gas wegnimmst und so die Lücke zwischen euch vergrößerst. Möchtest du den Fahrstreifen wechseln, sichere rechtzeitig über die Spiegel ab und mache vor dem Wechsel einen Schulterblick, um den toten Winkel zu überprüfen. Achte beim Wechsel darauf, dass du die Fahrbahnmarkierungen am besten nur im Zwischenraum überquerst. Innerorts gilt für dich als Motorradfahrer auf mehrspurigen Fahrbahnen die freie Fahrstreifenwahl, hier darfst du auch rechts überholen.

Überholverbote

Das Überholen ist verboten beim Verkehrszeichen **Überholverbot**, das du bei den Vorschriftzeichen schon kennengelernt hast. Außerdem ist das Überholen aber auch verboten, wenn du nicht eine ausreichende Strecke überschauen kannst und nicht eine wesentlich höhere Geschwindigkeit fährst als der zu Überholende. Bei unklarer Verkehrslage, wenn du also nicht weißt, was der vor dir fahrende Verkehrsteilnehmer vorhat, ist ebenfalls das Überholen verboten.

Im Bereich vor Fußgängerüberwegen ist das Überholen ebenfalls verboten, da du sonst Fußgänger übersehen und dadurch gefährden könntest. Auch wenn sich ein Bus mit eingeschaltetem Warnblinklicht einer Haltestelle nähert, gilt Überholverbot.

Ist eine Fahrstreifenbegrenzung auf der Fahrbahn markiert, darfst du nicht überholen, wenn du die Markierung überfahren müsstest. Musst du die Markierung nicht überfahren und kannst auch den gesetzlich vorgeschriebenen Mindestabstand einhalten, darfst du überholen.

Besondere Gefahren und Situationen beim Motorradfahren

Ein Motorradfahrer hat beim Fahren mit mehr Schwierigkeiten zu kämpfen als ein Autofahrer. Auf ihn können Situationen und Gefahren warten, an die er als Autofahrer nicht einmal einen Gedanken verschwendet. Diese besonderen Situationen und Gefahren musst du am Anfang erst einmal kennenlernen.

Fahrbahn

Die Fahrbahn ist schon einmal ein Teil dieser besonderen Gefahren. Hier kommt das »Fahrbahnlesen« ins Spiel. Natürlich musst du auch als Autofahrer die Fahrbahn lesen können, aber als Motorradfahrer bist du noch gefährdeter, da du nur auf zwei Rädern fährst. Erst wenn du das Fahrbahnlesen richtig beherrschst, steht dem Erlebnis Motorradfahren nichts mehr im Weg und du kommst sicher ans Ziel.

Sand

Sand auf der Fahrbahn bedeutet für einen Motorradfahrer erhöhte Sturzgefahr. Die Haftung deiner Reifen ist auf einer sandigen Fahrbahn extrem schlecht. Achte besonders vor dem Befahren einer Kurve darauf, dass in der Kurve kein Sand liegt. Vermeide eine starke Schräglage und versuche, die sandige Stelle entweder zu umfahren oder mit möglichst geringer Schräglage und Geschwindigkeit darüberzufahren. Auch starke Bremsmanöver sind sehr gefährlich, da das Motorrad nur schwer kontrollierbar wird.

Splitt

Über Rollsplitt hast du schon weiter oben in diesem Kapitel im Abschnitt »Gefahrzeichen« gelesen. Achte auf entsprechende Gefahrzeichen, damit du den Rollsplitt rechtzeitig erkennst. Meist wird Rollsplitt zum Ausbessern von Fahrbahnen verwendet, aber auch vom letzten Winter kann Rollsplitt noch vom Streuen in den Kurven liegen.

Wenn du auf Rollsplitt anfahren musst, lasse die Kupplung mit viel Gefühl und wenig Gas kommen, damit dein Reifen nicht durchdreht.

Liegt während der Fahrt Rollsplitt auf der Fahrbahn, passe deine Geschwindigkeit an die veränderte Situation an. Nimm das Gas weg und fahre mit mäßiger Geschwindigkeit. Vermeide am besten die Bereiche, in denen der Rollsplitt liegt, oder, wenn das nicht möglich ist, achte darauf, mit nur geringer Schräglage zu fahren.

Das Bremsen auf Rollsplitt oder auch auf Sand stellt eine besondere Herausforderung dar. Starke Bremsmanöver solltest du von Haus aus vermeiden, da die Maschine nur schwer beherrschbar ist. Nutze deine Hinterradbremse mit geringerem Druck als auf griffiger Fahrbahn. Die Vorderradbremse solltest du mit äußerster Vorsicht und mit sehr viel Gefühl betätigen, eventuell lasse sie sogar ganz weg, da das Vorderrad sehr leicht blockieren könnte und wegrutscht. Bedenke, dass sich dein Bremsweg erheblich verlängert!

Bitumen/Teerverfugungen

Meist wird Bitumen zum Ausbessern kleinerer lokaler Schäden etwa von Rissen, Fugen oder Nahtschäden auf der Fahrbahn benutzt. Allerdings kann es auch vorkommen, dass Bitumen zum großflächigeren Ausbessern von Schlaglöchern oder anderen Fahrbahnschäden verwendet wird. Oft wird dann in so einem Fall Rollsplitt auf diese Stelle gestreut.

Solche Bitumenoberflächen sind sehr gefährlich für einen Motorradfahrer, da die Haftung auf Bitumen deutlich geringer als auf einer Asphaltoberfläche ist. Fahre auf solchen großflächigen Fahrbahnausbesserungen sehr vorsichtig, vermindere deine Geschwindigkeit, und verzichte auch hier wieder auf starke Schräglage und Bremsungen. Bei Ausbesserungen von Rissen spricht man dann von Bitumenstreifen. Diese Streifen sind, wenn sie quer zur Fahrbahn verlaufen, relativ harmlos, da du nicht lange auf der Stelle verweilst. Verläuft der Bitumenstreifen aber längs zur Fahrbahn, wird dieser wieder zur Gefahr. Das Befahren dieses Längsstreifens solltest du unbedingt vermeiden, da die Gefahr des Wegrutschens sehr groß ist. Auch bei hohen Temperaturen sind Bitumen-Ausbesserungen sehr gefährlich, da das Material schnell weich wird und extrem rutschig ist.

Öl oder Kraftstoff

Eine Öl- oder Kraftstoffspur auf der Fahrbahn (siehe auch dazu den Abschnitt »Gefahrzeichen«) ist immer ein großes Ärgernis. Nicht nur, dass sie durch die Feuerwehr beseitigt werden muss, sie stellt auch eine Verkehrsgefährdung dar, insbesondere für dich als Motorradfahrer. Aufgrund der erhöhten Rutschgefahr auf einer Öl- oder Kraftstoffspur solltest du auch hier wieder auf eine angepasste Fahrweise achten. Fahre nicht auf der Ölspur, sondern suche dir eine sichere Fahrlinie neben der Ölspur. Größere Schräglage, starkes Beschleunigen oder Bremsen solltest du vermeiden.

TIPP

Solltest du eine Ölspur entdecken, informiere die Feuerwehr darüber, damit entsprechende Maßnahmen getroffen werden können.

Nässe

Auf nasser Fahrbahn nimmt die Haftung des Reifens deutlich ab. Hat dein Motorrad gute Reifen, ist das Fahren bei Nässe kein großes Problem, aber du solltest trotzdem an die geringere Haftung denken und deine Fahrweise an die veränderten Fahrbahnverhältnisse anpassen. Setzt nach einer längeren Trockenperiode Regen ein, entsteht auf der Fahrbahn ein gefährlicher Schmierfilm, der die Fahrbahnoberfläche noch rutschiger macht. Schräglage, Bremsen und Beschleunigen sollten dann seltener erfolgen als bei trockener Fahrbahn. Du musst nun deine Aufmerksamkeit bei der vorausschauenden Fahrweise besonders auf Fahrbahnmarkierungen, Bitumenstreifen und Ausbesserungen sowie Kanaldeckel oder auch Ölspuren richten, die zudem bei Nässe schwerer zu erkennen sind. Diese Bereiche werden bei Nässe noch rutschiger, als sie es sowieso schon sind. Kopfsteinpflaster musst du bei Nässe mit ganz besonderer Vorsicht befahren. Straßenschäden und Schlaglöcher kannst du deutlich schlechter erkennen.

Das Zusatzzeichen **Bei Nässe** musst du nur bei nasser Fahrbahn beachten. Aber wann ist die Fahrbahn nass? Laut einem Urteil des Bundesgerichtshofs (BGH DAR 78, 82) muss sich ein deutlicher, wenn auch dünner Wasserfilm auf der Fahrbahn gebildet haben. In der Regel erkennt man Nässe auch daran, dass die Reifen des vorausfahrenden Fahrzeugs einen Sprühnebel aufwirbeln. Ist auf einer mehrspurigen Fahrbahn der eine Fahrstreifen nur noch stellenweise nass, so gilt die Beschränkung nur auf dem nassen Fahrstreifen. Ist die Fahrbahn nur feucht, ist das Zusatzzeichen **Bei Nässe** nicht gültig. Denke auch daran, dass sich bei starkem Regen in Spurrillen Wasser sammeln und es zu Aquaplaning kommen kann. Auch wenn du bei Nässe mit hoher Geschwindigkeit fährst oder abgefahrene Reifen hast, steigt die Aquaplaning-Gefahr stark an.

Das Bremsen bei Nässe ist bei Motorrädern mit ABS im Normalfall eine »entspannte« Sache. Das Bremsen ohne ABS ist dagegen eine Herausforderung für Fahrer und Maschine. Betätige die Bremsen vorsichtig und dosiert. Vermeide ruckartiges Bremsen mit der Vorderradbremse, da sonst das Vorderrad leicht blockieren könnte und damit die Sturzgefahr sehr hoch ist. Benutze bei Nässe auf alle Fälle auch die Hinterradbremse zum Bremsen, da sich ein eventuell blockierendes Hinterrad leichter kontrollieren lässt als ein blockierendes Vorderrad. Bedenke auch, dass sich bei Nässe der Bremsweg deutlich verlängert. Ein Motorrad ohne ABS hat einen noch längeren Bremsweg als ein Motorrad mit ABS. Aber auch deine Sicht verändert sich. Durch das aufgewirbelte Spritzwasser der anderen Fahrzeuge verschlechtert sich deine Sicht sehr stark. Fährst du zugleich mit angeschmutztem oder zerkratztem Visier, wird die Sicht zusätzlich verschlechtert. Durch deine Atemluft kann das Visier leicht beschlagen. Bei Brillenträgern kann zusätzlich die Brille anlaufen.

TIPP

Nässe stellt nicht nur Ansprüche an das Fahren, sondern auch an den Körper. Schütze dich gut gegen Nässe, damit du nicht so leicht auskühlst. Schütze dich durch eine Regenkombi oder einen wasserdichten Textilanzug sowie durch wasserdichte Schuhe und Handschuhe.

Glätte

Die meisten Motorradfahrer »motten« ihr Motorrad zum Überwintern ein, aber es gibt auch Fahrer, die schon im frühen Frühjahr oder auch bis in den späten Herbst hinein fahren. Möchtest du dies auch tun, achte auf eine gute Ausrüstung, denn mit einer leichten Sommerschutzbekleidung oder Sommerhandschuhen wird es schnell empfindlich kalt werden. Ist dein Körper einmal ausgekühlt, dann ist es schwer, das Motorrad zu bedienen, außerdem sinkt deine Konzentration, deine Reaktionszeit verschlechtert sich, und deine Sicherheit ist sehr stark gefährdet.

Das Fahren bei Glätte stellt natürlich eine besondere Herausforderung für Mensch und Maschine dar. Wie schon erwähnt, muss natürlich die Ausrüstung stimmen, aber auch die Einstellung des Fahrers muss an die veränderten Verhältnisse angepasst sein, und die Straßen müssen schnee- und eisfrei sein. Wenn du im Winter fährst, musst du deine Fahrweise grundsätzlich der veränderten Haftung anpassen. Aufgrund der kalten Fahrbahn haftet der Reifen nicht so gut wie im Sommer auf der Fahrbahnoberfläche. Aber du musst natürlich auch mit Reifglätte oder überfrierender Nässe rechnen. Diese tritt meist in bzw. nach klaren Nächten auf. Beim Überqueren einer Brücke musst du ebenfalls mit Glätte rechnen, da hier ein sogenannter Kühlschrankeffekt entsteht, das heißt, die Kälte wirkt von oben und unten auf die Fahrbahn ein, und deshalb friert zum Beispiel Nässe schneller. Fährst du durch Wald oder auf Alleen, denke daran, dass sich auch hier Feuchtigkeit und Glätte viel länger halten, da die Sonne nicht alle Bereiche der Fahrbahn erreicht.

Laub

Im Herbst verlieren die Bäume ihre Blätter, und das Laub sammelt sich dann oft auf der Fahrbahn. Im trockenen Zustand ist Laub eigentlich kein Problem, aber da es in den Herbstmonaten auch meist viel regnet, verwandelt sich die Fahrbahn in eine Rutschbahn, auf der das Bremsen sehr gefährlich wird. Achte deshalb in den Herbstmonaten vor allem auf Laubansammlungen und vermeide es, diese zu durchfahren. Ist das nicht möglich, vermindere deine Geschwindigkeit, schaue weiter voraus und verzichte auf starkes Bremsen oder eine größere Schräglage, da sich die Sturzgefahr auf nassem Laub beträchtlich erhöht.

Ebenfalls in Alleen musst du vorsichtig sein, da sich auch hier Laub ansammelt und Nässe sich viel länger hält. In Alleen musst du aber auch zusätzlich mit einer unebenen Fahrbahn rechnen, da sich die Wurzeln unter der Fahrbahn durchgraben können. Es können auch große Äste auf der Fahrbahn liegen, weil ein Sturm oder ein hohes Fahrzeug sie abgerissen hat. Ein großes Fahrzeug wie zum Beispiel ein Bus oder Lkw kann dir in der Mitte der Fahrbahn entgegenkommen, weil es tief hängenden Ästen ausweichen muss. Achte dabei auf das aufgestellte Gefahrzeichen **Fehlendes Lichtraumprofil**.

Schmutz

Eine verschmutzte Fahrbahn, die man nicht rechtzeitig erkannt hat, kann sehr leicht zur Sturzgefahr für einen Motorradfahrer werden.

Mit Fahrbahnverschmutzungen musst du besonders rechnen:

- in Baustellen oder bei Baustellenausfahrten,
- dort, wo Feldwege oder eine Zufahrt auf ein Feld in die Fahrbahn einmünden,
- bei Zufahrten zu einer Mülldeponie, einer Sandgrube oder zu einem Schotterwerk oder
- in einer Ausfahrt aus einem Waldweg.

Passe in so einer Situation deine Geschwindigkeit an und verzichte auch hier wieder auf starke Schräglage, starkes Beschleunigen oder auch starkes Bremsen. Es können auch Gefahrzeichen aufgestellt sein, die auf eine verschmutzte Fahrbahn hinweisen.

Achtung! Denke auch hier daran, dass sich bei gerade einsetzendem Regen die Fahrbahn in eine gefährliche Rutschbahn verwandelt!

Schienen und Gullydeckel

Schienen, die in der Fahrbahn verlegt sind, sind sehr glatt, und deine Reifen können auf ihnen sehr leicht wegrutschen. Achte darauf, wenn du Schienen überqueren musst, diese niemals in einem spitzen Winkel, sondern immer in einem großen Winkel zu überfahren. Reduziere auch deine Geschwindigkeit und achte darauf, auf den Schienen nicht zu bremsen.

Gully- oder Kanaldeckel sind meist ebenfalls aus Metall und daher sehr rutschig. Manche Kanaldeckel sind in der Mitte mit einer Betonschicht versehen, aber es gibt sie auch komplett aus Metall. Achte bei der Wahl deiner Fahrlinie darauf, dass du nicht direkt über Gullydeckel fährst, sondern links oder rechts daran vorbei – ganz besonders, wenn der Deckel aus reinem Metall besteht. Lässt sich das Überqueren nicht vermeiden, achte darauf, am besten keine Schräglage auf dem Kanaldeckel zu haben und, wenn die Mitte aus Beton besteht, den Deckel mittig zu überfahren.

Markierungen

Fahrbahnmarkierungen sind an sich schon sehr rutschig. Bei regennasser Fahrbahn verschlimmert sich dies zusätzlich. Deshalb fahre nie direkt über Fahrbahnmarkierungen, am besten wählst du deine Fahrlinie so, dass du links oder rechts an den Markierungen, wie zum Beispiel Pfeilmarkierungen, vorbeifährst oder bei Leitlinien oder Fußgängerüberwegen die Markierungen im Zwischenraum überquerst. Vermeide auch Schräglage und Bremsungen auf Fahrbahnmarkierungen.

TIPP

Ordne dich zum Abbiegen in der Stadt, wenn Pfeilmarkierungen auf den Fahrstreifen sind, immer zur Pfeilspitze des Abbiegerpfeils ein.

Schlaglöcher, Fräskanten und Spurrillen

Schlaglöcher entstehen, indem Wasser bei altem oder sprödem Asphalt oder bei notdürftig geflickter Fahrbahnoberfläche in die Asphaltdecke eindringt. Im Winter gefriert das Wasser zu Eis und dehnt sich aus. Dabei hebt es die Fahrbahnoberfläche an. Im Frühjahr schmilzt das Eis wieder zu Wasser und weicht dabei den Untergrund auf, und wenn an dieser Stelle die Fahrbahn belastet wird, bricht die Fahrbahndecke ein und es entsteht ein Schlagloch. Du solltest es vermeiden, durch Schlaglöcher zu fahren, weil dabei dein Fahrwerk sehr stark belastet wird.

Wird ein Teil der Fahrbahndecke ausgebessert, wird die Fahrbahn abgefräst, und es entstehen am Anfang und Ende der Auffräsung sogenannte Fräskanten. Auch hier solltest du vorsichtig fahren, da das Überfahren der Fräskanten dein Fahrwerk schädigen kann.

Spurrillen entstehen ebenfalls beim Abfräsen der Fahrbahn, und zwar in Längsrichtung. Beim Fahren in diesen Fräsrillen können zum einen Fahrwerksunruhen entstehen, zum anderen sammelt sich bei Regenwetter Wasser in diesen Spurrillen, was zu Aquaplaning führen kann.

Gegenstände auf der Fahrbahn

Gegenstände auf der Fahrbahn können für dich zu einer Sturzgefahr werden. »Kleinigkeiten« wie eine Cola-Dose können zum Wegrutschen des Reifens führen. Auch größere Gegenstände, wie zum Beispiel Äste, sind sehr gefährlich. Aber egal, welcher Gegenstand auf der Fahrbahn liegt, vermeide es unbedingt, darüberzufahren.

Andere Verkehrsteilnehmer

Wer sich im Straßenverkehr bewegt, sollte immer gelassen reagieren, rücksichtsvoll und vorausschauend fahren. Aber für dich als Motorradfahrer ist dieser Grundsatz noch wichtiger, da du gefährdeter und bei einem Unfall meist benachteiligt bist.

Achte immer auf die anderen Verkehrsteilnehmer. Befahre eine Vorfahrtstraße vorsichtig und rechne damit, dass dir die Vorfahrt auch genommen werden kann. Aufgrund deiner schmalen Silhouette kannst du leicht übersehen werden. Oft gehen andere Verkehrsteilnehmer, die nicht selbst Motorrad fahren, von ihrem Beschleunigungs- und Bremsverhalten aus, da sie nicht wissen, wie sich so ein Motorrad verhält und mit welchen Problemen der Motorradfahrer zu kämpfen hat. Deswegen passe dein Beschleunigungsverhalten an die anderen Verkehrsteilnehmer an.

Witterungs-, Sicht- und Verkehrsverhältnisse

Wie du dich bei Nässe und Glätte verhalten solltest, wurde ja schon weiter vorne angesprochen. Aber denke daran, deine Ausrüstung immer an die Witterungsverhältnisse anzupassen. Nicht nur Glätte und Nässe spielen dabei eine Rolle, sondern auch Nebel und die tief stehende Sonne sind problematisch.

Bei Nebel ist das Fahren gefährlich, da deine Sicht stark beeinträchtigt wird. Passe unbedingt deine Geschwindigkeit so an die Sichtverhältnisse an, dass du auf alle Fälle noch innerhalb der überschaubaren Strecke anhalten kannst. Zugleich ist auch die Gefahr, dass du von anderen Verkehrsteilnehmern nicht gesehen wirst, jetzt sehr groß. Hier bringt Schutzkleidung mit eingearbeiteten Reflektoren deutlich mehr Sicherheit und verringert die Gefahr, übersehen zu werden.

Eine weitere gefährliche Sichtbehinderung ist die tief stehende Sonne. Damit musst du besonders im Frühjahr, im Herbst und in den Abendstunden rechnen. Hier kannst du ganz leicht geblendet werden. Wenn du ein zerkratztes Visier hast, ist die Blendwirkung deutlich stärker als bei einem Visier, das frei von Kratzern ist. Auch eine Sonnenbrille oder eine integrierte Sonnenblende können deine Sicht etwas verbessern, aber es kann dennoch leicht passieren, dass du den entgegenkommenden Verkehr nicht oder sehr spät erkennst, vor allem, wenn dieser noch kein Licht eingeschaltet hat. Passe auch hier deine Geschwindigkeit an und denke daran: So, wie es dir bei tief stehender Sonne ergeht, so geht es auch dem Gegenverkehr. Dieser ist ebenfalls in seiner Sicht stark eingeschränkt.

Dass andere Verkehrsteilnehmer nicht wissen, wie gut ein Motorrad beschleunigen kann und welche Probleme ein Motorradfahrer beim Bremsen hat, und dass du dein Verhalten an die anderen Verkehrsteilnehmer anpassen solltest, wurde schon angesprochen. Aber auch Motorradfahrer haben so ihre Eigenheiten entwickelt. Da ist zum Beispiel das Warten an einer roten Ampel. Hier sieht man häufig, dass sich Motorradfahrer nach vorne drängeln, direkt an der Ampel Aufstellung nehmen, sich quasi die »Poleposition« sichern, um dann bei Grün als Erster loszukommen. Grundsätzlich ist es aber so, dass auch ein Motorrad hinter den anderen wartenden Fahrzeugen warten muss. Außerdem ist die Gefahr, dass eine Autotür plötzlich aufgemacht wird, wenn man sich vorbeischlängelt, sehr groß.

14.2 Sehen und gesehen werden

Beim Sehen und Gesehenwerden musst du auf mehrere Faktoren achten. Einige musst du vor Fahrtantritt überprüfen, andere sind dann während der Fahrt wichtig und müssen aktiv von dir durchgeführt werden.

Visier

Achte beim Visier darauf, dass es keine oder möglichst wenige Kratzer aufweist. Kratzer oder Schrammen auf dem Visier verstärken bei starkem Lichteinfall wie zum Beispiel Sonne oder entgegenkommenden Fahrzeugen bei Nacht die Blendwirkung, weil sie das einfallende Licht stark streuen. Auch Insekten oder Schmutz verschlechtern die Sicht. Deshalb solltest du dein Visier regelmäßig pflegen und säubern, um immer den idealen Durchblick zu haben. Aber auch bei guter Pflege hält ein Visier nicht ewig, darum musst du es immer wieder mal auswechseln.

Das Beschlagen des Visiers tritt besonders bei nassem und kaltem Wetter auf. Hier solltest du auf ausreichende Belüftung deines Helms achten. Ein gutes Hilfsmittel, um das Beschlagen zu verhindern, ist ein sogenanntes Pinlock-Visier. Lass dich dazu einfach mal im Fachgeschäft beraten. Es gibt aber auch sogenannte Anti-Beschlagsprays, die du auf die Innenseite deines Visiers sprühen kannst. Diese Sprays halten allerdings häufig nicht, was sie versprechen, und sind auch nicht sehr ergiebig.

Sichtfeld und Sehhilfen

Normalerweise hat ein Erwachsener ein Sichtfeld von ca. 180°. Das Sichtfeld ist unterteilt in einen Bereich, in dem du scharf siehst, die sogenannte Scharfsehzone, also das, was du mit deinem Blick direkt anschaust, und in das periphere Sehen, bei dem du die Bewegungen besser wahrnimmst.

Dein Sichtfeld kann aber auch eingeschränkt werden, zum Beispiel durch Brillen und beim Motorradfahren natürlich durch deinen Helm. Um diese Einschränkungen bestmöglich zu verringern, ist eine direkte Kopfwendung beim Motorradfahren sehr wichtig. Im Straßenverkehr musst du darauf achten, dass du den Blick immer wieder wendest, um möglichst viele Bereiche abdecken zu können – etwa beim Heranfahren an einen Kreisverkehr. Wirf immer wieder einen Blick nach links und nach vorne, um die Situation besser abschätzen zu können.

Ob du während der Fahrt eine Sehhilfe benötigst, ist in deinem Führerschein vermerkt. Sollte dies der Fall sein, darfst du nur mit einer passenden Sehhilfe Motorrad fahren. Nutzt du eine Brille beim Fahren, solltest du diese beim Helmkauf dabeihaben, um schon bei der Anprobe festzustellen, ob eventuell etwas drückt. Am besten ist es, wenn du beim Motorradfahren auf Kontaktlinsen umsteigst, da diese nicht wie eine Brille dein Sichtfeld zusätzlich einschränken.

Adaption

Damit ist die schnelle Anpassungsfähigkeit der Augen an die vorherrschenden Lichtverhältnisse gemeint. Die entscheidende Arbeit verrichten dabei die Pupillen, das heißt, in einem dunklen Bereich vergrößern sich die Pupillen, damit mehr Licht einfallen kann, und wenn du in einen hellen Bereich kommst, ziehen sich die Pupillen zusammen, damit nicht zu viel Licht einfällt und du geblendet wirst. Dieser Vorgang dauert aber eine gewisse Zeit und kostet natürlich auch Kraft. Darum achte ganz besonders in der Nacht auf die wechselnden Lichtverhältnisse. Bist du nach einem langen Arbeitstag oder langer Zeit vor dem PC-Bildschirm in der Nacht unterwegs, sind deine Augen natürlich schon vorbelastet und müde und reagieren auf sich verändernde Lichtsituationen nicht mehr ganz so schnell.

Blickschulung, Blickrichtung, Blicktechnik

Du wirst dies wahrscheinlich bei deiner Ausbildung von deinem Fahrlehrer immer wieder zu hören bekommen, aber auch erfahrenere Fahrer vergessen sie leider immer viel zu oft: **die richtige Blickführung**!

> Grundsätzlich gilt: Ein Fahrzeug, in unserem Fall das Motorrad, fährt immer dorthin, wohin der Fahrer blickt!

Die richtige Blicktechnik ist beim Fahren unwahrscheinlich wichtig! Vielleicht hast du schon ein paar Fahrstunden gemacht und musstest dein Motorrad bei den Grundfahrübungen schon einmal auf der Fahrbahn oder in einer Einmündung wenden? Und, hat es geklappt? Wenn nicht, hast du einen Fehler bei der Blicktechnik gemacht. Vermutlich hast du den gegenüberliegenden Fahrbahnrand angeschaut und bist von der Fahrbahn abgekommen, auf den Gehweg oder gegen den Bordstein gefahren. Dies ist passiert, weil du den Fahrbahnrand angeschaut hast! Probiere das nächste Mal, den Kopf beim Wenden weiter zu drehen und dorthin zu schauen, wo du hin möchtest, dann kommst du auch dorthin. Aber sei nicht enttäuscht, wenn es die ersten Male nicht klappt, denn die richtige Blicktechnik benötigt erst einmal viel Übung und muss auch danach immer wieder trainiert werden.

Auch beim Befahren von Kurven sind die richtige Blicktechnik und Blickführung immens wichtig und können dich vor Unfällen bewahren! Doch wohin musst du in einer Kurve denn eigentlich schauen? Viele Anfänger richten ihren Blick zu sehr unmittelbar vor das Vorderrad, damit sie sehen, was vor ihnen auf der Straße passiert. Aber dadurch verlieren sie nicht nur den Überblick, auch Schräglage und Geschwindigkeit gehen verloren, und sie setzen sich möglichen anderen Gefahren aus. Denn wenn du mit einer höheren Geschwindigkeit eine Landstraßenkurve befährst und zum Beispiel zu weit nach rechts an den Fahrbahnrand oder Graben oder vielleicht sogar in den Gegenverkehr schaust, ist dies extrem gefährlich und leichtsinnig!

Nehmen wir mal an, du durchfährst mit einer Geschwindigkeit von 50 km/h eine Kurve. Dann legst du laut der Faustformel für den Reaktionsweg (siehe Seite 181) einen Weg von etwa 15 m zurück – 15 m, ohne überhaupt etwas tun zu können. Blickst du nun in der Kurve diese 15 m nur vor dein Vorderrad, weil du Angst hast, etwas zu übersehen, wird dich dieses Angstgefühl in Kurvenfahrten immer begleiten, denn dein Gefühl sagt dir: »Sei vorsichtig! Mach langsam!«. So wirst du nur wenig Freude am Kurvenfahren und auch kein gutes Schräglagengefühl entwickeln. Erst wenn du eine Strecke überblickst, in der du auch wirklich anhalten kannst, wird sich dein Angstgefühl verringern, und du wirst immer mehr Freude an der Schräglage und am Kurvenfahren haben.

Doch wie kannst du es schaffen, sicher und sauber eine Kurve zu durchfahren? Das Wichtigste ist, dass du den Blick weit in die Kurve hineinwirfst. Drehe dazu deinen Kopf in Richtung des Kurvenausgangs, so kannst du die Kurve gut überblicken und deine Kurvenlinie vorplanen. Durch das weite Vorschauen kannst du auch Hindernisse oder andere Gefahren auf deiner Fahrlinie früher erkennen und rechtzeitig darauf reagieren. Um dies zu üben, kannst du auf einem größeren Platz ohne Verkehr Kreise fahren. Übe hier zuerst deine Lieblingsseite, aber vernachlässige auch die andere Seite dabei nicht! Oder du suchst dir Kreisverkehre und durchfährst diese. Nimm erst größere Kreise und dann immer kleinere. Achte aber darauf, dass dabei nicht zu viel Verkehr ist!

Sichthindernisse und die Gefahr, übersehen zu werden

Aber nicht nur die Blickrichtung und Blicktechnik sind von entscheidender Bedeutung beim Motorradfahren, sondern du musst dir auch jederzeit bewusst sein, dass du mit einem Motorrad leicht übersehen werden kannst. Ein Lkw kann sich nicht so leicht hinter einem Baum verstecken, aber ein Motorrad sehr wohl. Hier geht es um die sogenannten Sichtfallen. Sichtfallen können sehr vielfältig aussehen. Unter anderem können dies sein:

- Büsche oder Bäume,
- Litfaßsäulen,
- Verkehrszeichen wie Wegweiser oder Baken,
- Fußgänger oder Radfahrer,
- Lichtmasten,
- Plakatständer oder
- geparkte Fahrzeuge.

Aber nicht nur örtliche Gegebenheiten können Sichtfallen darstellen, auch jeder Autofahrer hat an seinem Fahrzeug weitere Sichtfallen, die dich verdecken könnten, zum Beispiel die breite A-Säule des Pkws oder ein Maskottchen oder Ähnliches, das am Innenspiegel hängt. Dies alles kann die Sicht auf dich verdecken. Achte bewusst auf deine Umgebung und wähle deine Fahrlinie und deine Geschwindigkeit so, dass andere Fahrzeugführer dich erkennen können. Ob der andere Fahrzeugführer die Möglichkeit hat, dich zu sehen, kannst du oftmals herausfinden, indem du darauf achtest, ob du das Gesicht des anderen Fahrers sehen kannst, denn dann hat dieser normalerweise auch einen ungehinderten Blick auf dich. Aber sei trotzdem vorsichtig! Denn obwohl der Blick auf dich frei ist, wirst du vielleicht dennoch von anderen nicht erkannt!

Denn eine weitere Gefahr ist der sogenannte Blickschatten. Darunter versteht man, dass du dich vor oder neben einem großen Fahrzeug oder Gegenstand, zum Beispiel einer Plakatwand, befindest. Wenn dieses Fahrzeug auch noch ähnliche Farben wie deine Maschine und du hat, verschwindest du vor diesem Hintergrund und wirst fast unsichtbar. Achte deshalb darauf, dass du immer das Abblend- oder Tagfahrlicht eingeschaltet hast. Weitere gute Möglichkeiten, diesem Blickschatten vorzubeugen, sind eine auffällige Lackierung deines Motorrads und auffällige helle Schutzkleidung. So wirst du leichter von den anderen Verkehrsteilnehmern wahrgenommen.

Achte besonders am Anfang darauf, dass du mit eher verhaltener Geschwindigkeit fährst, um nicht auch noch zusätzlich zu riskieren, dass der andere Fahrer deine Geschwindigkeit falsch einschätzt. Bist du dann geübter darin, Blickfallen zu erkennen, kannst du deine Geschwindigkeit entsprechend anpassen. Aber denke immer daran: Als Motorradfahrer kannst du sehr leicht übersehen werden und wirst von anderen gern falsch eingeschätzt! Du musst als Motorradfahrer immer mehr auf der Hut sein als andere und für die anderen viel mitdenken!

14.3 Mitnahme von Personen

Bei der Mitnahme von Personen gibt es für dich einige Dinge beachten. Zum einen muss dein Motorrad überhaupt für zwei Personen zugelassen sein, zum anderen musst du es technisch an die veränderte Situation anpassen. Dabei musst du dir zunächst folgende Fragen stellen:

- Ist ein zweiter Sitzplatz bei deinem Motorrad eingetragen und ein geeigneter zweiter Sitz vorhanden?
- Sind Fußrasten und Haltevorrichtungen für den Beifahrer vorhanden?

Diese Grundvoraussetzungen müssen gegeben kein, sonst kannst du keinen Beifahrer mitnehmen. Wenn das klar ist, kannst du deine Maschine auf die zweite Person vorbereiten.

- Beachte die zulässige Gesamtmasse deines Motorrads. Diese findest du in der Zulassungsbescheinigung Teil I. Sie darf nicht überschritten werden!
- Passe den Reifenluftdruck an das veränderte Gewicht an.
- Überprüfe die Einstellung der Federbeine und passe diese an bzw. lasse sie von einem Fachmann regulieren, wenn du es nicht selbst kannst.

Aber auch das Fahrverhalten deines Motorrads ändert sich. So kann es beim Anfahren durch das zusätzliche Gewicht auf dem Hinterrad vorne leichter steigen, und der Soziusfahrer könnte nach hinten herunterfallen, vor allem, wenn du zu schnell anfährst. Das Beschleunigungsverhalten deiner Maschine kann sich ebenfalls verändern. Dadurch wird bei Überholvorgängen, die du unter gleichen Bedingungen normalerweise problemlos schaffst, dein Überholweg deutlich länger als gewohnt. Durch die höhere Masse kann sich auch das Bremsverhalten ändern und dein Bremsweg wird länger. Aber auch beim Kurvenfahren reagiert dein Motorrad anders, als du es gewohnt bist. Es reagiert etwas träger beim Einfahren in die Kurve, und auch beim Ausfahren macht sich das bemerkbar. Zudem nimmt die Seitenwindempfindlichkeit deutlich zu.

Kinder und Erwachsene

Egal, ob du einen Erwachsenen oder ein Kind mitnimmst, achte grundsätzlich immer darauf, dass dein Beifahrer ebenfalls komplette Schutzkleidung, also Helm, Motorradjacke und -hose, Handschuhe und feste Schuhe trägt! Denn dein Beifahrer ist bei einem Sturz ebenso einer Verletzungsgefahr ausgesetzt wie du – wenn nicht sogar noch mehr. Dadurch, dass dein Beifahrer die ganze Zeit sehr ruhig sitzen muss, kühlt sein Körper schneller aus als deiner. Dieser Effekt kann durch gute Schutzkleidung verringert werden. Und eine passgenaue Schutzkleidung mindert auch den negativen Einfluss auf das Fahrverhalten der Maschine, im Gegensatz zu flatternder normaler Kleidung. Eine gut sichtbare Schutzkleidung ist auch unter dem Sicherheitsaspekt wichtig, dass ihr von hinten besser erkannt werdet!

Nimmst du ein Kind auf deinem Motorrad mit, achte darauf, dass es sich richtig festhalten kann. Ebenso muss es die Fußrasten ohne Probleme erreichen und die Füße sicher darauf abstellen können, denn sonst besteht die Gefahr, dass es mit den Füßen in die Speichen geraten kann. Kinder unter 7 Jahren darfst du nur in einem speziellen Kindersitz für Motorräder mitnehmen, es muss auch hier sichergestellt sein, dass die Füße nicht in die Speichen geraten können. Die Schutzkleidung, vor allem der Helm, sollte passgenau für den Kopf des Kindes sein, denn ein Helm für einen Erwachsenen ist für ein Kind zu groß und zu schwer. Das Kind zwischen dir bzw. auf dem Tank mitzunehmen, ist nicht nur sehr gefährlich, sondern auch verboten!

Verhalten des Sozius: beim Anfahren, beim Bremsen, in Kurven und beim Ausweichen

Zu zweit durch eine schöne Landschaft zu fahren, kann den Fahrspaß noch erhöhen. Aber grundsätzlich solltest du, bevor du überhaupt einen Sozius mitnimmst, erst einmal allein den richtigen Umgang mit deinem Motorrad geübt haben und über ein gewisses Maß an Erfahrung und Fahrpraxis verfügen, da du natürlich auch die Verantwortung für deinen Beifahrer trägst.

Für das Fahren mit Beifahrer gelten ein paar Verhaltensregeln, die ihr unbedingt vorher gut abgesprochen haben und auch zusammen in einem verkehrsarmen Raum geübt haben müsst – vor allem, wenn dein Beifahrer das erste Mal mitfährt. Hier die Punkte, die ihr beachten bzw. absprechen und üben müsst:

- Beim Auf- und Absteigen musst du sicher stehen. Setze dazu am besten beide Füße auf dem Boden ab.
- Der Sozius muss immer beide Füße auf den Fußrasten absetzen, egal, ob im Stand oder während der Fahrt.
- Der Beifahrer hält sich vorrangig an den Hüften des Fahrers fest und rückt nah an ihn. Dies verringert Windverwirbelungen, schafft eine fahrerische Einheit und einen besseren Schwerpunkt.
- Bei starken Bremsvorgängen sollte sich der Sozius am Tank abstützen, um den Fahrer zu entlasten. Falls Haltegriffe hinten an der Maschine angebracht sind, können diese auch bei Brems- und Beschleunigungsvorgängen gute Dienste tun.
- Bei Kurvenfahrten macht der Sozius die Schräglage des Fahrers mit. Dabei ist auch die Blickrichtung des Beifahrers wichtig: Bei Linkskurven schaut er über die linke Schulter des Fahrers und bei Rechtskurven über dessen rechte Schulter.

Für sicheren Fahrspaß zu zweit gilt aber auch, dass du als Fahrer Rücksicht auf die veränderte Situation nimmst und nur sanft anfährst, schaltest und abbremst. Auch starkes Beschleunigen oder hohe Geschwindigkeit für eine längere Zeit solltest du vermeiden. Für starkes Beschleunigen macht ein Zeichen aus, damit der Beifahrer sich darauf einstellen und sein Einverständnis signalisieren kann. Bei hoher Geschwindigkeit für einen längeren Zeitraum wird der Nacken deines Beifahrers stärker beansprucht bzw. die Windverwirbelungen sind deutlich stärker und belasten den Beifahrer mehr. Auch häufigere Pausen sind von Vorteil, vor allem, wenn der Beifahrer noch nicht so geübt ist. Dann taste dich auch an Schräglagen immer langsam heran, und fahre generell vorausschauend, um etwa Ausweichmanöver zu vermeiden, denn die kommen für deinen Beifahrer überraschender als für dich.

Wenn dein Beifahrer Wünsche hat, gehe unbedingt darauf ein und nimm Rücksicht. Das Verhalten in Gefahrensituationen kann natürlich nicht geübt werden, aber es sollte zumindest mal angesprochen werden, damit ihr das gemeinsame richtige Verhalten aus dem Gedächtnis abrufen könnt.

14.4 Umweltbewusstes Verhalten

Etwas, das in den letzten Jahren immer mehr an Bedeutung gewonnen hat und in Zukunft noch wichtiger werden wird, ist das umweltbewusste Verhalten als Fahrer eines Kraftfahrzeugs. Zum umweltbewussten Verhalten eines Motorradfahrers gehört es, sich Gedanken über die schwindenden Ressourcen oder den Klimawandel durch den CO_2-Ausstoß zu machen, es ist aber auch wichtig, die Umwelt und die Menschen um einen herum nicht zu belästigen. Wie kannst du als Motorradfahrer dich umweltbewusst verhalten?

Als Erstes solltest du dir Gedanken darüber machen, welches Fahrzeug du dir anschaffst. Nicht nur Sicherheitssysteme sollten dabei eine Rolle spielen, sondern auch umweltschonende Technik sollte im Motorrad verbaut sein. Natürlich ist im Vergleich zum Auto ein Motorrad die eindeutig umweltfreundlichere Fortbewegungsart, wenn man davon ausgeht, dass das Auto schwerer und im Durchschnitt meist nur mit einer oder zwei Personen besetzt ist. Durch das leichtere Gewicht eines Motorrads wird natürlich deutlich weniger Kraftstoff zum Beschleunigen benötigt. Aber eine Abgasreinigung sollte definitiv vorhanden sein. Außerdem gibt es auf dem Markt gute und günstige Nachrüstmöglichkeiten. Aber nicht nur von der Abgasreinigung hängt der Schadstoffausstoß deines Motorrads ab, sondern auch von der technischen Wartung und davon, ob die Technik in einwandfreiem Zustand ist, also auch nichts tropft oder leckt.

Ein Faktor, der natürlich auch sehr stark dazu beiträgt, ob die Umwelt geschont wird oder nicht, ist der Fahrer selbst. Fahrer mit einer sehr sportlichen und schnellen Fahrweise haben im Normalfall einen höheren Spritverbrauch als Fahrer mit einer gelassenen und vorausschauenden Fahrweise. Ein Motorrad, das mit hohen Drehzahlen gefahren wird, ist nicht nur sehr verbrauchsfreudig, sondern auch extrem laut. So ein Motorrad hört man über große Entfernungen hinweg, es belastet die Umwelt durch den Lärm und ist ein Ärgernis für viele Menschen bzw. Anwohner. Darunter leidet dann auch das Image der Motorradfahrer sehr stark.

Am besten ist es, auf unnötiges bzw. unnötig starkes Beschleunigen zu verzichten, um den Schadstoffausstoß und den Lärmpegel niedrig zu halten. Eine vorausschauende Fahrweise trägt ebenso dazu bei, umweltbewusster unterwegs zu sein.

Schaue dazu weit voraus und gehe rechtzeitig vom Gas, um den Schwung des Motorrads auszunutzen, denn je länger du Gas gibst, desto mehr Sprit wird verbraucht. Musst du einmal länger warten, zum Beispiel an einer roten Ampel oder an einem Bahnübergang, dann schalte den Motor aus, damit nicht unnötig Sprit verbraucht wird und Abgase erzeugt werden.

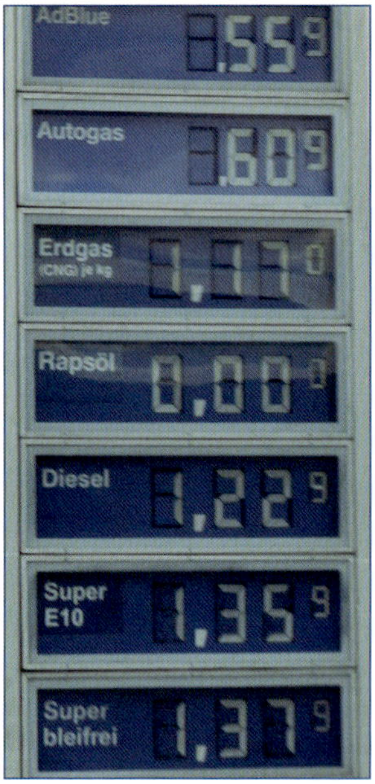

TIPP

Je umweltbewusster und energiesparender du fährst, desto mehr schonst du auch dein Motorrad und deinen Geldbeutel!

15. Besondere Schwierigkeiten und Gefahren

Motorradfahrer sind im öffentlichen Verkehr besonderen Gefahren ausgesetzt. Dazu zählen der Umgang mit den Wetterverhältnissen, besondere Sichtverhältnisse und die Reaktion darauf, das Fahrverhalten auf Autobahnen und die Fahrt in einem Stau. Auch die Fahrt eines Motorrads mit Beiwagen oder Anhänger und die Fahrt mit dreirädrigen Fahrzeugen erfordern vom Fahrer besonderes Wissen und Geschick. Wichtig für dich als Motorradfahrer ist es, die wichtigen Fahrsituationen zu kennen und zu beherrschen. In einer schwierigen Situation heißt es, sich angemessen zu verhalten. Du musst die Gefahrenlage erkennen und richtig bewerten. Bei einem Unfall musst du richtig reagieren. Damit rettest du Leben und sorgst dafür, dass keine Folgeunfälle geschehen. Dazu zählt auch, bestimmte Gefahrensituationen zu kennen und zu wissen, wie du dich jeweils richtig verhältst.

Neben der Kenntnis theoretischer Regeln ist es für einen Motorradfahrer wichtig, das falsche Verhalten anderer Verkehrsteilnehmer frühzeitig zu erkennen und einzuschätzen und richtig darauf zu reagieren. Du erfährst nun, welche Regeln für Motorradfahrer wichtig sind und wie du die Gefahren im Straßenverkehr meisterst. Bedenke aber immer, dass es nicht reicht, alle Grundlagen und Besonderheiten zu kennen. Wichtig ist auch die Fahrpraxis, die du dir nach und nach erarbeitest und die dir hilft, Probleme und Gefahren frühzeitig zu erkennen und richtig darauf zu reagieren. Eine Fahrt mit dem Motorrad wird dich oft auch in Situationen bringen, die nicht im Lehrbuch stehen und die durchaus auch gefährlich werden können. Hier musst du richtig reagieren, um dich und andere Verkehrsteilnehmer nicht zu gefährden. Du entwickelst nach und nach ein Gespür für das richtige Verhalten in nicht vorhersehbaren und gefährlichen Situationen im Straßenverkehr.

15.1 Hauptgefahren durch andere Verkehrsteilnehmer kennen und richtig reagieren

Motorradfahrer können im Straßenverkehr schnell übersehen werden. Darüber hinaus begegnest du Verkehrssituationen, die dich und andere Verkehrsteilnehmer gefährden können und auf die du richtig reagieren musst.

Eine solche Gefahrensituation ist zum Beispiel ein schlecht übersehbarer Fahrbahnverlauf. Kannst du den Verlauf der Straße nicht komplett überschauen, reduziere deine Geschwindigkeit so weit, dass du innerhalb einer überschaubaren Strecke zum Stehen kommen könntest! So kannst du jederzeit auf Gefahren reagieren, ohne dass ein Unfall geschieht. Aber: Vorsichtiges Fahren mit einer geringeren Geschwindigkeit, als auf der Straße und in der Wettersituation möglich ist, kann von anderen Verkehrsteilnehmern eventuell auch falsch verstanden werden. So fahren diese vielleicht los oder erhöhen ihrerseits die Geschwindigkeit. Damit musst du rechnen!

Bestehe nicht auf deinem Recht auf Vorfahrt, fahre umsichtig und vorausschauend und rechne dabei immer mit den Fehlern und/oder Unaufmerksamkeiten der anderen Verkehrsteilnehmer. Beobachte genau die Straße und die jeweilige Verkehrssituation. Nutze auch Hupe und Lichthupe, um auf dich aufmerksam zu machen und auch andere auf ihr Verhalten hinzuweisen. Sei immer bereit zu bremsen, also Vorderrad- und Hinterradbremse sofort einsetzen zu können, wenn dies notwendig sein sollte. Denke an rechtzeitiges Blinken, wenn du den Fahrstreifen wechseln willst. So können andere Verkehrsteilnehmer früh genug erkennen, was du vorhast. Überzeuge dich durch den Blick über deine Schulter und durch Absichern über deine Spiegel davon, dass du den Fahrbahnwechsel durchführen kannst. Rechne auch damit, dass ein anderer Verkehrsteilnehmer auf dein Vorhaben keine Rücksicht nimmt und dich vielleicht nicht einfädeln lässt. Dann warte ruhig ab und fädle dich in die nächste freie Lücke ein. Du stößt im Straßenverkehr immer wieder auf Raser, Drängler, unkonzentriert fahrende Verkehrsteilnehmer und auch Fahranfänger, die aufgrund fehlender Praxiserfahrung Fehler begehen können. Sei also stets brems- und reaktionsbereit!

Damit es trotz Reaktions- und Bremsbereitschaft nicht zu gefährlichen Situationen kommen kann, halte immer deinen Sicherheitsabstand zu den vorausfahrenden und auch zu den neben dir fahrenden Fahrzeugen ein. Fährst du zu dicht auf, wirst du in einer Gefahrensituation oder bei einer Unachtsamkeit des Vordermanns nicht schnell genug reagieren können, sodass es zu einem Auffahrunfall kommen kann. Denke immer daran, du hast auf dem Motorrad keine Knautschzone! Deine Reaktionszeit kann nie so schnell sein, dass du zugleich mit deinem Vordermann reagierst, vor allem, wenn dieser plötzliche Bremsmanöver macht. Kannst du noch ausweichen und so ein Auffahren verhindern, gefährdest du dabei eventuell andere Verkehrsteilnehmer oder kommst von der Fahrbahn ab. Halte aus diesem Grund immer einen ausreichenden Sicherheitsabstand ein. Rechne mit Fahrfehlern und Fehlverhalten anderer Verkehrsteilnehmer!

Merke dir einige der möglichen Ursachen für gefährliche Situationen im Straßenverkehr. So kannst du, wenn du in eine solche Situation gerätst, richtig und schnell reagieren. Die wichtigsten Beispielsituationen werden nachfolgend erläutert.

TIPP

Ausreichender Sicherheitsabstand ist mindestens der »halbe Tacho in Metern«, dieser Abstand puffert eine Strecke von 1,5 Sekunden! Besser ist es allerdings, den »Zwei-Sekunden-Abstand« zu wählen, denn dieser ist leichter zu kontrollieren, und du hast auch immer etwas mehr Sicherheitsabstand.

Beispiele für Unfallschwerpunkte im Kreuzungsbereich und in Kurven

Ein Unfallschwerpunkt ist der Verkehrsbereich von Kreuzungen und Einmündungen. Hier geschehen immer wieder Unfälle. Die wichtigsten Beispiele dafür sollen nun genannt werden.

Beispiel 1: Überholen im Kreuzungsbereich

Du überholst mit deinem Motorrad ein Fahrzeug, das im Kreuzungsbereich nach rechts abbiegt. Du selbst willst geradeaus weiterfahren. Ein von rechts kommendes Fahrzeug wird von dir übersehen, da es durch das abbiegende Fahrzeug verdeckt wird. Zugleich wirst aber auch du von dem aus der Straße von rechts kommenden Fahrzeug übersehen, da die Sicht auf dich ebenfalls durch das abbiegende Fahrzeug verdeckt wird.

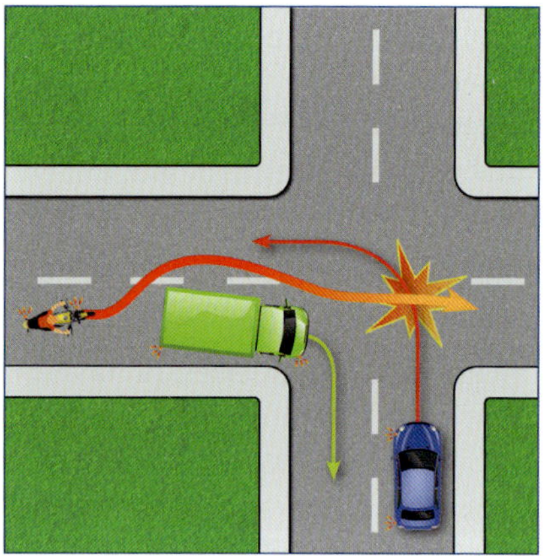

Der von rechts kommende Fahrzeugführer fährt eventuell los und gerät im Kreuzungsbereich in deine Fahrspur und erfasst dein Fahrzeug.

Zu dieser gefährlichen Situation muss es nicht kommen. Überhole keine Fahrzeuge im Kreuzungsbereich! Ist die Sicht auf eine Straße verdeckt, reduziere deine Geschwindigkeit und vergrößere den Abstand zum vorausfahrenden Fahrzeug, so bleibst du dann auch für andere gut sichtbar. Sei reaktions- und bremsbereit!

Beispiel 2: Entgegenkommendes Fahrzeug

Du befährst mit deinem Motorrad eine Vorfahrtstraße und fährst an der Kreuzung geradeaus. Ein entgegenkommendes Fahrzeug übersieht dich oder schätzt deine Entfernung und Geschwindigkeit falsch ein, fährt zu zeitig los und biegt nach links ab oder startet ein Wendemanöver. Zu einer ähnlichen Situation kann es kommen, wenn ein aus einer untergeordneten Straße kommendes Fahrzeug deine Vorfahrt missachtet und in deinen Fahrstreifen abbiegt.

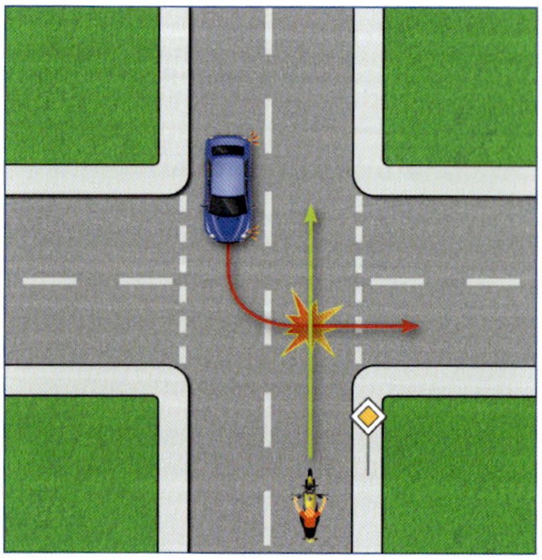

Achte in so einem Fall immer schon vor der Kreuzung oder Einmündung auf das Verhalten der anderen Verkehrsteilnehmer. Beobachte dabei das Verhalten und die Aufmerksamkeit der anderen Fahrzeugführer. Bewegt sich das andere Fahrzeug weiter? Hat der andere Fahrer zu dir geschaut bzw. hat er die Möglichkeit, dich zu sehen, oder wirst du durch irgendetwas verdeckt? Erhöhe vor dem Kreuzungsbereich deine Aufmerksamkeit und stelle Reaktions- und Bremsbereitschaft her!

Beispiel 3: Großes vorausfahrendes Fahrzeug und Linksabbieger im Gegenverkehr

Ein Transporter, Lkw, Bus oder auch ein Wohnmobil verdeckt die Sicht auf dich und dein Fahrzeug. Ein entgegenkommendes Fahrzeug biegt ab und gerät in deine Fahrspur. Reduziere die Geschwindigkeit und vergrößere den Abstand, wenn vorausfahrende Fahrzeuge die Sicht auf dich und dein Fahrzeug verdecken.

Wähle deine Fahrlinie so, dass du von den anderen Verkehrsteilnehmern immer gut erkannt wirst. Beobachte aufmerksam den Verkehr und sei brems- und reaktionsbereit!

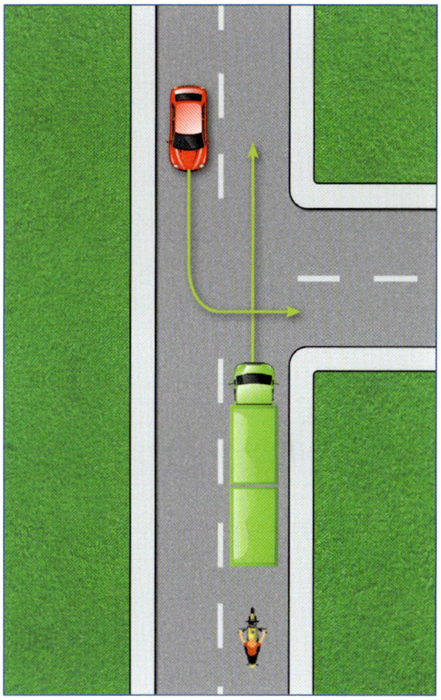

Beispiel 4: Während des Linksabbiegens überholt werden

Du biegst mit deinem Motorrad nach links ab. Dein Fahrmanöver wird durch den nachfolgenden Verkehr übersehen, und ein hinter dir fahrendes Fahrzeug setzt zum Überholen an.

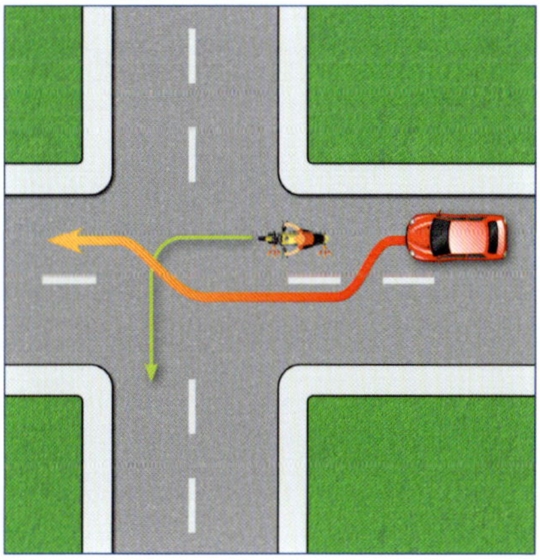

Achtung!!! Beobachte aufmerksam den nachfolgenden Verkehr. Vergewissere dich durch Blicke in deine Spiegel und durch einen Schulterblick vor dem Einordnen und nochmals vor dem Abbiegen, dass du nicht überholt wirst! Behalte auch das Geschehen am Rand deines Fahrwegs im Auge, um auch Fahrradfahrer oder Fußgänger, die von hinten kommen, zu sehen. Reagiere rechtzeitig und sei brems- und reaktionsbereit!

Beispiel 5: Blickschatten

Der sogenannte Blickschatten verdeckt dich und dein Motorrad bzw. lenkt andere Verkehrsteilnehmer von dir und deinem Motorrad ab. Blickschatten bedeutet, dass du dich im Vordergrund von etwas Größerem befindest, das den Blick des anderen

Fahrers mehr auf sich zieht oder auch ähnliche Farben wie du und dein Motorrad hat, oder dass dem anderen Verkehrsteilnehmer der direkte Blick auf dich verwehrt ist. Das kann ein Wahlplakat, eine Litfaßsäule, ein Baum oder Busch, ein Verkehrszeichen oder eine Bake, ein Pfosten, ein anderes großes Fahrzeug oder ein anderes Hindernis sein.

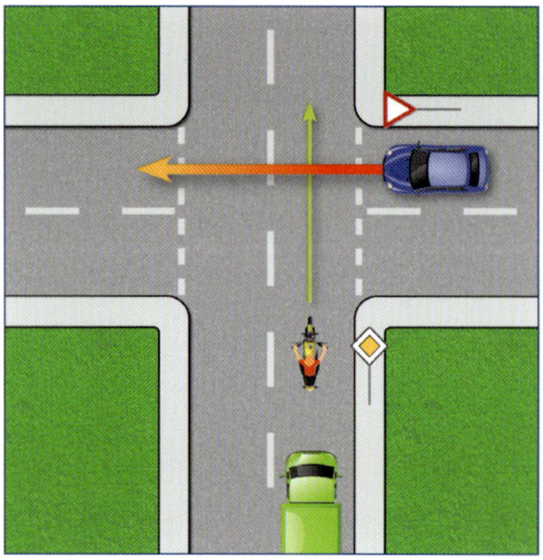

Ein Fahrzeug, das im Kreuzungsbereich abbiegt, übersieht dich und gerät in deine Fahrspur. Bemerkst du Hindernisse im Kreuzungsbereich, die die Sicht auf dich verdecken können, reduziere die Geschwindigkeit deines Fahrzeugs. Rechne mit einem anderen Fahrzeug und sei brems- und reaktionsbereit! Achte immer darauf, dass du eine Fahrlinie wählst, auf der du gut gesehen wirst, und richte deine Aufmerksamkeit auch darauf, ob du das Gesicht des anderen Fahrers sehen kannst. Denn dann hat dieser auch die Möglichkeit, dich zu erkennen.

Beispiel 6: Fahrbahnverengung

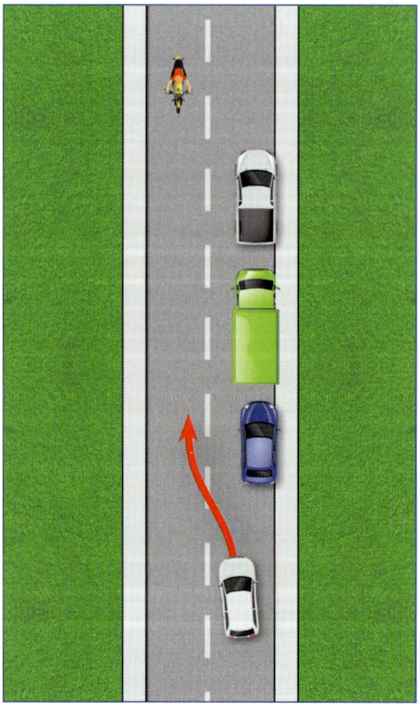

Ein entgegenkommendes Fahrzeug muss an einer Fahrbahnverengung warten. Du kommst ihm mit deinem Motorrad entgegen. Der Fahrzeugführer im wartenden Auto sieht dich, aber schätzt die Breite, die du mit deinem Motorrad benötigst, falsch ein und fährt zeitgleich mit dir durch die Engstelle. Er gerät in deine Fahrspur, und es kommt zu einer gefährlichen Situation.

Für manche Verkehrsteilnehmer bist du »einer von diesen Motorradfahrern« und wirst nicht als gleichberechtigter Verkehrsteilnehmer wahrgenommen.

Beispiel 7: Kurve schneidender Gegenverkehr

Ein dir entgegenkommender Pkw fährt zu schnell in eine Kurve und muss die Kurve schneiden, dadurch gerät er auf deine Fahrspur. Reduziere in unübersichtlichen Kurven die Geschwindigkeit und rechne immer mit Verkehrsteilnehmern, die zu schnell fahren und gefährliche Situationen heraufbeschwören. Sei reaktions- und bremsbereit!

Mit dem Motorrad andere Verkehrsteilnehmer überholen

Möchtest du einen anderen Verkehrsteilnehmer überholen, gibt es einiges für dich zu beachten! Jeder Überholvorgang ist ein sehr gefährliches Fahrmanöver, darum solltest du gut überlegen, bevor du dieses Manöver durchführst.

Als Allererstes überzeuge dich davon, dass die Verkehrslage gut einsehbar ist. Achte genau darauf, ob der Überholweg frei ist und du anschließend vor dem überholten Fahrzeug wieder gefahrlos einscheren kannst. Aber nicht nur der Verkehrsraum vor dir ist wichtig, sondern auch den Verkehr, der sich hinter dir befindet, musst du aufmerksam im Blick haben. Beobachte über deine Spiegel den nachfolgenden Verkehr, um auszuschließen, dass nicht mittlerweile ein hinter dir Fahrender seinerseits schon einen Überholvorgang gestartet hat.

Ist dies der Fall, verzichte auf deinen Überholvorgang. Hast du das ausgeschlossen, dann zeige durch rechtzeitiges Blinken an, was du vorhast. Vergewissere dich noch über einen Schulterblick in den toten Winkel, dass dieser frei ist. Nun blicke noch einmal in den Gegenverkehr, stelle sicher, dass dir niemand entgegenkommt, und schere aus. Beschleunige stark, aber beachte dabei, dass du die Höchstgeschwindigkeit nicht überschreitest.

Beobachte während des Überholvorgangs auch das vorausfahrende Fahrzeug. Es kann sein, dass dein Überholvorgang ignoriert wird und das Fahrzeug vor dir selbst ein Überholmanöver startet oder unerwartet ausschert. Dann musst du schnell reagieren und dein Motorrad abbremsen. Entscheide, ob du hinter dem Fahrzeug den Überholvorgang fortsetzt oder wieder einscherst.

Verzichte auf das Überholen bei Nässe, Glätte und stark verschmutzter Fahrbahnoberfläche. Lkws können bei nasser Fahrbahn einen Gischtregen verursachen. Dieser blockiert die Sicht durch dein Visier. Brich in so einem Fall dein Überholmanöver ab.

Überholst du im Bereich von Autobahneinfahrten, kann es passieren, dass ein vor dir fahrendes Fahrzeug seine Fahrspur verlässt und nach links wechselt. Auf diese Weise will der Fahrzeugführer anderen Fahrzeugen das Auffahren auf die Autobahn erleichtern.

Starkem Seitenwind musst du mit einem Druck gegen den Lenker und einer leichten Schräglage entgegenwirken. Beim Überholen eines Lkws tritt eine Gefahr auf, die speziell bei Seitenwind von rechts und einem Überholmanöver entsteht, und zwar der Windschatten. Das bedeutet, dass in dem Moment, in dem du das Heck des Lkws erreichst, plötzlich der Druck des Seitenwinds aufhört und sich dein Fahrzeug durch die Lenkerbewegung nach rechts und die Schräglage nach rechts versetzt.

Andersherum verhält es sich, wenn du wieder aus dem Windschatten des Lkws herausfährst. Jetzt tritt ganz plötzlich der Seitenwind wieder auf, und du musst dich auf Gegenlenken und leichte Schräglage einstellen.

Seitenwind tritt auch besonders auf freien Flächen, in Waldschneisen oder auf Brücken auf. Die Seitenwindanfälligkeit deines Motorrads nimmt mit steigender Geschwindigkeit zu und wird stärker, je mehr Verkleidung dein Motorrad hat. An

Stellen, an denen oft Seitenwind auftritt, ganz besonders bei Autobahnbrücken, steht oft eine Windhose oder ein Windsack. Daran erkennst du, aus welcher Richtung der Wind kommt und wie stark er ist.

Hindernisse im Straßenverkehr meistern

Immer wieder können Hindernisse für Schwierigkeiten und Gefahren im Straßenverkehr sorgen. Beobachte sorgsam die Straßenverhältnisse und den Straßenverkehr. Reduziere, wenn nötig, deine Geschwindigkeit. Halte dich bereit, in bestimmten Situationen schnell zu reagieren und dein Motorrad zu bremsen.

Auf bewaldeten Straßen kann es zu einem Wildwechsel kommen. Darum achte immer auf das Gefahrzeichen **Wildwechsel**, reduziere deine Geschwindigkeit, und erhöhe deine Reaktions- und Bremsbereitschaft. Achte auch auf Zeichen, die auf Wildwechsel hindeuten, wie zum Beispiel blaue Rückstrahler, die an den Straßenpfosten angebracht sind.

Bergkuppen und enge Kurven können die Sicht auf andere Verkehrsteilnehmer verdecken. Schnell wechselnde Lichtverhältnisse können die Orientierung und die Sicht erschweren. Bei einer Fahrt durch ein Waldgebiet bei Sonnenschein kann bei diesem Licht-Schatten-Spiel ein verirrter Sonnenstrahl ganz leicht für eine starke Blendung sorgen.

Auf Landstraßen sind Fußgänger verpflichtet, auf der Gegenfahrbahn zu laufen. Darum kann es dir passieren, dass dir ein Fußgänger auf deiner Fahrbahnseite entgegenkommt. Halte zu deiner und der Sicherheit des Fußgängers einen ausreichenden Seitenabstand von mindestens 1,5 m (auch erforderlich bei Radfahrern) ein. Auf engen Straßen und im Bereich von Kurven oder Kuppen reduziere deine Geschwindigkeit und fahre vorsichtig und langsamer an dem Fußgänger vorbei. In Bereichen von Kreuzungen bedenke auch, dass der Fußgänger eventuell die Sicht eines anderen Fahrers auf dich verdecken kann.

In einem Wohngebiet können Bäume, parkende Fahrzeuge und andere Hindernisse Fußgänger und spielende Kinder verdecken. Denke daran: Kinder reagieren oft unüberlegt und laufen plötzlich auf die Straße, weil etwa ein Ball davongerollt ist. Bleibe hier immer brems- und reaktionsbereit!

In einem solchen bewohnten Gebiet musst du auch immer damit rechnen, das ein unvorsichtiger Verkehrsteilnehmer die Tür eines parkenden Fahrzeugs öffnet, ohne sich vorher einen Überblick über die Verkehrssituation zu machen. Beobachte hier sorgsam alle parkenden Fahrzeuge, ebenso die Straße und den vor dir liegenden Verkehr. Manchmal lässt sich ein unachtsames Öffnen einer Autotür auch vorhersehen. Oft passiert das nämlich dann, wenn ein Fahrzeug gerade erst angehalten hat. Viele Fahrer sind kurz vor dem Aussteigen mit anderen Dingen beschäftigt – sie vergewissern sich, ob sie alles Wichtige mitgenommen haben – oder sie sind in Eile und mit den Gedanken woanders. Halte auch hier eine erhöhte Reaktions- und Bremsbereitschaft ein!

An Haltestellen kann es ebenfalls zu gefährlichen Situationen kommen. So können zum Beispiel Fußgänger, die den Bus oder die Straßenbahn noch schnell erreichen möchten, unvorsichtig über die Fahrbahn laufen. Auch können unvorsichtige Personen hinter Bussen oder Straßenbahnen auf die Straße treten und diese schnell überqueren. Sei hier immer reaktions- und bremsbereit! Auch Wahl- und Werbeplakate, Bäume und andere Fahrzeuge können in einem Wohngebiet die Sicht auf andere Verkehrsteilnehmer oder deren Sicht auf dich behindern.

Verschmutzte Straßen, Nässe, Glätte, Eis und Schnee oder nasses Laub auf der Straße führen zu schwierigen Fahrverhältnissen. Auch hier hilft ein Reduzieren der Geschwindigkeit und somit ein vorsichtigeres, den Straßenverhältnissen angepasstes Fahren.

Nicht immer sind schlechte Straßenverhältnisse sofort erkennbar. Kuppen, enge und unübersichtliche Kurven und schnell wechselnde Lichtverhältnisse können schlechte Fahrbahnverhältnisse spät oder gar nicht erkennbar machen. Auch wenn es eine Wiederholung ist und du schon weißt, was hier zu tun ist – sei immer brems- und reaktionsbereit! Beobachte aufmerksam den Verkehr und die Straßenverhältnisse.

Gefahren in Alleen

Die Bäume in Alleen sorgen für ein schnell wechselndes Hell und Dunkel. Dieser Licht-Schatten-Wechsel erschwert die Sicht auf die Straße und auf andere Verkehrsteilnehmer, das gilt sowohl für dich als auch für die anderen Verkehrsteilnehmer. Reduziere hier die Geschwindigkeit deines Motorrads. So erkennst du rechtzeitig entgegenkommende Fahrzeuge.

In Alleen kann zudem die Fahrbahn gewölbt sein. Die Wurzeln der Bäume heben die Fahrbahn an. Auch können Äste von Bäumen tief über die Fahrbahn ragen. Gerade Lkws werden hier behindert und müssen ausweichen. Alleen erfordern also deine besondere Aufmerksamkeit.

Bei Dunkelheit kann es geschehen, dass andere Fahrzeuge ihre Fahrspur nicht einhalten und in der Mitte der Fahrbahn fahren, da die Bäume am Fahrbahnrand bei Dunkelheit nicht gut zu erkennen sind. Halte genügend freien Platz in beide Richtungen (rechts und links).

Bei Windböen und Sturm musst du in Alleen sowie auf Straßen, die durch Wälder führen, mit abgebrochenen Ästen auf der Fahrbahn rechnen. Diesen gilt es rechtzeitig auszuweichen. Auch nach einem Unwetter liegen oft noch Äste auf der Fahrbahn. Zudem halten sich Nässe und Glätte in Alleen deutlich länger und machen die Fahrbahn, eventuell auch in Verbindung mit auf der Fahrbahn liegendem Laub, zu einer Rutschbahn. Passe hier dein Fahrverhalten den Bedingungen der Straße entsprechend an.

Motorrad fahren auf der Autobahn

Die Beschaffenheit von Autobahnen und die hohen Geschwindigkeiten, die hier gefahren werden, erfordern ein anderes Fahrverhalten vom Motorradfahrer, als er es von der Straße gewohnt ist.

Beachte bitte:

- Auf der Autobahn gilt für Kraftfahrzeuge bis 3,5 t zulässige Gesamtmasse eine Richtgeschwindigkeit von 130 km/h.
- Kraftfahrzeuge, also auch Krafträder, die nicht eine bauartbedingte Höchstgeschwindigkeit (bbH) von mehr als 60 km/h haben, dürfen die Autobahn nicht befahren.
- Wenden, Parken und Anhalten sind grundsätzlich verboten. Den Seitenstreifen darfst du nur zum Halten nutzen, wenn dein Fahrzeug eine Panne hat und du nicht weiterfahren kannst.

Die Auf- und Abfahrten sind meist als Kurven gebaut. Der Radius dieser Kurven ist unterschiedlich und erfordert so eine mehr oder weniger geringere Geschwindigkeit. Bei einer Auffahrt mit engem Radius musst du vorsichtiger und mit einer geringeren Geschwindigkeit fahren, als dies bei einer Auffahrt mit einem weiten Radius der Fall ist. Das Gleiche gilt bei den Abfahrten. Schaue deshalb weit in die Kurve hinein, damit du ihren Verlauf besser abschätzen und deine Fahrlinie vorplanen, deine Geschwindigkeit und eventuell Gangwahl anpassen und mögliche Hindernisse erkennen kannst. Achte auch darauf, dass die Kurven bei Autobahnauf- und -abfahrten öfter sogenannte Hundekurven sind, das heißt, sie werden in ihrem Verlauf enger. Hier musst du dann deine Geschwindigkeit und Schräglage anpassen.

Auffahren

Bei der Auffahrt dient der Einfädelungsstreifen auch dazu, die Geschwindigkeit so abzustimmen, dass du dich in den Verkehr auf der Autobahn einordnen kannst. Ist dein Motorrad stark beladen, musst du einen kleineren Gang einlegen, um besser beschleunigen zu können. Achte darauf, den Verkehr durch mehrere Blicke in die Spiegel abzusichern, bevor du in den Einfädelungsstreifen einfährst, um so eine für dich geeignete Lücke zu finden. Hast du diese gefunden, setze den Blinker und beschleunige dein Motorrad kräftig. Nutze dazu den Einfädelungsfahrstreifen am besten in seiner gesamten Länge. Kurz vor Ende fädelst du dich in die von dir gewählte Lücke ein. Ist auf der Autobahn starker Verkehr, passe auf jeden Fall deine Geschwindigkeit den Fahrzeugen an, zwischen denen du einfädeln willst – achte auch auf ausreichenden Sicherheitsabstand nach vorne, und sichere noch einmal durch Spiegel und Seitenblick ab!

Abfahren

Abfahrten werden rechtzeitig auf der Autobahn angezeigt. Ordne dich so früh wie möglich vor der Abfahrt, die du nehmen möchtest, rechts ein. Zeige mit dem Blinker an, was du tun willst, und reduziere deine Fahrgeschwindigkeit. Unterschätze nicht die Geschwindigkeit, mit der du dich fortbewegst. Es kann vorkommen, dass du nach einer längeren schnellen Fahrt kein Gefühl mehr für die tatsächlich gefahrene Geschwindigkeit hast. Kontrolliere deshalb häufiger als sonst deinen Tacho, damit die Geschwindigkeit passt.

Rechtzeitig nach rechts zu wechseln, wenn du eine Abfahrt nehmen willst, heißt, zwischen 500 und 1.000 m vor der Abfahrt nach rechts zu wechseln. Spätestens bei der 300-Meter-Bake solltest du das Abfahren mit dem Blinker anzeigen. Bevor du auf den Ausfädelungsfahrstreifen wechselst, sichere dich über deine Spiegel und mit einem Schulterblick nach rechts ab, dass dich kein Fahrzeug von hinten überholt. Achte bei der Abfahrt auf den Radius der Kurve. Kannst du nicht einsehen, dass es sich um eine Kurve mit einem weiten Radius handelt, vermindere weiter die Geschwindigkeit. Bei einer zu schnellen Fahrt in eine Abfahrt mit engem Radius wirst du aus der Kurve getragen.

Überholen

Möchtest du auf der Autobahn überholen, achte auf die hier herrschenden höheren Geschwindigkeiten. Du musst sehr aufmerksam sein. Selbst wenn du konzentriert bist und alles im Blick hast, kannst du leicht von anderen Verkehrsteilnehmern übersehen werden. Auf der Autobahn gibt es leider auch Raser, unvorsichtige Fahrer und Fahrer mit wenig Fahrerfahrung. Das alles und die höheren Geschwindigkeiten, die auf der Autobahn gefahren werden, erfordern mehr Konzentration und Aufmerksamkeit als auf einer normalen Straße. Fahrfehler können schnell zu gefährlichen Situationen und sehr schweren Unfällen führen.

Neben dem »Übersehenwerden« ist auch ein starker, unverhofft auftretender Seitenwind gefährlich. Ein solcher Wind kann dich aus der Fahrspur drücken und ist gerade bei einem Überholmanöver ein gefährliches Problem. Du musst gegenlenken und so die Fahrspur halten.

Falschfahrer

Eine weitere Gefahr auf der Autobahn sind Falschfahrer. Ein Pkw-Fahrer bekommt über den Verkehrsfunk eine Warnung über einen Falschfahrer auf seiner Autobahn. Du hast diese Möglichkeit nicht. Falschfahrer sind selten, aber sie kommen vor. Bleibe immer aufmerksam, reaktions- und bremsbereit!

Stau

Kommst du in einen Stau, halte ebenso wie die anderen Fahrer deine Fahrspur ein. Nutze nicht den Seitenstreifen oder den Zwischenraum zwischen Fahrspuren, um weiterzufahren. Halte die Rettungsgasse für Rettungs- und Sicherheitsfahrzeuge immer frei.

Mogelst du dich an Autofahrern vorbei oder bleibst du neben einem stehen, kann es aufgrund des geringen Seitenabstands zu einer ungewollten Kollision kommen. Du blockierst die Rettungsgasse, deshalb können der Rettungsdienst sowie die Sicherheitskräfte nicht zu einem Unfallort gelangen. Es kann passieren, dass ein Fahrer plötzlich die Tür seines Fahrzeugs öffnet. Andere Verkehrsteilnehmer könnten aufgrund deiner Fahrweise aggressiv reagieren. Aus diesen Gründen: Bleib auf deiner Fahrspur! Denke daran, sich vorbeizumogeln ist nicht nur gefährlich, sondern auch verboten!

Im Stand wird dein Motorrad mit einem Elektrolüfter gekühlt. Eventuell musst du darauf achten, die Zündung zu betätigen und den Motor wieder einzuschalten, damit der Lüfter läuft.

Blow-up

Eine weitere Gefahr auf Autobahnen sind sogenannte Blow-ups. Dabei kommt es zu einem Aufwölben oder Aufbrechen der Fahrbahnoberfläche. Dies passiert, wenn mehrere Tage große Hitze mit Temperaturen über 30 Grad herrscht und sich die Fahrbahnoberfläche sehr stark aufheizt. Fahrbahnen aus Asphalt verformen sich leichter als solche aus Beton, deshalb kommt das »Aufplatzen« bei Betonfahrbahnen häufiger vor. Dagegen kann man sich als Motorrad- oder Autofahrer nur sehr schwer schützen, da das Aufbrechen der Fahrbahn sehr schnell geht. Wichtig ist, dass du auf gefährdeten Abschnitten die Geschwindigkeit verringerst und den Abstand zu deinem Vordermann vergrößerst. Besonders gefährdet sind vor allem ältere Betonfahrbahnen.

Achte bei großer Hitze auf solche Gefahrenzeichen!

15.2 Witterungseinflüsse richtig meistern

Das Wetter hat einen entscheidenden Einfluss auf die Fahrbahn und das Fahrverhalten eines Motorrads. Geschwindigkeitsveränderungen, Bremsmanöver, Überholmanöver und Kurvenfahrten – bei all diesen Fahrmanövern gilt es, die Witterungsverhältnisse und den Zustand der Fahrbahn zu beachten.

Anders als bei einem Pkw musst du hier mehr Vorsicht walten lassen. Du bist auf zwei Rädern unterwegs, und eine andere Fahrbahnbeschaffenheit oder veränderte

Sichtverhältnisse können dein Fahrverhalten und das deiner Maschine negativ beeinflussen.

Du bist auf deinem Motorrad der Witterung ausgeliefert. Achte daher immer auf eine dem Wetter angepasste Kleidung. Bist du schlecht ausgerüstet, riskierst du nicht nur eine Erkältung, sondern reagierst auch langsamer. Nässe und Kälte sorgen für Unwohlsein und fehlerhaftes Verhalten. Gerade im Winter und in der Übergangszeit musst du mit Regen, Schneefall und Kälte rechnen. Deine Hände und deine Füße können, wenn du sie nur ungenügend schützt, schnell abkühlen. Du musst Kupplung, Gas und Bremse schnell bedienen können. Mit unterkühlten Händen und Füßen ist dies nicht möglich.

Regen verschlechtert nicht nur die Haftung deiner Reifen auf der Fahrbahn, sondern vermindert auch die Sicht. Du kannst andere Verkehrsteilnehmer schlechter erkennen. Aber auch diese erkennen dich später. Du musst hier die Geschwindigkeit deines Fahrzeugs den Witterungs- und Sichtverhältnissen anpassen.

Bei und nach starkem Regen kann es auf der Fahrbahn zu Aquaplaning kommen. Dieser Effekt tritt bei Spurrillen und abgefahrenen Motorradreifen in Kombination mit Wasser auf der Fahrbahn auf. Dein Motorrad »schwimmt« und verliert den Kontakt zur Straße. Dabei kannst du leicht ins Schleudern geraten. Auch hier hilft das Vermindern der Geschwindigkeit.

Feuchtigkeit ändert nicht nur das Fahrverhalten des Motorrads, auch die Bremsen werden beeinflusst. Bei Scheibenbremsen tritt bei Regen eine verspätete und eine geringere Bremswirkung ein. Passe auch hier deine Geschwindigkeit an. Fahre vorsichtig und sei brems- und reaktionsbereit. Versuche, große Wasserlachen und sichtbare Pfützen zu umfahren. Achte darauf: Du siehst nicht, was sich in einer Pfütze verbirgt. Darin können auch Steine und Äste liegen. Wenn du sie nicht umfahren kannst, fahre vorsichtig durch solche Hindernisse!

Gerade nach sehr langen Trockenperioden bildet sich bei einsetzendem Regen durch Staub, Schmutz, den Abrieb von Reifen, Laub und Ölresten ein Schmierfilm auf der Fahrbahn, der das Fahrverhalten deines Motorrads negativ beeinflusst. Fahre dann besonders vorsichtig, da es eine gewisse Zeit braucht, um diesen Schmierfilm von der Straße zu waschen. Achte aber bei einsetzendem Regen darauf, Fahrbahnmarkierungen nicht zu überfahren bzw. keine Schräglage auf ihnen zu haben, da diese bei Nässe sehr rutschig sind.

Ein weiteres Problem ist plötzlich auftretender Nebel. Nebel behindert deine Sicht und sorgt zugleich auch dafür, dass du nicht, schlecht oder zu spät gesehen wirst. Neben breiten Nebelbänken können sich auch in Senken örtlich begrenzte, sehr dichte Nebelfelder befinden. Beachte: Bei Nebel findest du oft auch eine nasse Fahrbahn vor. Durch die schlechtere Haftung der Fahrbahn kannst du stürzen. Fahre hier besonders vorsichtig!

Das Fahren eines Motorrads bei Eis und Schnee erfordert besonderes Geschick. Du kannst dein Motorrad auf eine winterliche Situation vorbereiten und dir selbst entsprechende Kleidung zulegen. Schneeglätte, Eis auf der Fahrbahn und Schneematsch verändern die Fahr- und Bremseigenschaften des Motorrads. Auch andere Verkehrsteilnehmer müssen sich anpassen. Im Winter besteht ein höheres Unfallrisiko, weil einige unerfahrene Verkehrsteilnehmer in gefährliche Situationen geraten. Aber auch erfahrene Fahrer sind oftmals betroffen. Übermut, Unaufmerksamkeit und falsches Einschätzen der Straßenverhältnisse führen zu gefährlichen Situationen und zu Unfällen. Du kannst bei schlechten Witterungsbedingungen auf eine Fahrt verzichten. Fährst du dennoch im Winter mit deinem Motorrad, denke daran, nach der Fahrt das Fahrzeug von Streusalz zu befreien und gründlich zu reinigen, da es dein Fahrzeug angreift.

15.3 Motorrad fahren bei Dämmerung und Dunkelheit

Bei Dämmerung und in der Dunkelheit sind die Straße und die Straßenbegrenzung oft nicht gut zu erkennen. Du siehst nur etwa 10 % von dem, was du bei einer Fahrt am Tage sehen kannst. Du musst deine Geschwindigkeit entsprechend reduzieren. Du darfst bei Dunkelheit nur so schnell fahren, dass du innerhalb der Reichweite deines Abblendlichts anhalten kannst; achte darauf, diese Geschwindigkeit beizubehalten, auch wenn du mit Fernlicht fährst. Sei brems- und reaktionsbereit!

Bei Dämmerung gehen Farben und Konturen verloren, sodass du entgegenkommende Fahrzeuge nur schlecht erkennst und verspätet siehst, aber auch Verkehrszeichen sind davon betroffen, da du diese ja durch ihre Formen und Farben voneinander unterscheidest und sie auch daran erkennst. Fußgänger mit dunkler Kleidung und Fahrradfahrer ohne Licht stellen eine weitere Schwierigkeit dar. Du erkennst sie erst sehr spät. Auch hier musst du rechtzeitig bremsen und reagieren können, um so eine gefährliche Situation im Straßenverkehr oder einen Unfall zu vermeiden.

Rechne auch damit, dass dir Fußgänger auf deiner Straßenseite entgegenkommen. Hast du das Fernlicht eingeschaltet, schalte auf das Abblendlicht um, damit die Fußgänger nicht geblendet werden. Kommt dir Gegenverkehr entgegen und blendet dich durch sein Fernlicht, dann verringere deine Geschwindigkeit, denn eventuell kannst du durch die Blendung Fußgänger, die sich auf deiner Fahrbahnseite befinden, nicht erkennen. Sei brems- und reaktionsbereit. Eventuell musst du anhalten.

In Waldgebieten können Rehe und andere Wildtiere auf die Fahrbahn geraten oder sie plötzlich überqueren. Bremse bei einem Wildwechsel ab, blende ab und betätige die Hupe. Ist ein Aufprall nicht mehr zu vermeiden, verringere die Geschwindigkeit so weit wie möglich und weiche dem Wild nicht aus. Versuche, diesem Reflex nicht nachzugeben. So senkst du das Verletzungsrisiko und den Schaden an deinem Fahrzeug. Nach dem Zusammenstoß sichere die Unfallstelle und kontaktiere die Polizei oder den Jagdpächter. Am einfachsten ist es, die Polizei anzurufen, da diese den Jagdpächter verständigt und du anschließend ein Unfallprotokoll für die Versicherung bekommen kannst. Achte ganz besonders auf das Gefahrzeichen **Wildwechsel** oder auf zusätzliche blaue Rückstrahler, die Wildwarnreflektoren, an den Leitpfosten.

Bei einer Fahrt in der Dämmerung oder Dunkelheit sind Entfernungen nicht mehr so gut einzuschätzen. Du musst dementsprechend die Geschwindigkeit deines Fahrzeugs anpassen und schnell reagieren können, wenn dies notwendig ist.

Bei einer Fahrt in der Stadt geht die Beleuchtung eines Motorrads im Lichtermeer unter. Bunte Leuchtreklame, Straßenlampen, helle Schaufenster und weitere Lichtquellen der Stadt sorgen dafür, dass die Beleuchtung deines Motorrads nicht mehr gut sichtbar ist. Auch hier heißt es, besonders vorsichtig zu fahren. Um besser gesehen zu werden, trägst du helle Kleidung, die mit reflektierenden Elementen versehen ist. Auch eine Umhängeschärpe, eine Umhängeweste mit Reflexionselementen oder ein sogenannter Reflexgürtel sind hier eine gute Wahl. Wähle auch deine Fahrlinie immer so, dass du von den anderen Autofahrern gut erkannt wirst. Dies funktioniert am besten, wenn du ziemlich mittig im Fahrstreifen fährst.

Das Helmvisier beeinträchtigt deine Sicht bei Dämmerung und in der Dunkelheit. Kleine Kratzer, die sich im Laufe der Zeit kaum vermeiden lassen, führen zu Lichtreflexen und erhöhen die Blendgefahr, da die Lichtstrahlen durch die Kratzer falsch gebrochen werden. Noch stärker wird dieser Effekt bei Regen. Fahre vorsichtig und passe deine Geschwindigkeit an die Sichtverhältnisse an. Ist dein Helmvisier stark verkratzt, tausche es rechtzeitig durch ein neues aus. Verzichte auf ein getöntes Visier oder nutze ein integriertes klappbares Visier. Ein getöntes Visier ist gut bei Tag und viel Sonnenschein. Nachts und bei Dämmerung ist es hinderlich und verschlechtert die Sicht.

Die ungünstigeren Sichtverhältnisse in der Dämmerung und nachts haben auch zur Folge, dass du den Verlauf der Straße sowie Verschmutzungen, Unebenheiten oder Gegenstände auf der Straße später wahrnimmst als bei Tageslicht. Auch Straßenabschnitte mit Rollsplitt siehst du erst spät. Hier gilt ebenfalls, was schon häufig geschrieben wurde: Fahre vorsichtig und passe die Geschwindigkeit deines Motorrads an die Sichtverhältnisse an.

Die Ausleuchtung der Straße ist nicht überall gleich. Einige Fahrbahnabschnitte sind mit Leitpfosten mit Rückstrahlern versehen und lassen so die Begrenzung und den Verlauf der Fahrbahn gut erkennen. Andere sind gut mit Straßenlaternen ausgestattet. Fehlt eine Beleuchtung, musst du vorsichtig fahren. Denke bei wechselnder Beleuchtung auch daran, dass deine Augen etwas Zeit benötigen, um sich an die veränderte Ausleuchtung zu gewöhnen. Deine Sicht beim Befahren von Kurven wird auch dadurch beeinflusst, ob dein Fahrzeug Doppelscheinwerfer besitzt, ob der Scheinwerfer der Bewegung des Lenkers folgt oder fest mit dem Fahrzeug verbaut ist. Vermindere die Geschwindigkeit und fahre vorsichtig in die Kurve.

Das Fernlicht ist bei einer nächtlichen Fahrt eine gute Hilfe. Es leuchtet die Straße sehr gut aus. Mache dich mit der Bedienung des Fernlichts vertraut. Du erkennst an der blauen Kontrolllampe an deinem Motorrad, dass das Fernlicht eingeschaltet ist. Denke daran, auch bei eingeschaltetem Fernlicht nur so schnell zu fahren, dass du innerhalb der Reichweite des Abblendscheinwerfers anhalten kannst. Bei Gegenverkehr, bei Fußgängern am Straßenrand und Fahrradfahrern auf der Straße schaltest du auf das Abblendlicht um. Ebenso schaltest du das Abblendlicht ein, wenn Fahrzeuge vor dir sind, sonst besteht die Gefahr, dass deren Fahrer über ihre Rückspiegel geblendet werden. Auf Fahrbahnen mit durchgehend ausreichender

Beleuchtung brauchst du kein Fernlicht und schaltest daher ebenfalls das Abblendlicht ein. Musst du an einem Bahnübergang warten, wechsle auf das Standlicht. So können die entgegenkommenden Fahrzeuge besser den geschlossenen Bahnübergang erkennen.

Sollte das Fernlicht bei deinem Motorrad ausfallen, musst du mit Abblendlicht weiterfahren. Reduziere hier die Geschwindigkeit, um die Fahrbahn gut sehen zu können und dem Fahrbahnverlauf sicher folgen zu können. Tausche die Glühlampe des Fernlichts so schnell wie möglich aus.

Bei einer Fahrt in der Dämmerung oder in der Nacht kann dich der Gegenverkehr ungewollt blenden. Das kann passieren, wenn andere Fahrer dich zu spät bemerken oder sie unkonzentriert fahren und das Fernlicht zu spät ausschalten. Auch bei einer falsch eingestellten Leuchtweitenregulierung wirst du vom Gegenverkehr geblendet. Schaue dann nicht in das Scheinwerferlicht des entgegenkommenden Fahrzeugs. Richte deinen Blick zum rechten Fahrbahnrand und reduziere die Geschwindigkeit, bis der andere Fahrer auf das Abblendlicht umschaltet oder vorbeigefahren ist.

15.4 Motorräder mit Beiwagen fahren

Motorräder mit Beiwagen lassen sich schwerer fahren als ein normales Motorrad. Es erfordert einiges an Übung, Geschick und ein gehöriges Maß an Fahrerfahrung, um alle erdenklichen Verkehrssituationen mit einem Gespann zu meistern. Bedenke bitte: Dein Führerschein erlaubt nicht nur das Fahren eines Motorrads, sondern auch das eines Gespanns, wie Motorräder mit Beiwagen auch genannt werden. Du solltest aber vor dem Fahren eines solchen Gespanns einen speziellen Lehrgang besuchen und unter der Aufsicht eines Fahrlehrers auf einem Übungsplatz einige Übungsrunden drehen.

Nicht jedes Motorrad lässt sich für ein Gespann einsetzen, sondern das Fahrzeug muss beiwagentauglich sein. Das heißt, das Fahrzeug muss für den Betrieb mit Beiwagen zugelassen sein.

Das trifft längst nicht auf jedes Motorrad zu, es muss dann umgebaut werden und verliert meist die Betriebserlaubnis als Solomotorrad. Du musst eine neue Betriebserlaubnis für das Motorrad mit Beiwagen (Gespann) beantragen. Auch das ist ein gewisser bürokratischer Aufwand. Es empfiehlt sich daher der Kauf eines Motorrads mit Beiwagen. Dann entfallen die ganzen zusätzlichen Gutachten und Eintragungen. Natürlich musst du dein neues Fahrzeug bei der Zulassungsstelle anmelden und ein Kennzeichen erwerben und eintragen lassen. Aber das ist wesentlich schneller erledigt als all die Hürden, die sich durch den Eigenbau eines Gespanns ergeben.

Beachte bitte, dass du aus einem Gespann kein Solomotorrad mehr machen kannst. Dabei ist es unwichtig, ob du das Gespann gekauft hast oder aus einem Solomotorrad und einem Beiwagen ein Gespann gebaut hast. Ein Gespann bleibt ein Gespann.

Der Beiwagen kann rechts oder links am Motorrad angebracht sein. Da in Deutschland Rechtsverkehr herrscht, ist ein an der rechten Seite des Motorrads angebrachter Beiwagen üblich. Die Verbindung zum Motorrad kann, je nach Hersteller und Modell des Gespanns, auf unterschiedliche Weise umgesetzt sein. Es gibt Modelle mit einer festen Verbindung. Es gibt jedoch auch Beiwagen, die beweglich mit dem Motorrad verbunden sind. Bei diesen flexiblen Gespannen wiederum gibt es Modelle, bei denen bei einer Kurvenfahrt nur das Motorrad in Schräglage gerät, sowie Modelle, bei denen Motorrad und Beiwagen in Schräglage kommen.

Dabei ist zu beachten: Jede Bauart hat ein anderes Fahrverhalten. Du musst dich an dein Gespann gewöhnen, sein Fahr- und Bremsverhalten kennenlernen und dir schrittweise die notwendige Fahrerfahrung erarbeiten.

Beachte bitte: Möchtest du nur einen anderen Mitfahrer mitnehmen, muss dieser im Beiwagen sitzen. Fährt ein zweiter Passagier mit, sitzt einer hinter dir auf der Fahrerbank des Motorrads.

Ist der Beiwagen beladen oder fährt ein Passagier mit, sind die Flieh- und Bremskräfte stärker. Du musst also noch mehr gegenlenken, um diesen Kräften entgegenzuwirken und dein Fahrzeug in der Fahrspur zu halten.

Die aktuell erhältlichen Gespanne sind in der Regel mit einer Beiwagenbremse ausgerüstet. Damit ist ein sicheres Bremsmanöver möglich.

Ohne eine solche Beiwagenbremse kann es passieren, dass bei einem Bremsmanöver das Gespann ins Schleudern und aus der Fahrspur gerät. Nutze darum immer die Beiwagenbremse, wenn dein Gespann eine hat.

Beim Eigenbau eines Motorrads mit Beiwagen muss ein eigenes Bremssystem für den Beiwagen aufgebaut werden, denn am Bremssystem des Motorrads darf keine Veränderung vorgenommen werden.

Die Beleuchtungsanlage eines Motorrads mit Beiwagen ist ähnlich der einer Solomaschine. Zusätzlich ist am Beiwagen eine Begrenzungsleuchte angebracht, die weiß leuchtet. Am Beiwagen befindet sich außerdem eine Blinkleuchte. Dagegen muss die Blinkleuchte am Motorrad, die zum Beiwagen zeigt, entfernt oder verdeckt werden. Hinten am Beiwagen sind noch eine Bremsleuchte und eine rote Schlussleuchte angebracht.

Das veränderte Fahrverhalten mit Beiwagen

Die Eigenschaften eines Beiwagens bei der Fahrt unterscheiden sich stark von der eines Solomotorrads. Hier wirken andere und veränderte Kräfte, die es zu beachten gilt.

Beim Durchfahren einer Kurve mit einem Gespann entstehen Fliehkräfte, denen du nicht wie beim Solomotorrad durch die Schräglage des Motorrads entgegenwirken kannst. Du und dein Beifahrer müsst in der Kurve das Gewicht verlagern und so den Fliehkräften entgegenwirken.

Die Antriebskräfte wirken nur am Motorrad, nicht am Beiwagen. Aufgrund dieser Trägheit schiebt der Beiwagen das Gespann sowohl beim Anfahren als auch beim Beschleunigen nach rechts, sodass du nach links gegenlenken musst. Nimmt das Gespann eine höhere Fahrgeschwindigkeit auf, fährt es geradeaus. Dann musst du natürlich den Lenker geradeaus halten.

Die Bremskräfte bei einem Gespann mit ungebremstem Beiwagen wirken nur am Motorrad. Nun schiebt der Beiwagen durch seine Masse das Gespann nach links, und du musst nach rechts gegenlenken.

Dieses Abdriften von der eingeschlagenen Fahrspur, das Gegenlenken und Korrigieren der Fahrt musst du üben und dich daran gewöhnen. Eine ähnliche Fahrdynamik gibt es übrigens auch bei Flugzeugen. Hier sind jedoch andere Kräfte am Abdriften schuld. Das aber nur nebenbei.

Das Gewicht bei einem Motorrad mit Beiwagen ist nicht mehr gleichmäßig verteilt. Der Schwerpunkt befindet sich nicht mehr in der Mitte des Gespanns. Das wirkt sich auf die Fahrphysik, besonders auch bei Kurvenfahrten, und das Verhalten des Fahrzeugs beim Bremsen aus.

> Der Beiwagen bringt dich nicht nur aus der Fahrspur, die du korrigieren musst. Ist die Kraft zu stark, die durch den seitlich angebrachten Beiwagen wirkt, kann dieser abheben und dein Gespann umkippen oder sich überschlagen.

In einer Rechtskurve wirkt die Trägheitskraft am Beiwagen geradeaus. Dies bewirkt, dass sich der Beiwagen hebt, und dann kann dein Motorrad samt Beiwagen umkippen. Kommst du in eine solche Situation, solltest du abbremsen und dein Körpergewicht etwas nach rechts verlagern. Etwas Ähnliches kann passieren, wenn du zu schnell in eine Linkskurve fährst. Dann kann das Motorrad ebenfalls abheben, und das Gefährt kann sich überschlagen.

Ein Tipp: Als Fahranfänger kannst du das Abheben und Umkippen des Gespanns verhindern, indem du im Seitenwagen ein Gewicht mitbeförderst. Ein großer Sack mit Sand oder etwas Ähnliches ist eine gute Hilfe.

Eine Linkskurve musst du mit verminderter Geschwindigkeit nehmen. Dein Beiwagen kommt nach dem Motorrad in die Linkskurve. Er wird also nachgezogen. Um ein Überschlagen zu verhindern und die Kurve gut zu meistern, nimmst du etwas Gas weg. Bei einer Rechtskurve verminderst du auch vorher die Geschwindigkeit, aber gibst während der Kurvenfahrt etwas Gas, da bei zu geringer Geschwindigkeit die Kurvenfahrt erschwert wird.

Das Fahrverhalten eines Motorrads mit Beiwagen unterscheidet sich auch abhängig davon, ob ein Passagier im Beiwagen ist oder nicht. Der Beiwagen hat, wenn jemand drinsitzt, mehr Gewicht. Die Kräfte wirken also stärker, als wenn du einen leeren Beiwagen mitführst. Ein Beiwagen mit einem Fahrgast kann in einer Linkskurve schneller kippen. Hier ist besondere Vorsicht geboten.

Der Beifahrer ist davon abhängig, dass du dein Gespann sicher beherrschst. Übe zunächst ohne Fahrgast und erarbeite dir genügend Fahrerfahrung. Erst wenn du dir sicher bist, solltest du einen Fahrgast in deinem Beiwagen mitnehmen. Denke daran, dass auch dieser während der Fahrt einen Helm tragen muss.

Der Verschleiß mechanischer Teile ist bei einem Motorrad mit Beiwagen höher als bei einem Solomotorrad. Überprüfe daher regelmäßig dein Fahrzeug und sorge so für Verkehrssicherheit.

Trikes fahren

Ein Trike ist ein dreirädriges Motorrad. Es kann mit einem Führerschein der Klasse A oder auch A1 gefahren werden. Das Fahren eines solchen Fahrzeugs bedarf besonderer Übung. Lass dich von einem erfahrenen Fahrer oder Fahrlehrer einführen und lerne das besondere Fahr- und Bremsverhalten dieses Fahrzeugtyps kennen.

15.5 Motorrad mit Anhänger fahren

Bei der Verwendung eines Anhängers mit einem Motorrad gilt es, einige technische Voraussetzungen zu beachten:

- Der hinter dem Motorrad gezogene Anhänger darf nicht mehr als einen Meter breit sein.
- Eine Kombination aus Motorrad und Anhänger darf in Deutschland nicht schneller als 60 km/h fahren.
- Die Anhängelast darf nicht höher sein als das Leergewicht des Motorrads plus 75 kg geteilt durch 2.
- Du benötigst eine zugelassene Anhängerkupplung und Verbindungseinrichtung mit gültigem Prüfzeichen.
- Der Anhänger muss über die vorgeschriebene Lichttechnik verfügen.

Ebenso wie bei einem Motorrad mit Beiwagen brauchst du auch für ein Motorrad mit Anhänger viel Erfahrung, da ein Anhänger keine positiven Auswirkungen auf das Fahrverhalten des Motorrads hat. Vor allem in Kurven solltest du sehr umsichtig und nicht zu schnell fahren, ansonsten können das Fahrzeug und der Anhänger ins Schleudern geraten oder umkippen.

15.6 Das richtige Verhalten nach Unfällen

Im Unterschied zu einem Pkw gibt es in Deutschland bei einem Motorrad keine Pflicht, ein Warndreieck und ein Erste-Hilfe-Set oder gar ein Ersatzrad mitzuführen. Dafür ist auch gar kein Platz vorhanden. Es gibt jedoch Sets für Motorradfahrer, die neben Erste-Hilfe-Material auch ein kleines zusammengefaltetes Warndreieck oder eine Helmhülle mit einem reflektierenden Warndreieck enthalten. Pflicht ist ein solches Set jedoch nicht. Auch eine Warnblinkanlage gehört nur zur technischen Ausrüstung einiger weniger Motorräder. In Österreich dagegen ist ein Erste-Hilfe-Set verpflichtend mitzuführen.

Erste-Hilfe-Maßnahmen

Auch wenn du ein solches Set bei deinem Motorrad nicht dabeihaben musst, solltest du bedenken, dass du nur dann gut Erste Hilfe leisten kannst, wenn ein Erste-Hilfe-Set griffbereit ist. Und im Fall des Falles auf das Anhalten eines Pkw-Fahrers und die Bitte um dessen Set zu hoffen, ist keine gute Wahl.

Deshalb: Besorge dir ein für Motorradfahrer geeignetes Erste-Hilfe-Set und verstaue es in deinem Motorrad. Denn wenn du einmal selbst zu Schaden kommst, würdest du auch wollen, dass man dir schnell und ohne Hürden und Zeitverlust hilft. Besonders zu empfehlen sind spezielle Zweiradnotfallboxen, die hinter dem Nummernschild aufbewahrt werden.

Die erste Maßnahme nach einem Unfall ist das Sichern der Unfallstelle. Wie bereits erwähnt, musst du kein Warndreieck dabeihaben. Hast du das oben erwähnte Faltwarndreieck dabei, stelle das auf. Sonst nimm stattdessen deinen Helm.

Wenn du dazu in der Lage bist, versuche, dein Motorrad von der Straße zu holen. Gibt es Verletzte, sollten sie, falls möglich, aus der Gefahrenzone bewegt werden. Bei Schwerverletzten müssen die gängigen Sofortmaßnahmen angewandt werden, und dann setzt du den Notruf ab. Danach machst du mit den Erste-Hilfe-Maßnahmen weiter und bleibst bis zum Eintreffen des Rettungsdienstes bei dem/den Verletzten.

Damit ein verletzter Motorradfahrer nicht an seinem eigenen Erbrochenen oder Blut im Mund erstickt, musst du ihm den Helm abnehmen. Das ist umso wichtiger, wenn der Verletzte bewusstlos ist, wird aber auch gemacht, wenn der Verletzte bei Bewusstsein ist.

Um den Helm richtig abzunehmen, musst du darauf achten, dass der Nacken des Verletzten leicht gestreckt bleibt. Lass dir, wenn möglich, von ein oder zwei am Unfallort anwesenden Personen helfen, dann kann einer darauf achten, dass die leichte Strecklage zur Stabilisierung der Halswirbelsäule bestehen bleibt. Fahre vorsichtig mit den Fingern rechts und links unter den Helm, drücke den Helm nach außen, und ziehe ihn vorsichtig weg, ohne etwa an der Nase hängen zu bleiben. Gehe vorsichtig, aber bestimmt vor.

Du bist verpflichtet, verletzten Personen zu helfen. Tust du dies nicht, ist das unterlassene Hilfeleistung und eine strafbare Handlung.

Den Standort bestimmen lassen

Bei einem Unfall auf der Autobahn kann der Rettungsdienst anhand der Notrufsäule bestimmen, an welchem Standort du dich befindest. Die nächste Notrufsäule findest du leicht über die Pfeilmarkierungen auf den Leitpfosten der Fahrbahnbegrenzung, diese zeigen dir, wo sich die nächstgelegene Notrufsäule befindet.

Verwendest du dein Smartphone, um den Rettungsdienst zu informieren (über die 112), kannst du dich entweder anhand deiner Standortangabe im Smartphone oder der Koordinaten im Navi orientieren oder anhand der blauen Kilometerschilder, die alle 500 m am Fahrbahnrand stehen.

Den Notruf korrekt absetzen

Damit der Rettungsdienst sich gut auf die Unfallsituation einstellen und richtig reagieren kann, ist es wichtig, den Notruf korrekt abzusetzen. Versuche, ruhig und sachlich zu bleiben und alle Fragen zu beantworten. Die folgenden Informationen muss dein Notruf enthalten:

- **Was ist passiert?**
  Beschreibe die Unfallsituation so gut, wie du es kannst.
- **Wo ist der Unfall passiert?**
  Beschreibe so genau wie möglich den Ort. Nenne den Namen der Autobahn bzw. Straße, die Kreuzung und die Entfernung von der nächsten Abfahrt. Orientiere dich an vorhandenen Streckenkennzeichnungen.
- **Wer bist du?**
  Nenne deinen vollständigen Namen und deine Telefonnummer.
- **Wie viele Personen sind betroffen?**
  Nenne die Anzahl der Personen, die verletzt sind.
- **Welche Verletzungen haben die betroffenen Personen?**
  Sicher, du bist kein Arzt. Versuche dennoch, so genau, wie es nur geht, die Art der Verletzungen zu nennen. Beschreibe, ob die Verletzten ansprechbar sind, über bestimmte Schmerzen klagen, ob Knochenbrüche oder starke Blutungen ersichtlich sind.

Lege danach nicht sofort auf, sondern warte ab, ob dir noch weitere Fragen gestellt werden. Sind beispielsweise Personen in einem Fahrzeug eingeklemmt, die nicht ohne zusätzliches Gerät geborgen werden können, ist dies ebenfalls eine notwendige Information. Zudem kann die Leitstelle auch dir wichtige Informationen geben, was du bis zum Eintreffen der Rettungskräfte tun kannst.

Verhalten bei einem geringfügigen Unfall

Liegt nur ein geringfügiger Unfall vor, musst du keinen Rettungsdienst, keine Polizei und keine Feuerwehr informieren. Ein Notruf ist hier nicht notwendig. Du musst das Folgende tun:

- Ein Foto machen
  Fotografiere die Unfallstelle mit deinem Smartphone. In der heutigen Zeit hat fast jeder ein Smartphone bei sich. Es sollte daher kein Problem sein, ein Foto zu erstellen.
- Unfallstelle räumen und säubern
  Räume das Unfallfahrzeug und eventuell vorhandene Glassplitter, Blechteile etc. weg. So gehst du sicher, dass niemand anderes in eine gefährliche Situation oder einen weiteren Unfall gerät.

- EU-Unfallbericht
  Fülle das europäische Unfallprotokoll aus. Du erhältst den Vordruck mit diesem Protokoll bei deiner Versicherung. Hast du kein solches Formular zur Hand, erstelle ein Unfallprotokoll mit allen dafür notwendigen Angaben.
- Schadensanzeige aufgeben
  Möchtest du dir das Erstellen eines Unfallprotokolls ersparen, rufe 0800 NOTFON D an. Dieser Service übernimmt dann das Erstellen eines Unfallberichts.

Daten, die du festhalten musst, wenn kein Unfallbericht erstellt werden kann

Es kann durchaus passieren, dass du kein europäisches Unfallprotokoll-Formular zur Hand hast, dass du keinen Unfallbericht schreiben kannst und kein Smartphone für den Notfon-Service zur Hand hast. Was dann? In einem solchen Fall musst du alle wichtigen Daten notieren. Dann kannst du später einen Unfallbericht schreiben und dem Versicherer die entsprechenden Angaben machen. Die folgenden Daten musst du bei einem Unfall erfassen:

- Name und Adresse
  Alle Namen und Adressen der in den Unfall verwickelten Personen und der bei dem Unfall vorhandenen Personen. Gibt es Zeugen, die den Unfall beobachtet haben oder dabei waren, dann notiere auch deren Namen und Adressen. Lass dir dazu die Führerscheine oder Ausweise vorzeigen. Zeige auch deinen Führerschein und deinen Ausweis vor.
- Kennzeichen
  Die amtlichen Kennzeichen der am Unfall Beteiligten musst du festhalten.
- Versicherungsnummer
  Notiere dir die Bezeichnung der Versicherung des Unfallgegners und seine Versicherungsscheinnummer.
- Foto des Unfalls
  Mache mit deinem Smartphone mehrere Fotos der Unfallstelle, der beteiligten Fahrzeuge und des sichtbaren Schadens. Erstelle die Fotos so, dass bestimmte Inhalte wie Verkehrszeichen, Fahrbahnmarkierungen, Bäume, Kanaldeckel und andere Objekte auf dem Foto vorhanden sind. So können später aus diesen Objekten die Entfernungen und Maße errechnet werden.
- Skizze des Unfalls
  Erstelle eine Skizze des Unfalls.
- Was ist geschehen?
  Notiere mit sachlichen Worten, was geschehen ist. Vermerke dabei nicht, wer Schuld hat und wer nicht. Schreibe nur den Unfallhergang auf.
- Unterschriften
  Lass die am Unfall Beteiligten das Aufgeschriebene unterschreiben.

Wann die Polizei notwendig ist

Die Polizei musst du verständigen, wenn bei dem Unfall einer der folgenden Sachverhalte zutrifft:

- Personen wurden verletzt.
- Der Unfallgegner hat Fahrerflucht begangen und ist nicht mehr am Unfallort anzutreffen.
- Es gibt Streit über die Frage, wer Schuld an dem Unfall hat.
- Du hast das Gefühl, dass der Unfall vorgetäuscht wurde. Oft wird mit einem fingierten Unfall ein Versicherungsschwindel begangen. Das ist ein Strafdelikt und muss von der Polizei aufgenommen und untersucht werden.
- Ein Unfallgegner ist alkoholisiert oder steht unter dem Einfluss von Drogen.

16. Fahrtechnik und Fahrphysik

16.1 Bedeutung der Grundfahraufgaben

Um im Straßenverkehr auch mit unerwarteten oder untypischen Situationen – wie beispielsweise Wildwechsel – sicher umgehen zu können, musst du einige Fahrmanöver beherrschen. Nur so bist du auf deinem Zweirad sicher.

Da die Fahrmanöver nicht zwingend in deiner Prüfungsfahrt auftreten müssen, der Prüfer aber sehen muss, dass du wirklich sicher unterwegs bist, gibt es sogenannte Grundfahraufgaben. Diese werden im Rahmen deiner Führerscheinprüfung auch abgeprüft. Wichtig ist, dass du auch im Rahmen der Grundfahraufgaben die Vorschriften der StVO beachtest. Daher musst du vor Beginn jeder Aufgabe den Verkehr durch Spiegel- sowie Schulterblick berücksichtigen und gegebenenfalls warten. Ebenso musst du blinken, bevor du losfährst.

Es gibt insgesamt neun Grundfahraufgaben, wobei du nicht alle in deiner Prüfung zeigen musst. Im Rahmen der Prüfung für die Klassen **A, A1 bzw. A2** werden folgende Grundfahraufgaben gezeigt:

- Fahren eines Slaloms mit Schrittgeschwindigkeit
- Abbremsen mit höchstmöglicher Verzögerung
- Ausweichen ohne Abbremsen
- Ausweichen nach Abbremsen
- Slalom **oder** langer Slalom
- Fahren mit Schrittgeschwindigkeit geradeaus **oder** Stop and Go **oder** Kreisfahrt

Wenn du den Führerschein für die **Klasse AM** erwerben möchtest, musst du nur vier Grundfahraufgaben zeigen:

- Abbremsen mit höchstmöglicher Verzögerung
- Ausweichen nach Abbremsen **oder** Ausweichen ohne Abbremsen
- Slalom
- Fahren mit Schrittgeschwindigkeit geradeaus **oder** Stop and Go **oder** Kreisfahrt

Im Folgenden wird beschrieben, was von dir während der Grundfahraufgaben erwartet wird, wie die Fehlerbewertung aussieht und welche Tipps es zum Durchfahren der Aufgaben gibt.

Wenn du etwas nervös bist, ist das kein Problem. Während der Prüfung darfst du bis zu drei Grundfahraufgaben je einmal wiederholen. Die Prüfung gilt jedoch als nicht bestanden, wenn du auch bei der Wiederholung einer Grundfahraufgabe Fehler machst, wenn du stürzt, wenn du eine Person, ein Fahrzeug oder einen Gegenstand (außer Leitkegeln) anfährst oder wenn du den Verkehr ungenügend beobachtest und es daraufhin zu einer Gefährdung kommt.

Fahren eines Slaloms mit Schrittgeschwindigkeit

Für diese Grundfahraufgabe stellt dein Fahrlehrer oder der Prüfer sechs Pylonen im Abstand von 3,5 m auf. Diesen Slalom-Parcours musst du dann mit einer Geschwindigkeit von ca. 5 km/h (Schrittgeschwindigkeit) durchfahren. In der Abbildung kannst du sehen, wie der Parcours aussieht. Achte auf Spiegel- und Schulterblick und auf das Blinken vor dem Anfahren. Fahre dann zunächst ein wenig geradeaus, um das Motorrad zu stabilisieren, und denke daran, dass du deine Füße auf den Rasten lassen und deine Knie möglichst eng an den Tank pressen musst. So erreichst du eine möglichst hohe Stabilität. Schwenke so früh wie möglich ein, wenn du um die Kegel fährst, und halte den Blick auf deiner gedanklichen Fahrlinie. Wenn du einen Leitkegel direkt anschaust, wirst du diesen umfahren. Nachdem du durch den Parcours gefahren bist, kommst du hinter dem letzten Leitkegel zum Stehen, sofern dir dein Prüfer keine andere Anweisung gibt. Achte auch nach der Grundfahraufgabe wieder darauf, den Verkehr abzusichern und zu blinken, bevor du losfährst.

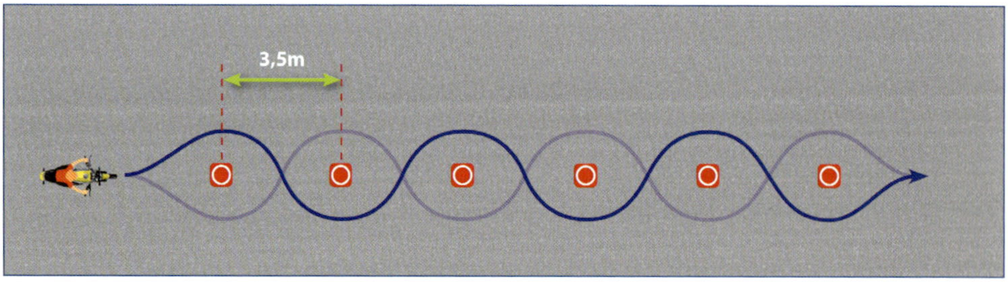

Fehlerbewertung

Die Grundfahraufgabe gilt als nicht erfolgreich abgelegt, wenn du zu schnell fährst, ein oder mehrere Felder auslässt, einen oder mehrere Leitkegel umwirfst oder während des Parcours einen Fuß auf die Fahrbahn setzt.

TIPPS

- Achte auf einen ausreichend großen Anlaufweg vor dem Slalom, um dein Motorrad zu stabilisieren.
- Achte beim Anfahren auf den richtigen Umgang mit Kupplung und Gas, damit du nicht zu schnell wirst.
- Schau nicht auf die Leitkegel, sondern wirf deinen Blick weit nach vorne.
- Presse deine Knie fest an den Tank und sitze möglichst weit vorne.
- Lenke rechtzeitig.

Abbremsen mit höchstmöglicher Verzögerung

Diese Grundfahraufgabe bereitet dich auf eine Gefahrbremsung im Straßenverkehr vor. Hierbei blinkst du zunächst und fährst dann nach deinem Spiegel- und Schulterblick an, bis du ca. 50 km/h schnell bist (Klasse AM: 40 km/h). Auf ein Zeichen des Prüfers oder deines Fahrlehrers hin bremst du das Motorrad unter Verwendung beider Bremsen möglichst stark bis zum Stillstand ab, ohne dabei von der Fahrlinie abzukommen. Vor der Bremsung kann von einer Beobachtung des rückwärtigen Verkehrs abgesehen werden, da der Prüfer oder dein Fahrlehrer eine Gefährdung des nachfolgenden Verkehrs während der Grundfahraufgabe ausschließen muss.

Sollte dein Hinterrad während der Übung blockieren, ist das nicht schlimm, wenn du dein Zweirad dennoch stabil hältst.

Fehlerbewertung

Die Grundfahraufgabe gilt als nicht erfolgreich abgelegt, wenn du vor der Bremsung zu langsam bist, nicht stark genug abbremst, nur eine Bremse verwendest, wesentlich von der Fahrlinie abweichst oder den Motor deines Zweirads abwürgst.

TIPPS

- Achte auf den Prüfer und bremse nicht zu früh ab.
- Richte deinen Blick nach vorne, nicht nach unten auf den Lenker.
- Setze deine Füße erst ab, wenn du stehst.

- Schalte vor dem Losfahren wieder in den ersten Gang.
- Ziehe die Handbremse schnell bis zum Druckpunkt und anschließend weiter.
- Drücke die Fußbremse von Anfang an ganz.

Ausweichen ohne Abbremsen

Vor Beginn der Grundfahraufgabe blinkst du, sicherst den Verkehr durch Spiegel- und Schulterblick ab und beschleunigst dein Fahrzeug auf ca. 50 km/h (Klasse AM: 40 km/h). Dein Prüfer oder dein Fahrlehrer stellt zwei Leitkegel im Abstand von ca. 9 m leicht versetzt auf. Du ziehst kurz vor der ersten Pylone die Kupplung und fährst rechts an ihr vorbei und drückst dein rollendes Motorrad direkt hinter der ersten Pylone nach links, um der zweiten Pylone auszuweichen. Direkt nach der zweiten Pylone schwingst du wieder in die ursprüngliche Fahrlinie zurück und bremst dein Motorrad bis zum Stillstand ab.

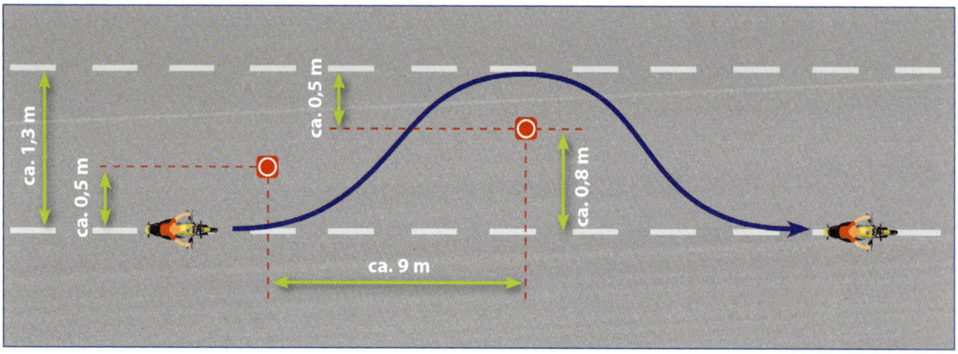

Während der Übung musst du den rückwärtigen Verkehr nicht beachten, dein Prüfer oder Fahrlehrer sorgt dafür, dass eine Gefährdung des nachfolgenden Verkehrs ausgeschlossen ist.

Fehlerbewertung

Die Grundfahraufgabe gilt als nicht erfolgreich abgelegt, wenn deine Ausgangsgeschwindigkeit zu langsam ist, du zu früh oder gar nicht ausweichst, vor deiner ursprünglichen Fahrlinie abbremst, wenn du deine ursprüngliche Fahrlinie nicht wieder erreichst, wenn du einen oder beide Füße von den Rasten nimmst oder wenn du den zweiten Leitkegel umwirfst.

TIPPS

- Richte während der gesamten Übung deinen Blick auf die geplante Fahrlinie und fixiere keinen Leitkegel.
- Achte darauf, dass du den Kraftstrang trennst, also die Kupplung ziehst! Aber es ist in der Prüfung kein Fehler, falls du es nicht machen solltest.

- Drücke dein Motorrad durch die Lenkimpulstechnik in den Ausweichvorgang und lenke nicht einfach um die Kegel herum.
- Fahre nach dem zweiten Kegel ausreichend genug nach rechts und bremse dann erst ab.

Ausweichen nach Abbremsen

Bei dieser Grundfahraufgabe stellt der Prüfer oder dein Fahrlehrer zwei Leitkegel im Abstand von ca. 7 m auf. Du beginnst die Übung wieder mit Spiegel- und Schulterblick und blinkst vor dem Anfahren. Du beschleunigst dein Zweirad auf ca. 50 km/h (Klasse AM: 40 km/h) und bremst kurz vor der ersten Pylone kurz und kräftig, sodass du mit ca. 30 km/h rechts am ersten Leitkegel vorbeifährst. Direkt nach der Pylone drückst du dein Motorrad mit gezogener Kupplung nach links, um dem zweiten Leitkegel auszuweichen. Nach der zweiten Pylone kehrst du direkt wieder zurück in deine ursprüngliche Fahrlinie. Anschließend kommst du zum Stehen. Während des Ausweichvorgangs musst du den rückwärtigen Verkehr nicht beobachten. Auch bei dieser Übung achtet dein Prüfer darauf, dass eine Gefährdung ausgeschlossen ist.

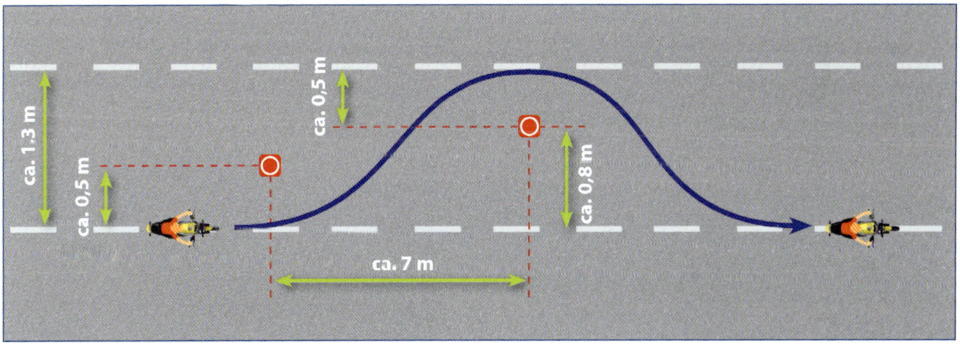

Fehlerbewertung

Die Grundfahraufgabe gilt als nicht erfolgreich abgelegt, wenn du vor der Bremsung zu langsam bist, wenn du zu früh oder nicht ausreichend stark ausweichst, wenn du um die Leitkegel herumlenkst, wenn du während des Ausweichvorgangs die Bremsen nicht wieder löst oder bremst, bevor du deine ursprüngliche Fahrspur wieder erreicht hast, wenn du nicht wieder in deine ursprüngliche Fahrspur zurückgelangst, wenn du einen oder beide Füße von den Fußrasten nimmst oder wenn du den zweiten Leitkegel umwirfst.

TIPPS

- Halte während der gesamten Übung den Blick auf deine geplante Fahrlinie.
- Schau nicht direkt einen der Leitkegel an.

- Bremse nur ca. 1 Sekunde lang stark ab.
- Drücke dein Motorrad durch die Lenkimpulstechnik in den Ausweichvorgang und lenke nicht einfach um die Kegel herum.
- Fahre wieder ausreichend weit nach rechts, bevor du anhältst.

Slalom

Für den Slalom stellt dein Prüfer oder dein Fahrlehrer fünf Pylonen im Abstand von 7 m auf. Du durchfährst den Slalom mit einer Geschwindigkeit von 30 km/h, wobei du dir aussuchen kannst, auf welcher Seite du am ersten Hütchen vorbeifährst. Denke auch bei dieser Übung vor dem Anfahren an deinen Blinker und den Spiegel- sowie Schulterblick.

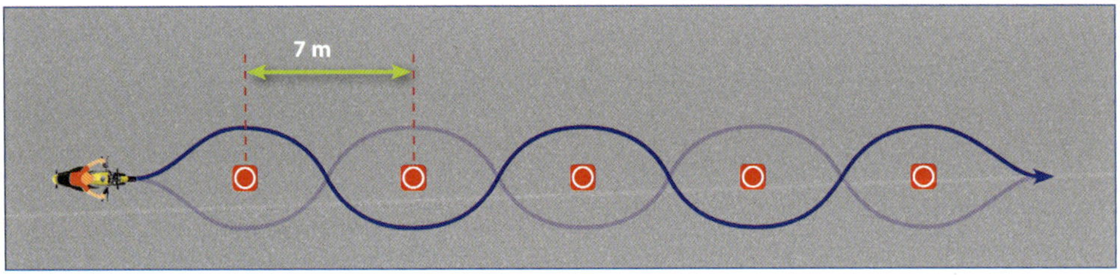

Fehlerbewertung

Die Grundfahraufgabe gilt als nicht erfolgreich abgelegt, wenn du zu langsam fährst, ein Feld auslässt, einen oder mehrere Leitkegel umwirfst oder die Fahrbahn mit deinen Füßen berührst.

TIPPS

- Fahre zunächst gerade auf den Slalom zu und schwinge dein Motorrad ausreichend früh in den Parcours. Nutze am besten auch hier die Lenkimpulstechnik.
- Lass deine Füße auf den Fußrasten.
- Blicke auf deine geplante Fahrlinie und fixiere keinen der Leitkegel.
- Schwenke so früh wie möglich um die Pylonen! Achte darauf, dass du dein Motorrad kräftig drückst.
- Fahre im zweiten oder dritten Gang.

Langer Slalom

Dein Prüfer oder Fahrlehrer stellt für den langen Slalom fünf Pylonen im Abstand von 9 m auf und anschließend noch zwei Pylonen im Abstand von 7 m. Vor dem Anfahren sicherst du den Verkehr durch Spiegel- und Schulterblick ab und blinkst. Du beschleunigst und fährst mit einer Geschwindigkeit von 30 km/h in den Parcours ein und hältst diese Geschwindigkeit auch annähernd bis zum Ende des Slaloms. Du darfst diese Grundfahraufgabe nicht im ersten Gang fahren.

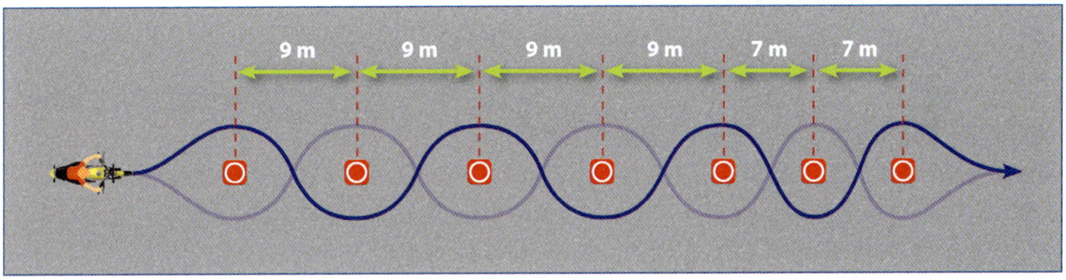

Fehlerbewertung

Die Grundfahraufgabe gilt als nicht erfolgreich abgelegt, wenn du zu langsam fährst, ein Feld auslässt, einen oder mehrere Leitkegel umwirfst oder die Fahrbahn mit einem Fuß berührst.

TIPPS

- Fahre zunächst gerade auf den Slalom zu und schwinge dein Motorrad ausreichend früh in den Parcours.
- Lass deine Füße auf den Fußrasten.
- Blicke auf deine geplante Fahrlinie und fixiere keinen der Leitkegel.
- Schwenke so früh wie möglich um die Pylonen.
- Drücke dein Motorrad um die letzten beiden Pylonen, da diese näher beieinanderstehen.

Fahren mit Schrittgeschwindigkeit geradeaus

Das Geradeausfahren mit Schrittgeschwindigkeit hört sich zunächst einfach an. Da dein Motorrad jedoch im Bereich der Schrittgeschwindigkeit nicht stabil ist, muss diese Grundfahraufgabe gut geübt sein. Du fährst nach dem Blinken und der Beobachtung des rückwärtigen Verkehrs eine ca. 25 m lange Strecke mit Schrittgeschwindigkeit, also 4–7 km/h geradeaus. Hierbei musst du dein Gleichgewicht halten und mit Kupplung, Gas und Bremse so spielen, dass du deine Geschwindigkeit hältst. Die ersten 5 m deiner Fahrlinie werden nicht bewertet, da du diese Strecke nutzen sollst, um dein Motorrad zu stabilisieren.

Fehlerbewertung

Die Grundfahraufgabe gilt als nicht erfolgreich abgelegt, wenn du zu schnell bist, wenn du mehrfach um mehr als 30 cm nach links oder rechts von der geraden Fahrlinie abweichst oder wenn du einen oder beide Füße von den Fußrasten nimmst.

TIPPS

- Suche dir einen Punkt weit vorne, den du während der Fahrt fixieren kannst.
- Presse deine Knie an den Tank, um dich mit deinem Motorrad zu stabilisieren.
- Achte auf ein gutes Zusammenspiel von Gas, Kupplung und Bremse, um nicht zu schnell zu werden.

Stop and Go

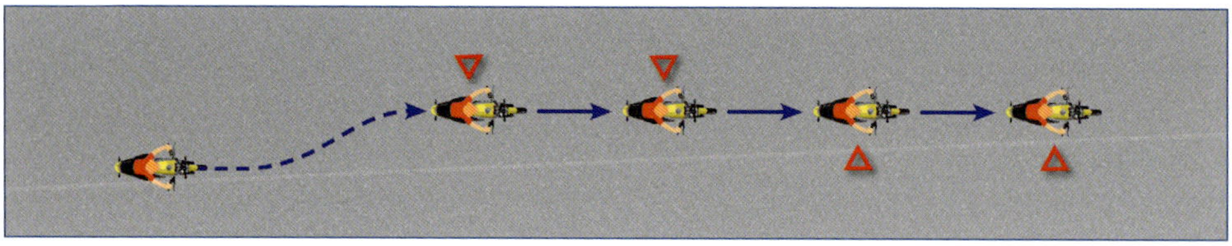

Bei der Übung »Stop and Go« geht es darum, dass du dein Motorrad kontrolliert anfahren und abbremsen kannst. Um dies unter Beweis zu stellen, fährst du nach dem Blinken und der Beobachtung des rückwärtigen Verkehrs zunächst an und beschleunigst leicht. Du musst nicht schnell werden, daher ist es sinnvoll, im ersten Gang zu bleiben. So vermeidest du das Anfahren im falschen Gang. Nach einer kurzen Strecke bremst du wieder ab und bleibst stehen. Stütze dein Motorrad mit einem Fuß ab. Wiederhole die Übung und stütze das Motorrad mit demselben Fuß ab. Anschließend wiederholst du die Übung noch zweimal und stützt dein Motorrad jetzt mit deinem anderen Fuß ab. Mit welchem Fuß du beginnst, darfst du frei wählen. (Beispiel: links – links – rechts – rechts)

Fehlerbewertung

Die Grundfahraufgabe gilt als nicht bestanden, wenn du im falschen Gang anfährst, wenn du den Motor abwürgst, wenn du deine Füße während der Fahrt von den Fußrasten nimmst oder wenn du die Füße falsch absetzt.

TIPPS

- Beginne mit dem Fuß, mit dem du dich am sichersten fühlst, um Anspannung herauszunehmen.
- Beschleunige nicht zu stark und bleibe im ersten Gang.
- Bremse langsam und kontrolliert ab, damit du dein Motorrad sicher in die richtige Richtung kippen kannst.

Kreisfahrt

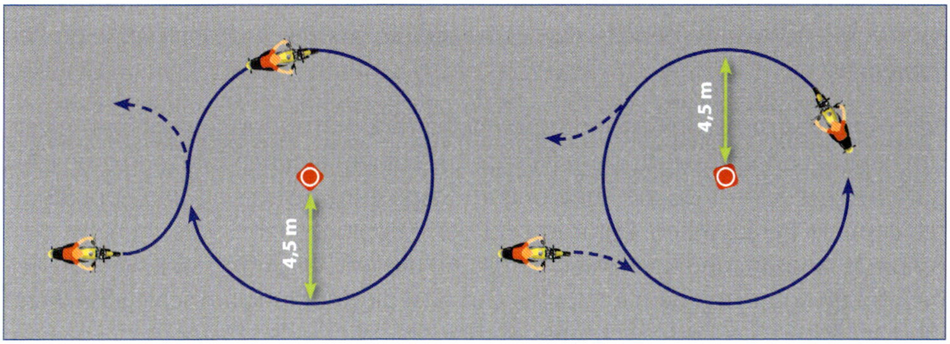

Bei der Kreisfahrt fährst du einen gedachten Kreis mit einem Halbmesser (Radius) von ca. 4,5 m. Du fährst mehrfach mit Schräglage im Kreis und verlässt ihn im Anschluss wieder. Bevor du in den Kreis einfährst, blinkst du wieder und sicherst den rückwärtigen Verkehr mit Spiegel- und Schulterblick ab. Dein Prüfer kann dir die Fahrtrichtung vorgeben oder dich wählen lassen. Während der Kreisfahrt musst du den rückwärtigen Verkehr nicht mehr beobachten.

Fehlerbewertung

Die Grundfahraufgabe gilt als nicht bestanden, wenn du stark von dem Halbmesser des Kreises oder der Kreisform abweichst, wenn du einen oder beide Füße von den Fußrasten nimmst, wenn du im falschen Gang oder ohne Schräglage fährst.

TIPPS

- **Blicke zur Kreismitte.**
- **Fahre im zweiten oder dritten Gang durch den Kreis.**
- **Beschleunige im Kreis nur so stark, dass du nicht langsamer wirst, aber vermeide es, schneller zu werden.**

16.2 Anfahren und Stabilisieren der Fahrbewegung

Die kritischste Phase beim Motorradfahren ist das Anfahren. Vom Fahrradfahren weißt du vermutlich, dass es schwierig ist, mit geringer Geschwindigkeit zu fahren. Das liegt an den fehlenden Kreiselkräften. Bestimmt hast du als Kind mal einen Kreisel drehen lassen. Ohne die Drehbewegung fällt der Kreisel aufgrund der Schwerkraft einfach um. Das Gleiche passiert mit deinem Zweirad, wenn du es nicht auf einem Ständer abstellst. Die Kreiselkräfte deines Motorrads werden hauptsächlich von den Rädern, aber auch von Motorteilen wie beispielsweise der Kurbelwelle, sich drehenden Zahnrädern oder der Kette erzeugt. Da beim Anfahren die Kreiselkräfte noch nicht ins Gewicht fallen, ist das Fahrzeug instabil, und du musst es mit-

Wie du bereits weißt, wird dein Fahrzeug durch Kreiselkräfte stabilisiert. Möchtest du jetzt eine Kurve fahren, musst du dieses stabile System stören. Dazu dient eine einleitende Lenkbewegung. In einer Linkskurve beispielsweise musst du einen kurzen Impuls nach rechts geben, da ein stabiles System auf eine Störung mit einem Gegenimpuls reagiert. Lenkst du also kurz nach rechts, fährt dein Motorrad nach links. Der benötigte Lenkeinschlag ist jedoch sehr gering, wenige Millimeter reichen aus.

Wichtig ist: Du fährst immer mit einer Schräglage durch die Kurve. Ursache hierfür ist das Zusammenspiel von Fliehkräften und der Schwerkraft. Die Fliehkraft sorgt dafür, dass du nach außen gezogen wirst, die Schwerkraft wirkt ganz normal nach unten. Um nicht durch die Fliehkraft nach außen gezogen zu werden, wirkst du dieser auf verschiedene Arten entgegen:

- durch Schräglage,
- durch eine geringere Geschwindigkeit,
- durch einen größeren Kurvenradius.

Hierzu musst du wissen, dass sich mit doppelter Geschwindigkeit die Fliehkraft bereits vervierfacht. Sie nimmt quadratisch zur Geschwindigkeit zu, weshalb du in Kurven besonders auf eine ausreichend angepasste Geschwindigkeit achten musst.

Die sogenannte Seitenführungskraft wirkt der Fliehkraft ebenfalls entgegen. Sie wirkt dort, wo Reifen und Fahrbahn sich berühren, und sorgt dafür, dass das Motorrad nicht wegrutscht. Sie ist abhängig vom Fahrbahnzustand und von der Schräglage. Je größer die Schräglage ist, desto größer ist auch die Seitenführungskraft. Ist die Fahrbahnoberfläche beeinträchtigt, etwa durch Schmutz oder Laub, ist die Haftung deines Reifens schlechter und er kann nur eine geringe Seitenführungskraft entwickeln.

Schräglage

Du hast jetzt schon viel über die Schräglage gelesen. Um diese zu erreichen, gibt es drei Techniken: Du kannst dich in eine Kurve legen, dein Motorrad in die Schräglage drücken oder aber auch hängend durch eine Kurve fahren.

Wenn du dich in eine Kurve legst, bildest du mit deiner Maschine eine gerade Linie. Wichtig ist, dass du deinen Kopf gerade hältst, da du nur so den Kurvenausgang fixieren kannst. Während der Kurvenfahrt stabilisierst du diese durch leichten Druck der Hand auf der Kurveninnenseite gegen den Lenker. Diese Technik ist ideal für kurvenreiche Straßen, da du sicher und ruhig durch eine Kurve fahren kannst.

Das Drücken deiner Maschine musst du beispielsweise beim Ausweichen beherrschen. Dein Oberkörper bleibt bei dieser Technik senkrecht zur Fahrbahn, du drückst nur dein Motorrad in die Schräglage. Mithilfe des Drückens kannst du sehr schnell die Richtung wechseln, was in engen Kurven oder in Gefahrensituationen bei einem Ausweichmanöver nötig sein kann. Ein weiterer Vorteil ist, dass du durch den aufrechten Oberkörper eine bessere Sicht und so gerade in Gefahrensituationen einen besseren Blick auf die Fahrbahn hast. Des Weiteren benötigst du im Vergleich zum Legen beim Drücken deines Motorrads bei gleicher Schräglage weniger Platz.

Legen – Drücken – Hängen.

Beim Hängen verlagert der Fahrer sein Gewicht auf die Kurveninnenseite, um den Schwerpunkt zu verändern. Diese Technik wird jedoch nur im Rennsport ausgeübt, da der erhöhte Platzbedarf im Straßenverkehr nicht gewährleistet ist und sie auch keine schnellen Richtungswechsel ermöglicht, die in einer Gefahrensituation notwendig sein können.

Kurvenarten

Egal, welche der im Straßenverkehr geeigneten Kurventechniken du anwendest, bei allen hältst du deinen Kopf gerade und du fixierst das Kurveninnere. So bleibst du am besten auf deiner Fahrlinie. Es gibt verschiedene Arten von Kurven, bei denen du jeweils eine Fahrlinie wählen musst.

Eine Rechtskurve musst du von möglichst weit links – von der Fahrbahnmitte her – anfahren. Dies wird logisch, wenn du dir vorstellst, wie sich dein Motorrad in einer Kurve bewegt. Es bekommt eine Schräglage nach rechts, du benötigst daher ausreichend Abstand zu Straßenbegrenzungspfosten oder anderen Gegenständen am Fahrbahnrand. Achte jedoch darauf, dass du dennoch genügend Abstand zum Gegenverkehr hast, um nicht in den Sog eines entgegenkommenden Fahrzeugs zu geraten oder sogar mit ihm zu kollidieren. Bleibe während der Kurvenfahrt relativ lange in der Nähe der Fahrbahnmitte und lass dich erst nach dem Scheitelpunkt der Kurve wieder in die Mitte deines Fahrstreifens zurückfallen. Somit erreichst du, dass du die Kurve etwas besser einsehen und bei der Kurvenausfahrt früher beschleunigen kannst und dabei nicht zu nah an den Gegenverkehr kommst. Diese Kurventechnik nennt man »Hinterschneiden«.

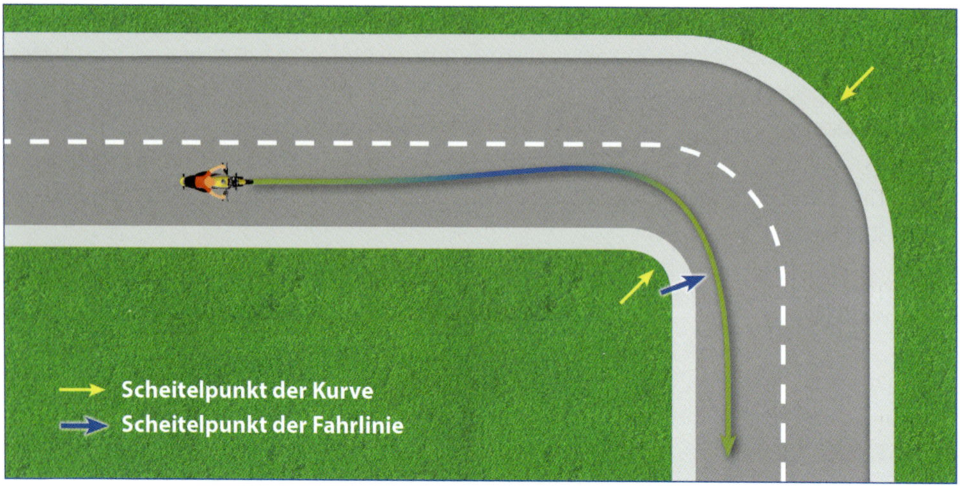

Rechtskurve mit Fahrlinie »Hinterschneiden«.

In Rechtskurven musst du außerdem damit rechnen, dass der Gegenverkehr deine Fahrbahn schneidet, weshalb du besonders vorausschauend fahren musst. Denke daran, dass du deine Geschwindigkeit vor der Kurve reduzieren musst. Je schneller du bist, umso mehr Schräglage benötigst du, um sicher durch die Kurve zu kommen. Je größer wiederum die Schräglage ist, umso größer sind die Seitenführungskräfte und umso weniger Spielraum für Bremskräfte hast du in einer Kurve. Fahre daher nicht an der Grenze der Möglichkeiten deines Motorrads durch Kurven, sondern lass dir und deiner Maschine etwas Spielraum für unvorhergesehene Situationen.

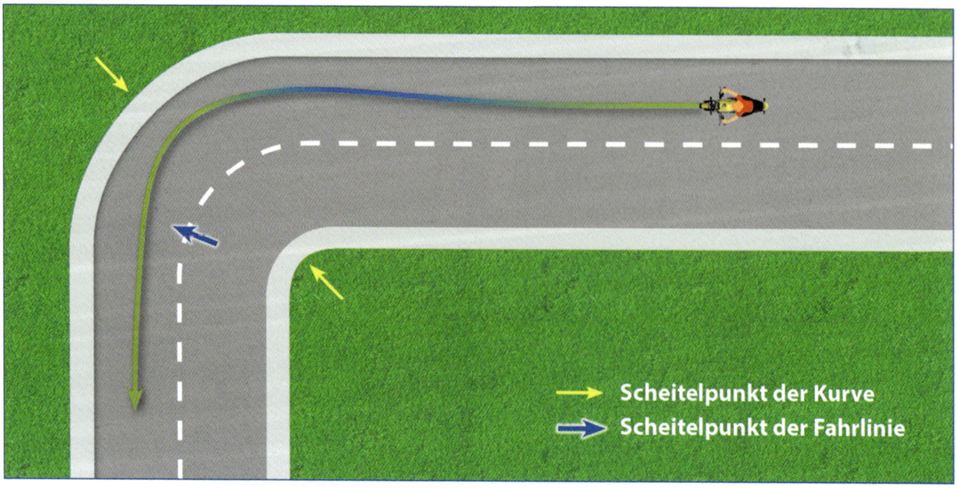

Linkskurve mit Fahrlinie »Hinterschneiden«.

Gleiches gilt auch in Linkskurven. Diese fährst du jedoch möglichst weit rechts von der Fahrbahnmitte an. Wenn du dir auch hier wieder die Schräglage nach links vorstellst, wird klar, dass du ansonsten mit deinem Oberkörper oder zumindest mit deinem Fahrzeug in der Schräglage im Gegenverkehr bist. Achte jedoch darauf, auch ausreichend Abstand zur Fahrbahnmarkierung rechts neben dir zu haben, da du auf Markierungen weniger Halt hast und zudem der Fahrbahnrand häufig besonders stark verschmutzt ist. Achte hier darauf, dass du möglichst lange am rechten Fahrbahnrand entlangfährst und dich erst wieder nach dem Scheitelpunkt der Kurve zu deiner Fahrstreifenmitte zurückfallen lässt.

Neben »normalen« Rechts- und Linkskurven gibt es noch weitere Kurvenarten, und zwar Doppel- sowie Haarnadelkurven.

Haarnadelkurven sind zunächst relativ »einfache«, sehr weite Kurven. Im weiteren Verlauf wird eine solche Kurve jedoch immer enger und kann so am Scheitelpunkt sehr schwer zu durchfahren sein. Daher solltest du gerade in unbekannte Kurven immer äußerst vorsichtig einfahren, um – wenn nötig – noch nachjustieren zu können, indem du deine Schräglage erhöhst oder deine Geschwindigkeit verringerst. Achte jedoch darauf, dass du nicht scharf bremst. Sonst könnte die Kraft zu groß werden, die auf dein Motorrad einwirkt, und du könntest stürzen.

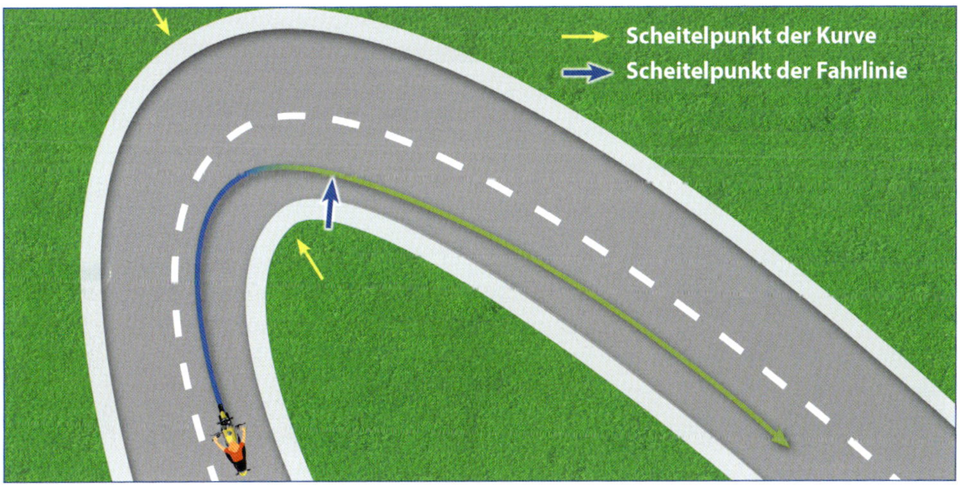

Haarnadelkurve bzw. Passkehre mit Fahrlinie »Hinterschneiden«.

Eine Doppelkurve kannst du durchfahren, als ob es zwei einzelne Kurven in unterschiedliche Richtungen wären. Achte hierbei auch auf eine etwas reduzierte Geschwindigkeit, da du nicht weißt, wie eng die zweite Kurve ist. Fahre am besten mit einer ruhigen und gleichmäßigen Geschwindigkeit und beschleunige nicht zwischen den Kurven.

Egal, welche Art von Kurve du fährst, im Endeffekt kannst du jede Einzelkurve in vier Abschnitte unterteilen: Vor dem Einfahren in die Kurve regulierst du deine Geschwindigkeit so weit herunter, dass du gefahrlos durch die Kurve kommst und auch auf Unvorbereitetes noch reagieren kannst. Danach setzt du einen Lenkimpuls, um dein Motorrad in die entsprechende Kurve zu kippen. Bist du in der Kurve, rollst du mit leichtem Gegendruck gegen die kurveninnere Seite durch die Kurve. Erst nach dem Scheitelpunkt beschleunigst du dann wieder, um dein Motorrad wiederaufzurichten und die Schräglage zu verlassen.

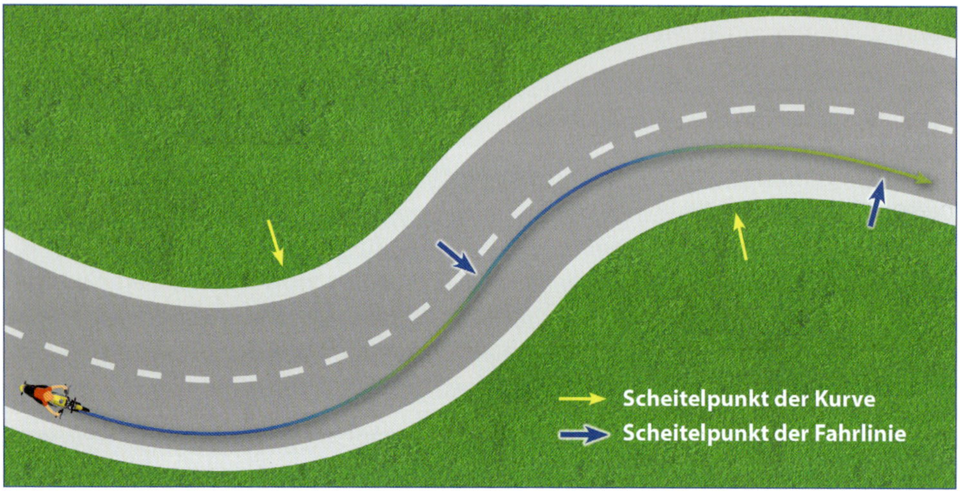

Doppelkurve mit Fahrlinie »Hinterschneiden«.

16.4 Bremsen

Auch beim Bremsvorgang ist es sinnvoll, sich die dabei wirkenden Kräfte bewusst zu machen. Dein rollendes Motorrad befindet sich – wie alle Objekte, die in Bewegung sind, – im Trägheitszustand. Ohne Einwirkung von außen würde es also immer weiter in die Richtung rollen, in die es sich bewegt. Aufgrund der Reibung zwischen den Reifen und der Fahrbahn würde dein Zweirad zwar auch ohne einen Bremsvorgang irgendwann zum Stehen kommen, dies dauert nur sehr lange.

Daher unterstützt du den Vorgang des Stehenbleibens mit deinen Bremsen. Du bremst jedoch nur dein Fahrzeug ab. Du selbst befindest dich ebenfalls im Trägheitsmoment und bewegst dich daher weiter nach vorne, auch wenn du dein Motorrad schon abbremst. Diese Bewegung spürst du besonders stark bei der Gefahrbremsung, weshalb es wichtig ist, dass du einen sicheren Halt auf deinem Fahrzeug hast. Aufgrund deines Trägheitsmoments verlagert sich der Schwerpunkt von dir und deinem Motorrad beim Bremsen weiter nach vorne. Dein Vorderrad wird immer stärker belastet, dein Hinterrad dagegen wird entlastet. Bei diesem Vorgang handelt es sich um eine dynamische Achslastverlagerung. Beachte, dass dein Hinterrad aufgrund dieser ungleichmäßigen Lastverteilung schnell blockieren kann. Die Haftung zwischen der Fahrbahn und deinem Reifen sinkt, da der Hinterreifen entlastet wird. Die Kraft, die zwischen deiner Bremse und dem Reifen wirkt, bleibt jedoch gleich groß. Daher bleibt der Hinterreifen komplett stehen, und er rutscht über die Fahrbahn, ohne die Kraft von der Bremse dabei richtig übertragen zu können. Im schlimmsten Fall kann dein Hinterrad auch abheben und du kannst dich überschlagen. Die Lastverteilung bei deinem Motorrad ist von verschiedenen Faktoren abhängig:

- Masse der Last (Sozius und Gepäck verlagern den Schwerpunkt nach hinten),
- Höhe des Schwerpunkts,
- Länge des Radstands.

Wenn du an das Trägheitsmoment zurückdenkst, wird jetzt klar, dass du stärker bremsen kannst, je weiter hinten sich der Schwerpunkt vor der Bremsung befindet. Die Achslastverlagerung findet zwar in gleichem Maße statt, jedoch war dein Hinterrad vor dem Bremsen stärker belastet, wodurch es jetzt weniger entlastet wird und du so wahrscheinlich weniger den Halt auf der Fahrbahn verlierst.

Um sicher zu bremsen, musst du die Hand- und Fußbremse gezielt und richtig abgestimmt einsetzen. Die Fußbremse bremst bei geteilten Bremssystemen dein Hinterrad ab, die Handbremse dagegen dein Vorderrad. Da dein Hinterrad wie beschrieben leichter blockieren kann, bremst du meist mehr mithilfe deiner Vorderradbremse ab. Wichtig ist es jedoch, den Handbremshebel nicht sofort vollständig durchzuziehen. Sonst besteht die Gefahr, das Vorderrad zu überbremsen. Du versuchst zwar, mit voller Kraft abzubremsen, diese kann jedoch nicht übertragen werden, da die Haftung zwischen der Straße und deinem Vorderrad noch zu gering ist und auch die Schnittstelle zwischen Bremsbelägen und deinem Rad zu klein ist. Erst wenn die Bremsbeläge vollständig deine Bremsscheibe berühren – das spürst du an dem Druckpunkt deiner Vorderradbremse – und die dynamische Achslastverlagerung zu ausreichender Haftung deines Reifens auf der Fahrbahn führt, solltest du die Vorderradbremse immer stärker ziehen. Dies gilt auch in Gefahrensituationen, um dein Motorrad möglichst schnell und sicher zum Stand zu bringen. Also merke dir beim Bremsen mit einem Motorrad ohne ABS: erst mit dem Handbremshebel zum Druckpunkt gehen und den Hebel dann immer stärker weiterziehen. Bei einem Motorrad mit ABS kannst du den Bremshebel stärker über den Druckpunkt hinaus ziehen.

Deine Hinterradbremse hilft dir vor allem beim Fahren mit Schrittgeschwindigkeit, wenn du deine Geschwindigkeit genau justieren und dabei zugleich lenken können musst. Außerdem unterstützt sie dich beim Erreichen der gesamten Bremskraft bei einer Gefahrbremsung. Durch den dosierten Einsatz der Hinterradbremse bei einer normalen Bremsung vermeidest du ein Überbremsen deines Vorderrads und wirst so kontrolliert langsamer.

Das Bremsen mit getrennten Bremssystemen musst du gut üben, um besonders in einer möglichen Gefahrensituation richtig reagieren zu können. Es gibt mittlerweile allerdings auch integrale Bremssysteme, bei denen die Hand- und die Fußbremse aktiviert werden, auch wenn nur eine von ihnen betätigt wird, hier spricht man vom Vollintegralbremssystem. Bei sogenannten Teilintegralsystemen wirkt – je nach System – eine der beiden Bremsen nur auf das entsprechende Rad, die andere Bremse jedoch auf beide Räder.

Wie sich deine Bremsung auswirkt, ist jedoch noch von anderen Faktoren abhängig. Bei gleichem Bremsverhalten kommst du zu einer anderen Reaktion deines Fahrzeugs durch:

- andere Masse,
- Fahrbahnverschmutzungen oder losen Fahrbahnuntergrund,
- unterschiedliches Reifenprofil,
- Straßenmarkierungen,
- Schienen oder Kanaldeckel,
- nasse Fahrbahn,
- ganz neue Reifen.

Achte darauf, äußerst behutsam zu bremsen, wenn du auf unbefestigter oder nasser Fahrbahn fährst oder auch auf Fahrbahnmarkierungen, da du ansonsten leicht wegrutschen kannst.

Gefahrbremsung

Stell dir vor, ein Ball rollt auf die Fahrbahn, das Kind am Straßenrand möchte hinterherrennen. Jetzt ist es besonders wichtig, dass du dein Fahrzeug schnell und sicher zum Stehen bekommst, um weder das Kind noch dich zu gefährden. Doch wie bremst du in einer derartigen Gefahrensituation richtig ab?

Wie bereits beschrieben, solltest du deine Vorderradbremse zunächst bis zum Druckpunkt anziehen und danach den Druck langsam erhöhen, um eine optimale Kraftübertragung von der Bremse auf die Fahrbahn zu ermöglichen. Deine Hinterradbremse kannst du kräftig durchtreten, löse sie jedoch wieder, wenn du merkst, dass dein Hinterrad blockiert. So sorgst du dafür, dass du die Kontrolle über dein Zweirad behältst. Wenn dein Hinterrad wieder greift, kannst du erneut die Fußbremse betätigen. Gleiches gilt, falls du dein Vorderrad überbremsen solltest. Löse auch hier kurz den Handbremshebel und betätige ihn sofort wieder, so bekommt der Vorderreifen wieder Haftung und du kannst die Bremsung fortsetzen.

Anti-Blockier-System

Um ein Blockieren deiner Räder bei starken Bremsungen zu verhindern, gibt es Anti-Blockier-Systeme (ABS), die den Bremsdruck elektronisch regeln. Wenn dein Motorrad über ein derartiges System verfügt, kannst du bei einer Gefahrbremsung auf gerader Strecke problemlos Hand- und Fußbremse sofort mit voller Kraft betätigen. Da sich bei Schräglage der Kontakt zwischen Reifen und Fahrbahn deutlich verringert, wirkt ABS jedoch in der Schräglage so gut wie nicht. Daher musst du das Bremsen auch mit ABS vollständig beherrschen und in Kurven darauf achten, dass keines deiner Räder blockiert.

Noch modernere Fahrzeuge können allerdings auch schon über ein sogenanntes Kurven-ABS verfügen. Mit diesem System kannst du auch in Schräglage eine Vollbremsung machen, und das Motorrad wird während der Bremsung stabil in der Kurve gehalten.

Störkräfte beim Bremsen

In Schräglage kannst du nicht unbegrenzt stark bremsen, da sich die Seitenführungskräfte erhöhen und die auf dein Motorrad wirkende Kraft so groß werden würde, dass du stürzt.

Das Bremsen in Schräglage musst du gut üben! Wobei als Bremsung auch schon die Motorbremse gilt, die dein Hinterrad abbremst, wenn du mit eingelegtem Gang fährst. Daher ist es besonders wichtig, beim Ausweichen die Kupplung gezogen zu halten. So kannst du dein Motorrad während des Ausweichvorgangs gefahrlos in die Schräglage bringen. Nach dem Ausweichvorgang kannst du dann wieder einkuppeln und bremsen.

16.5 Ausweichen

Im Straßenverkehr kann es immer wieder eine Situation geben, in der plötzlich ein Hindernis vor dir auftaucht. Vielleicht hast du es ja sogar schon erlebt? Aber auf alle Fälle hast du es mit deinem Fahrlehrer bei den Grundfahraufgaben geübt. Nun kannst du auf die richtige Verhaltensweise und das richtige Fahrmanöver zurückgreifen, nämlich das Ausweichen. Du musst dich der Situation entsprechend entscheiden, ob du ausweichst, ohne abzubremsen, oder ob du vor dem Ausweichen noch abbremst.

Um effizient auszuweichen, solltest du mit der Lenkimpulstechnik arbeiten. Das heißt, durch gezieltes Gegenlenken und kräftiges Drücken des Motorrads erreichst du das gewünschte schnelle und starke Reagieren deines Motorrads, und du kannst die notwendige Ausweichbewegung hinbekommen. Allerdings benötigst du durch diese Lenkimpulstechnik und die Schräglage beim Ausweichen deutlich mehr Raum zum Ausweichen als ein mehrspuriges Kraftfahrzeug.

Fahre deshalb möglichst immer vorausschauend und passe auch deine Geschwindigkeit rechtzeitig an, so kannst du oft einem Ausweichmanöver entgegenwirken, auch wenn sich so ein Fahrmanöver nicht immer vermeiden lässt. Situationen, die ein Ausweichmanöver erfordern, sind beispielsweise folgende:

- ein Kind, das auf die Fahrbahn läuft,
- eine plötzlich geöffnete Autotür am Straßenrand,
- ein Fahrzeug, das unerwartet ausschert,
- ein aus einer Einfahrt kommendes Fahrzeug oder
- ein auf der Straße liegender großer Ast.

16.6 Kritische Fahrzustände und ihre Ursachen

Während des Motorradfahrens kann es zu instabilen Fahrzuständen kommen. Vorgänge innerhalb des Fahrwerks deines Motorrads können destabilisierend wirken, oder Störfaktoren von außen bringen deine Maschine an ihre Grenzen, etwa starker Wind, ein schlechter Straßenzustand oder ein ungünstiges Lenkmanöver deinerseits. Je nachdem, wie alt dein Motorrad ist, kannst du mehr oder weniger von solchen Problemen betroffen sein. Im Folgenden werden verschiedene kritische Fahrzustände erläutert.

Pendeln

Das Pendeln ist eine Bewegung des Motorrads um die Längsachse, diese Pendelbewegung überträgt sich vom Motorrad auch auf dich. Meist tritt diese in der heutigen Zeit selten gewordene Fahrwerksbewegung bei hohen Geschwindigkeiten über 100 km/h und in lang gezogenen Kurven auf. Ausgelöst werden kann es beispielsweise durch Fahrbahnunebenheiten wie Bodenwellen oder Spurrillen. Da das Pendeln mit zunehmender Geschwindigkeit extremer wird, musst du vom Gas gehen, vorsichtig bremsen und die Kupplung ziehen. Gefährlich wird diese Fahrwerksunruhe vor allem in Kurven, da du dein Motorrad nicht mehr sicher beherrscht, deine Kurvenlinie nicht halten und sogar stürzen kannst.

Ursachen für das Pendeln können ein defektes Fahrwerk, ein defektes oder falsch eingestelltes Lenkkopf- oder Schwingenlager, zu niedriger Reifenluftdruck, abgefahrene Reifen, falsche Beladung vor allem von Seitenkoffern und Topcase oder auch Seitenwind und flatternde Kleidung sein.

Lass dein Motorrad auf alle Fälle von einem Fachmann anschauen, um die Ursache für das Pendeln herauszufinden.

Flattern

Unter Flattern, das auch als Shimmy oder Lenkerflattern bezeichnet wird, versteht man ein spürbares Hin- und Herschwingen des Vorderrads, das zu Vibrationen des

Lenkers führt. Es tritt bei Geschwindigkeiten meist zwischen 40 bis 80 km/h auf und verschwindet im Normalfall, wenn du den Lenker mit festem Griff umfasst.

Ursachen für das Flattern können ein defektes Lenkkopflager, abgefahrene Reifen oder eine Unwucht in den Reifen, kaputte Stoßdämpfer oder falsche Beladung sein.

Lenkerschlagen/Kickback

Beim Lenkerschlagen, auch Kickback genannt, handelt es sich um einen sehr gefährlichen Fahrzustand, da er auch sehr plötzlich auftritt. Darunter versteht man ein kräftiges Ausschlagen des Lenkers nach links und rechts, das schlimmstenfalls auf beiden Seiten bis zum Anschlag geht und zum Sturz führen kann. Es tritt unabhängig von der Geschwindigkeit auf. Du solltest auf jeden Fall versuchen, den Lenker nicht loszulassen.

Ausgelöst werden kann es, wenn du dein Motorrad sehr stark beschleunigst, dabei das Vorderrad extrem entlastest und mit schräg stehendem Vorderrad wieder aufsetzt. Der gleiche Effekt kann beim Überfahren von Bodenwellen oder vergleichbaren Unebenheiten auftreten.

Mögliche Ursachen für das Lenkerschlagen liegen vor allem in der Konstruktionsweise der aktuellen Motorräder, etwa der Steifigkeit des Fahrwerks, breiten Reifen und leichten Felgen sowie einer starken Beschleunigung. Die einzige Lösung gegen den Kickback ist der Einbau eines Lenkungsdämpfers.

Winddruck von vorne und von der Seite

Der Wind ist etwas, das dich als Motorradfahrer ständig spürbar begleitet, denn er kostet die meiste Kraft beim Motorradfahren, belastet die Nackenmuskulatur und kann als Seitenwind sehr gefährlich werden. Er stellt also eine extreme Belastung für Fahrer und Maschine dar, denn bei doppelter Geschwindigkeit vervierfacht sich der Luftwiderstand. Eine Patentlösung dafür gibt es nicht, eine Verkleidung reduziert zwar den Winddruck von vorne, verstärkt aber die Anfälligkeit für Seitenwind.

Seitenwind wird die Fahrstabilität deines Motorrads des Öfteren verschlechtern. Besonders der von rechts kommende Seitenwind verdient deine volle Aufmerksamkeit, da dieser beim Überholen eines Lkws z. B. auf der Autobahn eine besondere Rolle spielt. Denn wenn du bei von rechts kommendem Seitenwind auf der Autobahn einen Lkw überholst, gerätst du auf Höhe des Lkws in dessen Windschatten, das heißt, auf einmal ist der seitliche Winddruck von rechts weg. Hier kann es zum seitlichen Versetzen deines Motorrads nach rechts kommen, also einer Bewegung hin zum Lkw.

Aber auch das Ausfahren aus dem Windschatten des Lkws ist ein gefährlicher Moment während des Überholvorgangs. Denn das plötzliche Wiedereinsetzen des Seitenwinds kann zu einem Versetzen des Motorrads nach links führen.

Bei starkem Wind oder plötzlich auftretenden Windböen reduziere deine Geschwindigkeit und stelle dich auf ein Entgegenlegen ein. Denn je höher deine Geschwindigkeit ist, desto windanfälliger wird dein Motorrad.

Das Team von Markt+Technik wünscht dir viel Erfolg für deine Prüfung und allzeit gute und unfallfreie Fahrt!

Abbildungsverzeichnis

Seite 289	© Pixabay.de	Seite 338–341	© David Haberkamp
Seite 291–296	© Matthias Otto	Seite 342	© Matthias Otto
Seite 298–301	© Matthias Otto	Seite 343–345	© Pixabay.de
Seite 304/305	© Pixabay.de	Seite 347/348	© Pixabay.de
Seite 307	© U.J. Alexander – Adobe Stock	Seite 350–353	© Pixabay.de
Seite 308	© David Haberkamp	Seite 355	© Pixabay.de
Seite 309	© Pixabay.de	Seite 359–361	© Pixabay.de
Seite 310	© David Haberkamp	Seite 366	© David Haberkamp
Seite 320/321	© Matthias Otto	Seite 367	© Matthias Otto
Seite 324	© Matthias Otto	Seite 368/369	© David Haberkamp
Seite 328	© Matthias Otto	Seite 370	© David Haberkamp, Matthias Otto
Seite 330	© Pixabay.de	Seite 371–373	© David Haberkamp
Seite 334	© Matthias Otto	Seite 374	© Matthias Otto
Seite 335/336	© Pixabay.de	Seite 377–380	© David Haberkamp

Computergenerierte Abbildungen © TÜV | Dekra arge tp 21 GbR – Wintergartenstraße 4 – 01307 Dresden • www.argetp21.de • sekretariat@argetp21.de

F

G

H

Notizen

Notizen